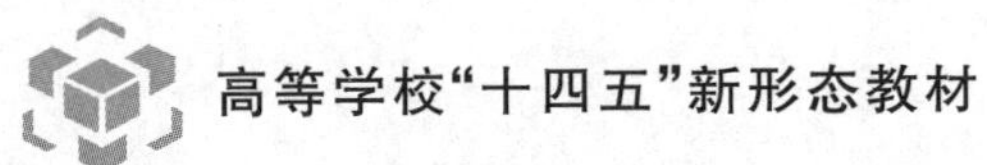

数学物理方法与应用

郭　会　牟海宁　鲍文娣　田璐璐　王　艳　主编

山东·青岛

图书在版编目(CIP)数据

数学物理方法与应用 / 郭会等主编 . -- 青岛:中国石油大学出版社，2024. 6. -- ISBN 978-7-5636-8285-0

Ⅰ. O411. 1

中国国家版本馆 CIP 数据核字第 2024MZ0560 号

中国石油大学(华东)规划教材

书　　名: 数学物理方法与应用
SHUXUE WULI FANGFA YU YINGYONG

主　　编: 郭　会　牟海宁　鲍文娣　田璐璐　王　艳

责任编辑: 张　廉(0532-86981531)

责任校对: 穆丽娜(0532-86981531)

封面设计: 青岛友一广告传媒有限公司

出 版 者: 中国石油大学出版社
(地址:山东省青岛市黄岛区长江西路 66 号　邮编:266580)

网　　址: http://cbs. upc. edu. cn

电子邮箱: shiyoujiaoyu@126. com

排 版 者: 青岛友一广告传媒有限公司

印 刷 者: 日照日报印务中心

发 行 者: 中国石油大学出版社(电话　0532-86983440)

开　　本: 787 mm×1 092 mm　1/16

印　　张: 14. 25

字　　数: 358 千字

版 印 次: 2024 年 6 月第 1 版　2024 年 6 月第 1 次印刷

书　　号: ISBN 978-7-5636-8285-0

定　　价: 35. 00 元

前言

数学物理方法与应用是高等学校许多理工科专业(如数学、物理学、力学、勘查技术与工程、地球物理学等)的重要基础理论课,其内容主要包括偏微分方程理论与方法。偏微分方程是描述自然科学、工程技术和社会科学中运动变化规律的重要的连续型模型,物理学、化学、材料学、石油工程、经济学等领域的许多原理和规律都可以描述成偏微分方程的相应定解问题,它是纯粹数学的许多分支与自然科学各部门之间的桥梁。

该课程理论性强,涉及众多学科领域,建模灵活;模型复杂,类型众多;内容丰富,求解复杂;背景广泛,结果分析综合性强。这些特点要求在教材编写和教学方法上要有新思路、新举措。为此,本课程团队进行大胆而稳妥的处理,提出针对本课程的教学设计思想,即内容系统化,重视理论基础,突出专业特色,注重能力达成。遵循上述教学设计思想,本教材力求在以下4个方面有突破,并强调数学内容的创意处理与数学理论的表达相结合,两者缺一不可。

(1) 以“立德树人”为出发点,深入推进“课程内容与思政同向同行”。本教材深入挖掘、系统梳理和精准厘定课程中蕴含的思政元素,通过部分课后题和问题的深入讨论,培养学生个人素养。每章篇首、篇尾分别撰写了科学家名言与科学家故事,以便更好地培养学生的数学素养,激发学生对数学、科学的热爱。

(2) 将教材内容与混合式教学模式进行有机融合。本教材融“纸质教材+基于移动终端的二维码”多重功能于一体,更好地适用于现有的混合式教学模式,提高学生的自主学习能力和信息化科学素养。

(3) 遵循“高阶性、创新性”标准,本教材注重数学素养、高级思维能力和创新能力的培养。增设数值方法章节,引入与专业相关的特色案例,介绍偏微分方程方向的前沿知识。

(4) 利用 MATLAB 等软件对具体问题实现解的可视化,注重培养学生“物理—数学—物理”的翻译能力。本教材注重结果的可视化,用图形或动画表示,以此展现问题的物理过程及图像,让枯燥的数学公式“开口说话”,增强学生的学习兴趣。

本教材共分4篇,细划为9章展开。模型篇:第1章为一些典型方程和定解条件的推导,引入偏微分方程的基本概念,通过具体的物理问题导出弦振动方程、热传导方程和拉普拉斯方程等典型方程及相应的定解问题,介绍线性叠加原理。方法篇:第2章~第6章以偏微分方程的各种求解方法为主线展开叙述,分别为分离变量法、行波法、积分变换法、格林函数法及相关数值方法。函数篇:第7章、第8章引入两类常用的特殊函数——贝塞尔函数和勒让德多项式,并介绍这两类特殊函数的概念、性质以及在特殊区域使用变量分离法求解偏微分方程定解问题。应用篇:第9章介绍偏微分方程在大气污染、石油勘探、量子力学、流体力学等领域的应用,同时,由于在实际工程技术和自然科学中所遇到的方程大多数都是非线性的,因此这一章还介绍几类非线性偏微分方程,根据方程的特点构造相应的数值格式,并给出数值模拟结果。本教材第1章和第2章由郭会撰写,第3章和第7章由鲍文娣撰写,第4章由牟海宁撰写,第5章由田璐璐撰写,第6章由王艳撰写,第8章和第9章由郭会、牟海宁、鲍文娣、田璐璐共同撰写。

在编写过程中,编者阅读了大量国内外数学物理方程及其反问题相关教材、论文资料,得到了很大的启迪和收获,并吸纳了部分精华内容,在此向参考文献的各位作者表示衷心的感谢。限于编者自身水平,教材中必有不足之处,敬请专家、师生和读者不吝赐教,以便今后修订时对本教材作出改进和完善。

Contents 目录

模型篇

常见数学物理方程

第1章 一些典型方程和定解条件的推导

数学是打开科学大门的钥匙，而物理学则是这扇大门背后最精彩的殿堂.

——开普勒

数学物理方程是指从物理学及其他各门自然科学、技术科学中所导出的函数方程，主要指偏微分方程和积分方程. 典型的数学物理方程包括波动方程、输运方程及位势方程，它们分别描述3类不同的物理现象：振动与波（振动波、电磁波、声波）、输运过程（热传导、扩散）、状态平衡（静电场分布、稳恒温度场、引力势）. 从方程本身来看，这些方程多为二阶线性偏微分方程. 对于数学物理方程，需要讨论各种典型问题的解法，并通过实验仿真和可视化来检验相关的物理理论，从而加深人们对自然规律的认识.

本章先从物理定律出发，导出3类典型方程及其定解条件，然后讨论定解问题的提法及适定性.

1.1 基本方程的建立

1.1.1 波动方程

1）弦的横振动方程

设有一根完全柔软的均匀细弦，平衡时沿直线拉紧，而后以某种方式激发，使弦在一个平面内作微小振动，列出弦的横振动方程.

均匀弦的微小横振动

取弦的平衡位置为 x 轴，两个端点的坐标分别为 $x=0$ 和 $x=l$. 设 $u(x,t)$ 为弦上横坐标为 x 的点在 t 时刻的横向位移，现来建立位移 u 满足的方程. 采用微元分析法，在弦上任取一段弧 $\widehat{MM'}$（图 1-1），其长为 $\mathrm{d}s$，设 ρ 为弦的线密度，弧段 $\widehat{MM'}$ 两端所受的张力记作 T, T'. 因为弦完全柔软，故任一点处张力的方向总是沿着弦在该点的切线方向. 弦本身很轻，相对于张力而言，重力可以忽略. 因此，由牛顿第二定律可以写出 t 时刻弧段 $\widehat{MM'}$ 在 x 方向及垂直方向上的动力学方程：

$$T'\cos\alpha' - T\cos\alpha = 0, \tag{1-1}$$

$$T'\sin\alpha' - T\sin\alpha = \rho \mathrm{d}s \overline{\frac{\partial^2 u}{\partial t^2}}, \tag{1-2}$$

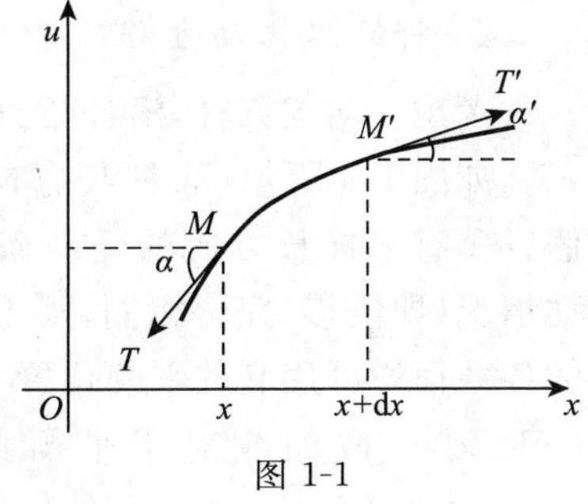

图 1-1

其中$\overline{\frac{\partial^2 u}{\partial t^2}}$表示微元的平均加速度.

按照上述弦振动微小的假设可知，在振动过程中弦上M点与M'点处切线的倾角都很小，即$\alpha\approx 0,\alpha'\approx 0$，从而由

$$\cos\alpha = 1-\frac{\alpha^2}{2!}+\frac{\alpha^4}{4!}-\cdots$$

可知，当略去α与α'的所有高于一次方的项时，就有

$$\cos\alpha\approx 1,\quad \cos\alpha'\approx 1.$$

将其代入式(1-1)，便可以近似得到

$$T=T', \tag{1-3}$$

表示弦中各点的张力相等.

当$\alpha\approx 0,\alpha'\approx 0$时，

$$\sin\alpha = \frac{\tan\alpha}{\sqrt{1+\tan^2\alpha}}\approx \tan\alpha = \frac{\partial u(x,t)}{\partial x}, \tag{1-4}$$

$$\sin\alpha'\approx\tan\alpha' = \frac{\partial u(x+\mathrm{d}x,t)}{\partial x}. \tag{1-5}$$

将式(1-3)～式(1-5)代入式(1-2)，得

$$T\left[\frac{\partial u(x+\mathrm{d}x,t)}{\partial x}-\frac{\partial u(x,t)}{\partial x}\right]=\rho \mathrm{d}x\overline{\frac{\partial^2 u}{\partial t^2}}.$$

等号两端同时除以$\mathrm{d}x$，并令$\mathrm{d}x\to 0$，得

$$\frac{\partial^2 u}{\partial t^2}=a^2\frac{\partial^2 u}{\partial x^2}, \tag{1-6}$$

其中$a^2=\frac{T}{\rho}$. 式(1-6)称为**一维波动方程**.

如果在振动过程中，弦上还受到一个与弦的振动方向平行的外力，且假定在t时刻弦上x点处的外力密度为$F(x,t)$，仿照前面的推导，有

$$T\left[\frac{\partial u(x+\mathrm{d}x,t)}{\partial x}-\frac{\partial u(x,t)}{\partial x}\right]+F\mathrm{d}x=\rho \mathrm{d}x\overline{\frac{\partial^2 u}{\partial t^2}}.$$

因此，受迫振动的弦满足非齐次方程

$$\frac{\partial^2 u}{\partial t^2}=a^2\frac{\partial^2 u}{\partial x^2}+f(x,t), \tag{1-7}$$

其中$f(x,t)=\frac{F(x,t)}{\rho}$，表示$t$时刻单位质量的弦在$x$点处所受的外力密度.

方程(1-6)与方程(1-7)的差别在于方程(1-7)的等号右端多了一个与未知函数u无关的项$f(x,t)$，这个项称为**自由项**. 包含非零自由项的方程称为**非齐次方程**，自由项等于零的方程称为**齐次方程**. 方程(1-6)为齐次一维波动方程，方程(1-7)为非齐次一维波动方程.

2）杆的纵振动方程

考虑一均匀细杆，沿杆长方向作微小振动. 列出杆的纵振动方程.

如图 1-2 所示，取杆长方向为 x 轴方向. 假设垂直于杆长方向的任一截面上的各点振动情况（即位移）完全相同，则垂直于杆长方向的各截面均可用它的平衡位置 x 标记. 设在任一时刻 t，截面相对于平衡位置的位移为 $u(x,t)$，约定沿 x 正方向的位移为正.

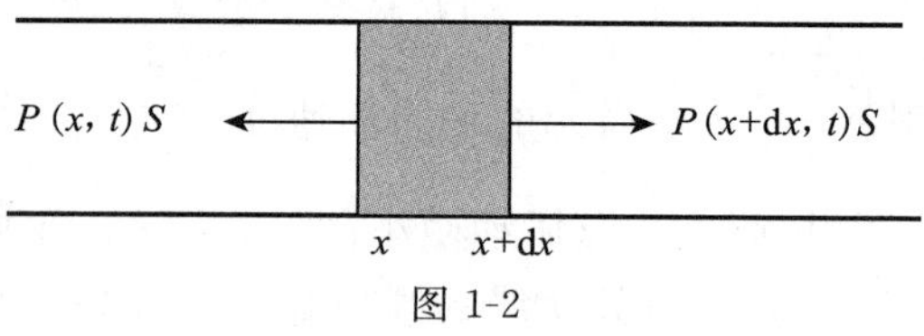

图 1-2

仍然采用微元分析法. 在杆中隔离出一小段 $[x,x+\mathrm{d}x]$，分析它所受的弹性力. 通过截面 x，微元受到弹性力 $P(x,t)S$ 的作用［$P(x,t)$ 为 x 处单位面积所受的弹性力，即应力，规定沿 x 正方向为正］；通过截面 $x+\mathrm{d}x$，微元受到弹性力 $P(x+\mathrm{d}x,t)S$ 的作用. 在 t 时刻，两截面的位移分别为 $u(x,t)$ 与 $u(x+\mathrm{d}x,t)$. 对此小段应用牛顿第二定律，得

$$\rho S\mathrm{d}x\overline{\frac{\partial^2 u}{\partial t^2}}=[P(x+\mathrm{d}x,t)-P(x,t)]S,$$

其中 ρ 为杆的体密度，S 为垂直于杆长方向横截面的面积，$\overline{\dfrac{\partial^2 u}{\partial t^2}}$ 为这一小段杆的平均加速度.

等号两端同时除以 $S\mathrm{d}x$，并令 $\mathrm{d}x\to 0$，得

$$\rho\frac{\partial^2 u(x,t)}{\partial t^2}=\frac{\partial P(x,t)}{\partial x}. \tag{1-8}$$

如果略去垂直于杆长方向的形变，根据胡克定律，应力大小与应变 $\dfrac{\partial u}{\partial x}$ 成正比，即

$$P(x,t)=E\frac{\partial u(x,t)}{\partial x}, \tag{1-9}$$

其中比例系数 E 称为杨氏模量，它是一个物质常数.

将式(1-9)代入式(1-8)，就得到杆的纵振动方程

$$\frac{\partial^2 u}{\partial t^2}=a^2\frac{\partial^2 u}{\partial x^2}, \tag{1-10}$$

其中 $a=\sqrt{\dfrac{E}{\rho}}$.

这里，位移发生在杆长方向上，波动也是沿着杆长方向传播，这种位移与波动传播方向相同的振动，称为纵振动. 通过以上内容可知，杆的纵振动与弦的横振动机理并不完全相同，但它们所满足的方程(1-10)和方程(1-6)的形式却完全一样，这一类方程统称为波动方程. 如果研究薄膜的振动或声波在空气中的传播，则得到二维或三维波动方程：

$$\frac{\partial^2 u}{\partial t^2}=a^2\Delta u+f, \tag{1-11}$$

其中 $\Delta u=\sum_{i=1}^{n}\dfrac{\partial^2 u}{\partial x_i^2}$，$n$ 为维数($n=2$ 或 3)，$\Delta=\sum_{i=1}^{n}\dfrac{\partial^2}{\partial x_i^2}$，称为拉普拉斯(Laplace)算子.

1.1.2 热传导类型方程

1) 热传导方程

一块热的物体,如果内部每一点的温度不全一样,则温度较高的点处的热量就要向温度较低的点处流动,这种现象就是**热传导**.由于热量的传导过程总是表现为温度随时间和点的位置而变化,所以解决热传导问题归结为求物体内温度的分布,下面来推导均匀且各向同性的导热体在传热过程中温度所满足的偏微分方程.推导热传导方程所用的数学方法和推导波动方程的完全相同,不同之处在于具体的物理规律不同.推导热传导方程用到的是传热学方面的两个基本定律,即能量守恒定律和热传导的傅里叶(Fourier)定律.

在物体中任取一闭曲面 S,它所包围的区域记为 V(图1-3).假设 t 时刻区域 V 内点 $M(x,y,z)$ 处的温度为 $u(x,y,z,t)$,$\boldsymbol{n}$ 为曲面元素 ΔS 的法向量(从 V 内指向 V 外).由传热学中的傅里叶定律可知,物体在时间段 $\mathrm{d}t$ 内,流过一个面积微元 $\mathrm{d}S$ 的热量 $\mathrm{d}Q$ 与时间 $\mathrm{d}t$、曲面面积 $\mathrm{d}S$ 及物体温度 u 沿曲面 $\mathrm{d}S$ 的法线方向的方向导数 $\frac{\partial u}{\partial \boldsymbol{n}}$ 三者成正比,即

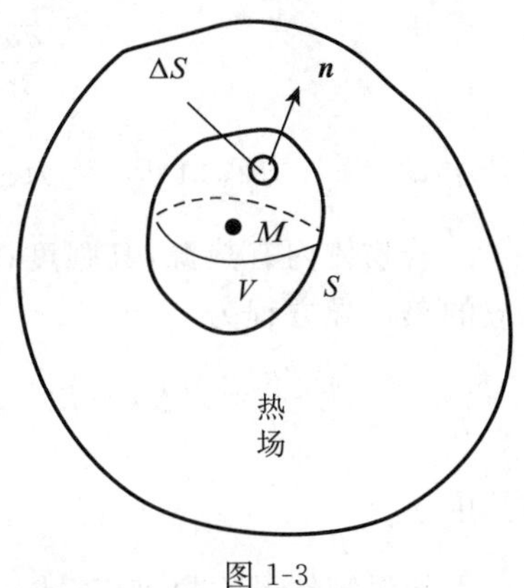

图 1-3

$$\mathrm{d}Q=-k\,\frac{\partial u}{\partial \boldsymbol{n}}\mathrm{d}S\,\mathrm{d}t=-k\,\nabla u\cdot \mathrm{d}\boldsymbol{S}_{\mathrm{n}}\,\mathrm{d}t,$$

其中 $k=k(x,y,z)$ 称为物体的热传导系数,当物体为均匀且各向同性的导热体时,k 为常数;$\mathrm{d}\boldsymbol{S}_{\mathrm{n}}=\boldsymbol{n}\,\mathrm{d}S$.

上式中的负号是因为热量的流向与温度梯度的正向(∇u 的方向)相反.也就是说,当 $\frac{\partial u}{\partial n}=\nabla u\cdot\boldsymbol{n}>0(<0)$ 时,物体的温度沿 $\boldsymbol{n}$ 的方向增加(减少),而热流方向却与此相反,故沿 $\boldsymbol{n}$ 的方向通过曲面的热量应该是负(正)的.

从时刻 t_1 到时刻 t_2,通过曲面 S 流入区域 V 的全部热量 Q_1 为

$$Q_1=\int_{t_1}^{t_2}\left(\iint_S k\nabla u\cdot\boldsymbol{n}\,\mathrm{d}S\right)\mathrm{d}t.$$

流入的热量使 V 内温度发生变化,在时间间隔 $[t_1,t_2]$ 内,区域 V 的各点温度从 $u(x,y,z,t_1)$ 变化到 $u(x,y,z,t_2)$,则在 $[t_1,t_2]$,V 内温度升高所需要的热量 Q_2 为

$$Q_2=\iiint_V c\rho\left[u(x,y,z,t_2)-u(x,y,z,t_1)\right]\mathrm{d}V,$$

其中 c 为物体的比热容,ρ 为物体的密度.对均匀且各向同性的物体来说,比热容和密度都是常数.

由于热量守恒,所以流入的热量应等于物体温度升高所需吸收的热量,即

$$\int_{t_1}^{t_2}\left(\iint_S k\nabla u\cdot\boldsymbol{n}\,\mathrm{d}S\right)\mathrm{d}t=\iiint_V c\rho\left[u(x,y,z,t_2)-u(x,y,z,t_1)\right]\mathrm{d}V.$$

上式等号左端的曲面积分中 S 为闭曲面,假设函数 u 关于 x,y,z 具有二阶连续偏导数,关

于 t 具有一阶连续偏导数，则可以利用**高斯(Gauss)公式**将它化为三重积分，即

$$\iint_S k\nabla u\cdot \boldsymbol{n}\,\mathrm{d}S=\iiint_V k\,\mathrm{div}(\nabla u)\,\mathrm{d}V=\iiint_V k\,\Delta u\,\mathrm{d}V. \tag{1-12}$$

同时，等号右端的体积分可以写成

$$\iiint_V c\rho\left(\int_{t_1}^{t_2}\frac{\partial u}{\partial t}\mathrm{d}t\right)\mathrm{d}V=\int_{t_1}^{t_2}\left(\iiint_V c\rho\,\frac{\partial u}{\partial t}\mathrm{d}V\right)\mathrm{d}t.$$

因此，有

$$\int_{t_1}^{t_2}\left(\iiint_V k\,\Delta u\,\mathrm{d}V\right)\mathrm{d}t=\int_{t_1}^{t_2}\left(\iiint_V c\rho\,\frac{\partial u}{\partial t}\mathrm{d}V\right)\mathrm{d}t. \tag{1-13}$$

由于时间间隔 $[t_1,t_2]$ 及区域 V 都是任取的，并且被积函数都是连续的，所以式(1-13)等号左右两端相等的条件是它们的被积函数相等，即

$$\frac{\partial u}{\partial t}=a^2\Delta u=a^2\left(\frac{\partial^2 u}{\partial x^2}+\frac{\partial^2 u}{\partial y^2}+\frac{\partial^2 u}{\partial z^2}\right), \tag{1-14}$$

其中 $a^2=\dfrac{k}{c\rho}$. 方程(1-14)称为**三维热传导方程**.

若物体内有热源，其强度(单位时间、单位体积内所产生的热量)为 $F(x,y,z,t)$，则相应的热传导方程为

$$\frac{\partial u}{\partial t}=a^2\Delta u+f(x,y,z,t)=a^2\left(\frac{\partial^2 u}{\partial x^2}+\frac{\partial^2 u}{\partial y^2}+\frac{\partial^2 u}{\partial z^2}\right)+f(x,y,z,t), \tag{1-15}$$

其中 $f=\dfrac{F}{c\rho}$.

如果物体是一根细杆(或一块薄板)，或者即使不是细杆(或薄板)，但其温度 u 只与 x,t(或 x,y,t)有关，则方程(1-14)就变成一维热传导方程

$$\frac{\partial u}{\partial t}=a^2\,\frac{\partial^2 u}{\partial x^2},$$

或二维热传导方程

$$\frac{\partial u}{\partial t}=a^2\left(\frac{\partial^2 u}{\partial x^2}+\frac{\partial^2 u}{\partial y^2}\right).$$

2) 扩散方程

由于浓度(单位体积中的分子数或质量)的不均匀，物质从浓度大的地方向浓度小的地方转移，这种现象叫作**扩散**. 扩散问题研究的是浓度 u 在空间中的分布和时间中的变化，即 $u(x,y,z,t)$.

扩散运动的起源是浓度不均匀. 浓度不均匀的程度可用浓度梯度 ∇u 表示. 扩散运动的强弱可用扩散流强度 q(单位时间内通过单位横截面积的原子数或分子数或质量)来表示.

根据实验结果，扩散现象遵循的**扩散定律**(即**菲克定律**)表示为

$$q=-D\nabla u. \tag{1-16}$$

其中负号表示扩散转移的方向(浓度减小的方向)与浓度梯度方向(浓度增加的方向)相反；比例系数 D 叫作扩散系数，不同物质的扩散系数不同，同一物质在不同温度下的扩散系数也不同，一般来说，温度越高，扩散系数越大.

应用扩散定律和粒子数守恒定律(或质量守恒定律)可以导出三维扩散方程

$$\frac{\partial u}{\partial t}=\left[\frac{\partial}{\partial x}\left(D\frac{\partial u}{\partial x}\right)+\frac{\partial}{\partial y}\left(D\frac{\partial u}{\partial y}\right)+\frac{\partial}{\partial z}\left(D\frac{\partial u}{\partial z}\right)\right]. \tag{1-17}$$

如果扩散系数在空间中是均匀的，则式(1-17)可简化为

$$\frac{\partial u}{\partial t}=a^2\Delta u=a^2\left(\frac{\partial^2 u}{\partial x^2}+\frac{\partial^2 u}{\partial y^2}+\frac{\partial^2 u}{\partial z^2}\right), \tag{1-18}$$

其中 $a^2=D$.

如果仅在 x 方向上有扩散，则一维扩散方程可写为

$$\frac{\partial u}{\partial t}=a^2\frac{\partial^2 u}{\partial x^2}\quad(a^2=D). \tag{1-19}$$

1.1.3　拉普拉斯方程

1）温度稳定分布

如果热源强度 $F(x,y,z)$ 不随时间变化，热传导持续进行下去，最终达到稳定状态，空间中各点的温度将不再随时间变化，即 $\frac{\partial u}{\partial t}=0$. 于是，式(1-15)变为

$$\Delta u=-\frac{F(x,y,z)}{k}, \tag{1-20}$$

此即**泊松(Poisson)**方程. 如果没有热源，式(1-14)变为**拉普拉斯(Laplace)方程**

$$\Delta u=0. \tag{1-21}$$

式(1-20)和式(1-21)是温度的稳定分布方程.

2）静电场

由电磁学可知，静电场为有源无旋场，电场线不闭合，始于正电荷，终于负电荷，反映静电场基本性质的是高斯定理和电场强度的无旋性. 下面据此导出描述静电场的数学物理方程.

高斯定理可以表述为：穿过闭合曲面 Σ 向外的电场强度通量等于闭合曲面 Σ 所围空间 V 中电荷量的 $1/\varepsilon_0$ 倍（ε_0 为真空介电常量），即

$$\oiint_{\Sigma} E\mathrm{d}S=\frac{1}{\varepsilon_0}\iiint_V \rho\mathrm{d}V,$$

其中 ρ 为电荷体密度，E 为电场强度.

将上式等号左端的曲面积分改为体积积分，得

$$\iiint_V \nabla\cdot E\mathrm{d}V=\frac{1}{\varepsilon_0}\iiint_V \rho\mathrm{d}V.$$

上式对任意空间 V 都成立，故等号两端的被积函数相等，即

$$\nabla\cdot E=\frac{\rho}{\varepsilon_0}, \tag{1-22}$$

而电场强度 E 与电位 u 之间存在关系

$$E=-\nabla u, \tag{1-23}$$

将式(1-23)代入式(1-22)，得

$$\Delta u=-\frac{\rho}{\varepsilon_0}, \tag{1-24}$$

此即静电场电势函数 u 所满足的**静电场方程**，为泊松方程.

如果静电场的某一区域内没有电荷，即 $\rho=0$，则电势函数 u 的静电场方程(1-24)在该区域上简化为拉普拉斯方程

$$\Delta u=0. \tag{1-25}$$

1.2 定解条件

数学物理方程是同一类现象的共同规律，反映的是该现象普遍性的一面，它并不能唯一地、确定地描述某一个具体的物理过程. 这是因为在推导偏微分方程时，只考虑了介质的内部，并没有考虑介质(通过边界面)与外界的相互作用. 此外，如果问题与时间有关的话，在推导方程时也没有考虑介质的历史状况. 为了完全描述一个具有具体解的物理问题，在数学上就要将它构成一个定解问题，这除了需要偏微分方程外，还必须有定解条件，包括**初始条件**和**边界条件**.

初始条件和边界条件

1.2.1 初始条件

对于随着时间而发展变化的问题，必须考虑研究对象的特定“历史”，也就是说，要追溯到早先某个所谓“初始”时刻的状态. 初始条件应该完全描述初始时刻(通常定为 $t=0$)介质内部及边界上任意一点的状况.

对于振动过程(弦、杆、膜的振动，声振动和声波、电磁波)，应给出初始时刻的位移和速度，即

$$u\big|_{t=0}=\varphi(x,y,z), \quad \left.\frac{\partial u}{\partial t}\right|_{t=0}=\psi(x,y,z). \tag{1-26}$$

对于输运过程(热传导、扩散)，只需给出体系内部及边界上任意一点在初始时刻的分布状态(初始温度、初始浓度)，即

$$u\big|_{t=0}=\varphi(x,y,z). \tag{1-27}$$

稳定场问题(静电场、稳定温度分布、稳定浓度分布)都是描述稳恒状态的，与初始状态无关，所以不提初始条件.

1.2.2 边界条件

边界条件应该完全描述边界上各点在任一时刻($t\geqslant 0$)的状况. 常见的线性边界条件在数学上分为 3 类：第一类边界条件，直接规定了所研究的物理量在边界上的数值；第二类边界条件，规定了所研究的物理量在边界外法向导数的数值；第三类边界条件，规定了所研究的物理量及其外法向导数的线性组合在边界上的数值. 用 Γ 表示边界，则有

第一类 $$u\big|_{\Gamma}=f(M,t), \tag{1-28}$$

第二类
$$\left.\frac{\partial u}{\partial \boldsymbol{n}}\right|_{\Gamma}=f(M,t),\tag{1-29}$$

第三类
$$\left.\left(\sigma\frac{\partial u}{\partial \boldsymbol{n}}+hu\right)\right|_{\Gamma}=f(M,t),\tag{1-30}$$

其中 M 代表区域边界 Γ 上的变点；f 为已知函数；σ,h 为常数系数.

需要注意的是，式(1-28)～式(1-30)等号右端的 f 都是定义在边界 Γ 上(一般来说，也依赖于 t)的已知函数. 不论哪一种边界条件，当其数学表达式中的自由项(不依赖于 u 的项)恒为零时，这种边界条件称为**齐次**的，否则称为**非齐次**的.

对于弦的横振动问题，如果弦的"两端固定"，则边界条件为
$$u|_{x=0}=0,\qquad u|_{x=l}=0,\qquad t\geqslant 0.\tag{1-31}$$

对于杆的纵振动问题，如果 $x=0$ 端固定，则该处的边界条件仍为
$$u|_{x=0}=0.\tag{1-32}$$

如果杆的另一端($x=l$)受 x 方向上的外力作用，单位面积上的拉力为 $F(t)$[图1-4，约定 $F(t)$ 沿 x 正方向为正]，那么这一端的边界条件并不能直接看出，应当模仿推导方程的方法，在端点 $x=l$ 处截取一小块长度为 ε 的介质. 根据牛顿第二定律可知，这一小段介质所受的合力(外力以及介质其余部分施加的内应力)应该等于这一小段介质的质量乘以介质的平均加速度，即

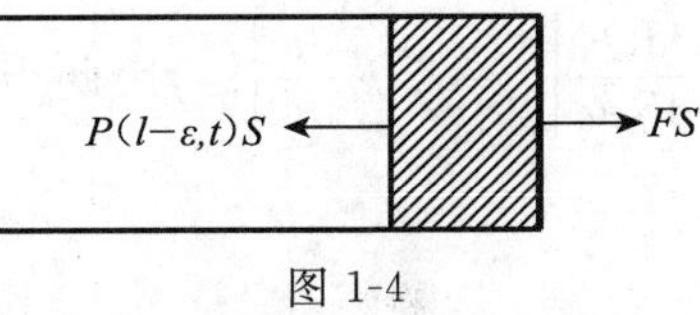

图 1-4

$$\rho\varepsilon S\overline{\frac{\partial^2 u}{\partial t^2}}=F(t)S-P(l-\varepsilon,t)S.$$

令 $\varepsilon\to 0$，并利用式(1-9)，则有
$$\left.\frac{\partial u}{\partial x}\right|_{x=l}=\frac{1}{E}F(t).\tag{1-33}$$

如果外力为零，即 $x=l$ 端为**自由端**，则
$$\left.\frac{\partial u}{\partial x}\right|_{x=l}=0.\tag{1-34}$$

如果外力 $F(t)$ 是由弹簧提供的弹性力，即 $x=l$ 端为**弹性支撑端**，则
$$F(t)S=-k[u(l,t)-u_0],$$
其中 k 为弹簧的劲度系数，u_0 为 $u(0,t)$. 于是
$$\left.\left(ku+ES\frac{\partial u}{\partial x}\right)\right|_{x=l}=ku_0.\tag{1-35}$$

对于热传导问题，常见的边界条件有下列几种类型.

第一类是边界 Γ 上各点的温度为已知函数 $f(x,y,z,t)$，则此时的边界条件为
$$u|_{\Gamma}=f(x,y,z,t).\tag{1-36}$$

第二类是单位时间内通过单位面积的边界面散出的热量 $\psi(x,y,z,t)$ 已知，则根据热传导定律，边界条件为
$$\left.\frac{\partial u}{\partial \boldsymbol{n}}\right|_{\Gamma}=\psi(x,y,z,t).\tag{1-37}$$

如果边界绝热，或边界 Γ 上的热量流速(亦称热流强度)始终为零，则在边界 Γ 上满足

$$\left.\frac{\partial u}{\partial \boldsymbol{n}}\right|_{\Gamma}=0. \tag{1-38}$$

第三类是物体的内部和周围的介质通过边界 Γ 有热量交换. 以 u_1 表示与物体接触处的介质温度,这时利用另一个热传导实验定律(**牛顿定律**),即从一个介质流入另一个介质的热量与两介质间的温度差成正比:

$$\mathrm{d}Q=k_1(u-u_1)\,\mathrm{d}S\,\mathrm{d}t,$$

其中 k_1 为两介质间的热交换系数.

所以物体与介质通过边界 Γ 进行热交换时的热量流速为

$$\left.\frac{\mathrm{d}Q}{\mathrm{d}S\,\mathrm{d}t}\right|_{\Gamma}=k_1(u-u_1)|_{\Gamma}.$$

在物体内部任取一个无限贴近于边界 Γ 的闭曲面 Γ_1,由于 Γ 内侧的热量不能积累,所以 Γ_1 上的热量流速应等于边界 Γ 上的热量流速. Γ_1 上的热量流速由傅里叶定律可表示为 $\left.\frac{\mathrm{d}Q}{\mathrm{d}S\,\mathrm{d}t}\right|_{\Gamma_1}=-k\left.\frac{\partial u}{\partial \boldsymbol{n}}\right|_{\Gamma_1}$,因此当物体和外界有热交换时,相应的边界条件为

$$-k\left.\frac{\partial u}{\partial \boldsymbol{n}}\right|_{\Gamma}=k_1(u-u_1)|_{\Gamma},$$

即

$$\left.\left(\frac{\partial u}{\partial \boldsymbol{n}}+\sigma u\right)\right|_{\Gamma}=\sigma u_1|_{\Gamma}, \tag{1-39}$$

其中 $\sigma=k_1/k$.

1.3 定解问题的提法

前面两节已推导 3 种不同类型的偏微分方程,并讨论它们相应的初始条件与边界条件的表达式. 由于这些方程中出现的未知函数的偏导数的最高阶都是二阶,且它们对于未知函数及其各阶偏导数来说都是线性的,所以这种方程称为**二阶线性偏微分方程**. 在工程技术问题中,二阶线性偏微分方程遇到得最多.

偏微分方程的基本概念和分类

如果一个函数具有某偏微分方程中所需要的各阶连续偏导数,并且代入该方程中能使方程变成恒等式,则称此函数为该方程的**解(古典解)**. 由于每一个物理过程处在特定的条件之下,所以需要求出偏微分方程适定某些特定条件的解. 初始条件和边界条件都称为**定解条件**. 将某个偏微分方程和相应的定解条件结合在一起,就构成了一个**定解问题**.

只有初始条件没有边界条件的定解问题称为**初值问题[或柯西(Cauchy)问题]**,只有边界条件没有初始条件的定解问题称为**边值问题**,既有初始条件又有边界条件的定解问题称为**混合问题**.

一个定解问题提得是否符合实际情况,必须靠实践来证实. 然而从数学角度来看,可以从以下 3 个方面加以检验:

(1) 解的存在性,即归结出来的定解问题是否有解.

（2）解的唯一性，即是否只有一个解.

（3）解的稳定性，即当定解条件有微小变动时，解是否相应地只有微小改变，若确实如此，此解便称为**稳定的**，否则所得到的解就无实用价值.

如果一个定解问题存在唯一且稳定的解，则此问题称为**适定的**. 后面的讨论将着眼点放在定解问题的解法上，而很少讨论它的适定性，这是因为讨论定解问题的适定性往往十分困难，而本书所讨论的定解问题都是经典的，它们的适定性都是经过证明的.

下面对线性偏微分方程的叠加原理进行讨论. 一个含有 n 个自变量的二阶线性偏微分方程的最一般的形式应为

$$Lu \equiv \sum_{i,k=1}^{n} A_{ik} \frac{\partial^2 u}{\partial x_i \partial x_k} + \sum_{i=1}^{n} B_i \frac{\partial u}{\partial x_i} + Cu = f, \tag{1-40}$$

其中 A_{ik}, B_i, C, f 都是 $x_1, x_2, \cdots, x_n$ 的已知函数，与未知函数无关.

在有两个自变量的情形下，式(1-40)可写为

$$A(x,y)\frac{\partial^2 u}{\partial x^2} + 2B(x,y)\frac{\partial^2 u}{\partial x \partial y} + C(x,y)\frac{\partial^2 u}{\partial y^2} + D(x,y)\frac{\partial u}{\partial x} +$$

$$E(x,y)\frac{\partial u}{\partial y} + F(x,y)u = f(x,y). \tag{1-41}$$

线性偏微分方程(1-40)有一个非常重要的特性，称为**叠加原理**，即若 u_i 是方程

$$Lu_i = f_i \quad (i=1,2,\cdots)$$

的解，而且级数

$$u = \sum_{i=1}^{+\infty} C_i u_i \quad (C_i \text{ 为任意常数})$$

收敛，并且能够对 $x_i(i=1,2,\cdots,k)$ 逐项微分两次，则 u 一定是方程

$$Lu = \sum_{i=1}^{n} C_i f_i$$

的解(当然要假定这个方程等号右端的级数是收敛的). 特别地，如果 $u_i(i=1,2,\cdots)$ 是二阶线性齐次方程

$$Lu = 0$$

的解，则只要 $u = \sum_{i=1}^{+\infty} C_i u_i$ 收敛，并且可以对 $x_i(i=1,2,\cdots,k)$ 逐项微分两次，u 一定也是此方程的解.

习题一

1. 弦在阻尼介质中振动，单位长度的弦所受阻力 $F=-Ru_t$（比例常数 R 叫作阻力系数），试推导弦在该阻尼介质中的振动方程.

2. 设有一长度为 l 的均匀细杆，横截面积为常数 A，又设定它的侧面绝热，即热量只能沿长度方向传导，由于杆很细，任何时刻都可以将同一横截面上的温度看作是相同的. 试推导杆的一维热传导方程.

3. 长为 l 的均匀细弦作自由横振动，其一端固定，另一端作自由振动，初始位移为 $\varphi(x)$，初始速度为 $\psi(x)$. 试列出其相应的边界条件和初始条件.

4. 长为 l 的弦两端固定，开始时在 $x=c$ 处受到冲量 k 的作用，试写出相应的定解问题.

5. 一均匀杆原长为 l，一端固定，另一端沿杆的轴线方向拉长 e 后静止，突然放手任其振动，试建立振

动方程与定解条件.

6. 设有一根具有绝热侧表面的均匀细杆,它的初始温度为 $\varphi(x)$,两端满足下列边界条件之一:

(1) 一端($x=0$)绝热,另一端($x=l$)保持常温为 u_0;

(2) 两端分别有恒定密度 q_1 和 q_2 的热流进入;

(3) 一端($x=0$)温度为 $f(t)$,另一端($x=l$)与温度为 $g(t)$ 的介质有热交换.

分别写出上述边界条件对应的定解问题.

7. 验证线性齐次方程的叠加原理,即若 $u_1(x,y),u_2(x,y),\cdots,u_n(x,y),\cdots$ 均为二阶线性齐次方程

$$A\frac{\partial^2 u}{\partial x^2}+2B\frac{\partial^2 u}{\partial x\partial y}+C\frac{\partial^2 u}{\partial y^2}+D\frac{\partial u}{\partial x}+E\frac{\partial u}{\partial y}+Fu=0$$

的解,其中 A,B,C,D,E,F 都只是 x,y 的函数,而且级数 $u=\sum_{i=1}^{+\infty}C_iu_i(x,y)$ 收敛,其中 C_i 为任意常数,并对 x,y 可以逐项微分两次,求证 $u=\sum_{i=1}^{+\infty}C_iu_i(x,y)$ 仍是原方程的解.

综合训练题

1. 弦的 $x=0$ 一端固定,$x=L$ 一端受迫作简谐振动 $2\sin \omega t$,弦的初始位移和初始速度均为 0.

(1) 写出相应的定解问题;

(2) 试用 MATLAB 工具箱绘制解的图形.

2. 半径为 R 的表面熏黑的金属长圆柱的初始温度分布处处为 0 ℃,圆柱受到阳光照射,阳光垂直于圆柱轴线,热流强度为 q,试写出圆柱热传导定解问题.

3. 试写出桥梁横振动的定解问题(仅考虑其横振动).

人物小传

数学王子——高斯

卡尔·弗里德里希·高斯(Carl Friedrich Gauss,1777—1855)是德国著名的数学家、天文学家、物理学家和地理学家,被誉为“数学王子”.

高斯出生于德国不伦瑞克的一个贫穷家庭,他的父亲是一个园丁和工匠.高斯在幼年时就展现出了惊人的数学天赋,据说他 3 岁时就能纠正父亲的计算错误,而且在小学时就能快速计算出复杂的数学问题.高斯 12 岁时已经开始怀疑元素几何学中的基础证明.16 岁时,高斯预测在欧氏几何之外必然会产生一门完全不同的几何学,即非欧几里得几何学,同年,他导出了二项式定理的一般形式,将其成功地运用在无穷级数上,并发展了数学分析理论.18 岁时,高斯发现了质数分布定理和最小二乘法,同年,他转入哥廷根大学学习.19 岁时,高斯首次成功地证明了正十七边形可以用尺规作图,为流传了 2 000 年的欧氏几何提供了自古希腊时代以来的第 1 次重要补充.

高斯在 1798 年左右开始对电磁学产生兴趣,当时他进行了关于地球形状和地球表面测量的研究.在他的工作中,高斯发现了电场和磁场的数学描述,进一步提出了高斯定理.高斯定理可以帮助我们利用球的对称性简化问题,为求解拉普拉斯方程提供了巨大的便利.高斯在球坐标系中对拉普拉斯方程进行了深入研究,并发现了球谐函数(拉普拉斯方程在球对称性条件下具有特定的解,即球谐函数).

除此之外,高斯定理在物理学中有重要意义,如:高斯定理描述了电场和电荷之间的关系,可以简化电场的计算,尤其是在对称性明显的几何结构中;高斯定理还可以用于计算电势分布,尤其是在静电学问题中.

高斯对数学的许多分支,包括数论、代数、统计学、分析学、微分几何、大地测量学、地球物理学和天文学也有重大贡献.他的工作不仅在数学上具有开创性,而且许多理论和方法在物理学、工程学和其他科学领域中都有广泛的应用.他的科学哲学和对数学美学的追求对数学界产生了深远的影响.高斯被认为是一个数学天才,他的工作至今仍被广泛研究和应用.

方法篇

数学物理方程的典型解法

第2章 分离变量法

> 将面临的所有问题尽可能地细分,细至能用最佳的方式将其解决为止.
>
> ——笛卡尔

准备知识

在上一章里,我们将物理学、力学和工程技术等方面的许多实际问题,应用数学的手段,归纳为相应的偏微分方程的定解问题,从而将具体的实际问题转化为可以通过数学工具分析和解决的形式.下面一个重要任务是怎样去解决这些定解问题,也就是说,在已经列出方程与定解条件之后,怎样去求既满足方程又满足定解条件的解.

由微积分学可知,在计算诸如多元函数的微分及重积分时总是把它们转化为一元函数的相应问题来解决.与此类似,求解偏微分方程定解问题有一种常用方法——分离变量法,其基本思想也是将未知的多元函数假设为若干个一元函数之积,进而把求解偏微分方程的问题转化为求解若干个常微分方程的问题,该方法主要应用于有限规则域内的定解问题.本章将通过实例说明分离变量法的步骤与实质,以一维波动方程的求解为重点,详细分析解题思路,并将求解方法推广到热传导方程、拉普拉斯方程等定解问题中.在第 2.1 节中考虑最简单的情况,即两个边界条件都是第一类齐次边界条件;在第 2.2 节中讨论如何处理含有第三类齐次边界条件(当然也包括第二类边界条件)的定解问题;在第 2.3 节说明如何在极坐标系下使用分离变量法;在第 2.4 节及第 2.5 节中讨论如何处理非齐次方程及非齐次边界条件的问题;在第 2.6 节给出高维情形下的分离变量法;在第 2.7 节概述二阶常微分方程特征值问题的一些结论,这些结论提供分离变量法的理论基础.

2.1 有界弦的自由振动

有界弦的自由振动

为了使读者了解什么是分离变量法以及使用分离变量法应该具备什么条件,下面以两端固定的弦的自由振动问题为例,通过具体的求解逐步回答这些问题.

依据第 1 章的结论,考虑长为 l 的两端固定的弦由初始位移 $\varphi(x)$ 及初

始速度 $\psi(x)$ 引起的振动问题:

$$\begin{cases}\dfrac{\partial^2 u}{\partial t^2}=a^2\dfrac{\partial^2 u}{\partial x^2}, & 0<x<l,t>0, \qquad (2\text{-}1)\\ u|_{x=0}=0,u|_{x=l}=0, & t>0, \qquad (2\text{-}2)\\ u|_{t=0}=\varphi(x),\left.\dfrac{\partial u}{\partial t}\right|_{t=0}=\psi(x), & 0\leqslant x\leqslant l. \qquad (2\text{-}3)\end{cases}$$

我们知道,在求解常系数线性齐次常微分方程的初值问题时,需要先求出足够多个特解(它们能构成通解),再利用叠加原理作这些特解的线性组合,使之满足初始条件.这就启发我们,要解问题(2-1)～(2-3),需先求齐次方程(2-1)满足齐次边界条件(2-2)的足够多的具有简单形式(变量被分离的形式)的特解,再利用它们作线性组合,使之满足初始条件(2-3).

这种思想方法还可以从物理模型中得到启示.由物理学可知,乐器发出的声音可以分解成各种不同频率的单音,每种单音振动时形成正弦曲线,其振幅依赖于时间 t,即每个单音可表示成

$$u(x,t)=A(t)\sin \omega x$$

的形式,$u(x,t)$ 被表示成只含变量 x 的函数与只含变量 t 的函数的乘积,即两个变量被分离了.

弦的振动也是一种波动,它同样具有上述特点.因此,根据上面的分析,现在试求方程(2-1)的变量分离形式

$$u(x,t)=X(x)T(t)$$

的非零解,并要求它满足齐次边界条件(2-2),其中 $X(x)$,$T(t)$ 分别表示仅与 x 有关及仅与 t 有关的待定函数.

由 $u(x,t)=X(x)T(t)$ 得

$$\frac{\partial^2 u}{\partial x^2}=X''(x)T(t),\quad \frac{\partial^2 u}{\partial t^2}=X(x)T''(t),$$

代入方程(2-1),得

$$X(x)T''(t)=a^2X''(x)T(t)$$

或

$$\frac{X''(x)}{X(x)}=\frac{T''(t)}{a^2T(t)}.$$

上式等号左端仅是 x 的函数,等号右端仅是 t 的函数,要使等号对所有 $0<x<l,t>0$ 成立,等号两端必为常数,记作

$$\frac{X''(x)}{X(x)}=\frac{T''(t)}{a^2T(t)}=-\lambda,$$

这样就得到两个常微分方程:

$$T''(t)+\lambda a^2T(t)=0, \tag{2-4}$$

$$X''(x)+\lambda X(x)=0. \tag{2-5}$$

再利用边界条件(2-2).由于 $u(x,t)=X(x)T(t)$,故有

$$X(0)T(t)=0,\quad X(l)T(t)=0.$$

但 $T(t)\neq 0$,因为如果 $T(t)\equiv 0$,则 $u(x,t)\equiv 0$,这种解称为**平凡解**,显然不是所要求的.对

于实际问题而言，若 $u(x,t)\equiv 0$，则表示弦静止不动，失去了研究的意义，所以

$$X(0)=X(l)=0. \tag{2-6}$$

因此，对于满足边界条件(2-2)的任意一个方程(2-1)的变量分离形式的非零解而言，$T(t)$必须满足方程(2-4)，而 $X(x)$必须是常微分方程边值问题

$$\begin{cases}X''(x)+\lambda X(x)=0,\\X(0)=X(l)=0\end{cases}$$

的非零解. 由于方程(2-5)中含有一个待定常数 λ，所以必须先确定 λ 取何值时方程(2-5)才有符合条件(2-6)的非零解，然后求出非零解 $X(x)$. 将这样一个先确定 λ 值，然后求非零解的问题称为常微分方程(2-5)在条件(2-6)下的**特征值问题**，使式(2-5)和式(2-6)有非零解的 λ 称为该问题的**特征值**，相应的非零解 $X(x)$称为它的**特征函数**. 下面对 λ 分 3 种情况来讨论.

(1) 设 $\lambda<0$，此时方程(2-5)的通解为

$$X(x)=Ae^{\sqrt{-\lambda}x}+Be^{-\sqrt{-\lambda}x}.$$

由条件(2-6)得

$$A+B=0,$$
$$Ae^{\sqrt{-\lambda}l}+Be^{-\sqrt{-\lambda}l}=0.$$

联立方程组，解出 A,B，得

$$A=B=0.$$

即 $X(x)\equiv 0$，不符合非零解的要求，因此 λ 不能小于 0.

(2) 设 $\lambda=0$，此时方程(2-5)的通解为

$$X(x)=Ax+B.$$

由条件(2-6)得 $A=B=0$，所以 λ 也不能等于 0.

(3) 设 $\lambda>0$，并令 $\lambda=\beta^2$，β 为非零实数. 此时方程(2-5)的通解为

$$X(x)=A\cos\beta x+B\sin\beta x.$$

由条件(2-6)得

$$A=0,$$
$$B\sin\beta l=0.$$

由于 B 不能为零[否则 $X(x)\equiv 0$]，所以 $\sin\beta l=0$，即

$$\beta=\frac{n\pi}{l}\quad(n=1,2,3,\cdots)$$

(可以不必考虑 n 为负整数，因为例如 $n=-2$，$B\sin\frac{-2\pi}{l}x$ 实际上还是 $B'\sin\frac{2\pi}{l}x$ 的形式)，从而

$$\lambda=\frac{n^2\pi^2}{l^2}.$$

这样就求出特征值问题(2-5)和(2-6)的一系列特征值及相应的特征函数

$$\lambda_n=\frac{n^2\pi^2}{l^2}\quad(n=1,2,3,\cdots), \tag{2-7}$$

$$X_n(x)=B_n\sin\frac{n\pi}{l}x\quad(n=1,2,3,\cdots). \tag{2-8}$$

对于每一个 $\lambda=\lambda_n$，代入方程(2-4)，求解 $T=T_n(t)$：

$$T_n''(t)+\frac{a^2n^2\pi^2}{l^2}T_n(t)=0.$$

显然，其通解为

$$T_n(t)=C_n'\cos\frac{n\pi a}{l}t+D_n'\sin\frac{n\pi a}{l}t\quad(n=1,2,3,\cdots).\tag{2-9}$$

于是由解(2-8)和解(2-9)得到满足方程(2-1)及边界条件(2-2)的一组变量被分离的特解：

$$u_n(x,t)=\left(C_n\cos\frac{n\pi a}{l}t+D_n\sin\frac{n\pi a}{l}t\right)\sin\frac{n\pi}{l}x\quad(n=1,2,3,\cdots),\tag{2-10}$$

其中 $C_n=B_nC_n'$，$D_n=B_nD_n'$，C_n，D_n 为任意常数.

至此，第 1 步工作已经完成，已求出既满足方程(2-1)又满足边界条件(2-2)的无穷多个特解.

为了求原定解问题的解，还需要满足条件(2-3). 但一般来说，由式(2-10)所确定的一组函数并不一定满足初始条件(2-3)[因为当 $t=0$ 时，$u_n(x,0)=C_n\sin\frac{n\pi}{l}x$，$\left.\frac{\partial u_n}{\partial t}\right|_{t=0}=D_n\frac{n\pi a}{l}\sin\frac{n\pi}{l}x$ 为固定函数，而初值函数 $\varphi(x)$ 和 $\psi(x)$ 为任意函数]，因此这些特解中的任意一个一般不是问题的解. 由于偏微分方程和边界条件都是线性齐次的，为了求出原问题的解，可利用叠加原理将解(2-10)中所有函数 $u_n(x,t)$ 叠加起来：

$$\begin{aligned}u(x,t)&=\sum_{n=1}^{+\infty}u_n(x,t)\\&=\sum_{n=1}^{+\infty}\left(C_n\cos\frac{n\pi a}{l}t+D_n\sin\frac{n\pi a}{l}t\right)\sin\frac{n\pi}{l}x.\end{aligned}\tag{2-11}$$

由叠加原理可知，如果式(2-11)等号右端的无穷级数收敛且对 x,t 均二次逐项可微，则 $u(x,t)$ 也满足方程(2-1)和边界条件(2-2).

下面需要选择适当的常系数 C_n，D_n，使函数 $u(x,t)$ 满足初始条件(2-3). 为此，必须有

$$u(x,t)\big|_{t=0}=u(x,0)=\sum_{n=1}^{+\infty}C_n\sin\frac{n\pi}{l}x=\varphi(x),$$

$$\left.\frac{\partial u}{\partial t}\right|_{t=0}=\sum_{n=1}^{+\infty}D_n\frac{n\pi a}{l}\sin\frac{n\pi}{l}x=\psi(x).$$

这表明 C_n，$D_n\frac{n\pi a}{l}$ 分别是函数 $\varphi(x)$，$\psi(x)$ 在 $[0,l]$ 上关于特征函数系 $\sin\frac{n\pi}{l}x$ 展开的系数，对于本具体问题而言，恰是傅里叶正弦级数的系数.

用 $\sin\frac{n\pi}{l}x$ 分别乘以以上两式，再对 x 在 $[0,l]$ 上积分，并利用 $\sin\frac{n\pi}{l}x$ 在 $[0,l]$ 上的正交性

$$\int_0^l\sin\frac{n\pi}{l}x\sin\frac{k\pi}{l}x\,\mathrm{d}x=\begin{cases}0, & n\neq k,\\ \dfrac{l}{2}, & n=k\end{cases}$$

可得

$$\begin{cases} C_n = \dfrac{2}{l}\displaystyle\int_0^l \varphi(x)\sin\dfrac{n\pi}{l}x\,\mathrm{d}x, \\ D_n = \dfrac{2}{n\pi a}\displaystyle\int_0^l \psi(x)\sin\dfrac{n\pi}{l}x\,\mathrm{d}x. \end{cases} \tag{2-12}$$

这样,原定解问题的解形式上由级数(2-11)给出,其中系数 C_n,D_n 由式(2-12)确定.

以上由分离变量法和叠加原理得到的定解问题的级数解(2-11)仅是一个形式解,要使得用式(2-11)中级数表示的 $u(x,t)$ 有意义,就必须使式(2-11)中的级数收敛且关于 x,t 均二次可微.如果对初值函数 $\varphi(x)$ 及 $\psi(x)$ 加上适当的光滑性条件,则可以证明这个形式的解是一个古典解,这就是下面的结论.

若在$[0,l]$上函数 $\varphi(x)$ 三次连续可微,$\psi(x)$ 两次连续可微,且满足相容性条件:$\varphi(0)=\varphi(l)=\varphi''(0)=\varphi''(l)=\psi(0)=\psi(l)=0$,则问题(2-1)~(2-3)的古典解存在,并且这个解可以用级数(2-11)给出,其中 C_n,D_n 由式(2-12)确定.此外,如果 $u(x,t)$ 是问题(2-1)~(2-3)的古典解,则它是唯一的.

形式解可以看作定解问题在某种意义下的"弱解",也有意义.从求解数学物理方程的方法来看,在大多数情况下,需要先求形式解,然后在一定条件下验证这个形式解就是古典解,这个验证的过程常称为**综合工作**.鉴于篇幅和讲授课时的限制,在今后的叙述中都不做综合工作,也不逐个讨论所求形式解就是古典解时需加的条件,只要求得形式解,就认为定解问题得到解决.

上面所讲的分离变量法,其基本思想是把求解偏微分方程的问题,经过分离变量,化成求解常微分方程的问题,从而使问题得到简化,这是一个很常用的方法.对于含两个以上自变量的偏微分方程,也往往采用分离变量法,将偏微分方程化为常微分方程或所含自变量较少的偏微分方程,简化问题,使之容易求解.从前面的运算过程可以看出,用分离变量法求解定解问题的关键步骤是确定特征函数与运用叠加原理,这些运算之所以能够进行,就是因为偏微分方程与边界条件都是齐次的,这一点希望读者一定要注意.

例 1 设有一根长为 10 个单位的弦,两端固定,初始速度为 0,初始位移 $\varphi(x)=\dfrac{x(10-x)}{1\,000}$,求弦作微小横向振动时的位移.

解 设位移函数为 $u(x,t)$,它是定解问题

$$\begin{cases} \dfrac{\partial^2 u}{\partial t^2}=a^2\dfrac{\partial^2 u}{\partial x^2}, & 0<x<10, t>0, \\ u\big|_{x=0}=0, u\big|_{x=10}=0, & t>0, \\ u\big|_{t=0}=\dfrac{x(10-x)}{1\,000}, \dfrac{\partial u}{\partial t}\Big|_{t=0}=0, & 0\leqslant x\leqslant 10 \end{cases}$$

的解.这时 $l=10$,并给定 $a^2=10\,000$(这个数字与弦的材料、张力有关).

显然,这个问题的傅里叶级数形式解可由式(2-11)给出.其系数由式(2-12)可得

$$D_n=0,$$

$$C_n=\frac{1}{5\,000}\int_0^{10} x(10-x)\sin\frac{n\pi}{10}x\,\mathrm{d}x$$

$$=\frac{2}{5n^3\pi^3}(1-\cos n\pi)$$

$$=\begin{cases}0, & \text{当 } n \text{ 为偶数}, \\ \dfrac{4}{5n^3\pi^3}, & \text{当 } n \text{ 为奇数}.\end{cases}$$

因此,所求的解为

$$u(x,t)=\frac{4}{5\pi^3}\sum_{n=0}^{+\infty}\frac{1}{(2n+1)^3}\sin\frac{(2n+1)\pi}{10}x\cos 10(2n+1)\pi t.$$

例 2　单簧管是直径均匀的细管,一端封闭,另一端开放.在下列初始状态下求管内空气柱的纵向振动位移,可将其归结为求解定解问题

$$\begin{cases}\dfrac{\partial^2 u}{\partial t^2}=a^2\dfrac{\partial^2 u}{\partial x^2}, & 0<x<l,t>0, \\ u\big|_{x=0}=0,\dfrac{\partial u}{\partial x}\Big|_{x=l}=0, & t>0, \\ u\big|_{t=0}=x^2-2lx,\dfrac{\partial u}{\partial t}\Big|_{t=0}=0, & 0\leqslant x\leqslant l.\end{cases}$$

解　这里所考虑的方程仍是方程(2-1),所不同的是,$x=l$ 这一端的边界条件不是第一类齐次边界条件$u\big|_{x=l}=0$,而是第二类齐次边界条件$\dfrac{\partial u}{\partial x}\Big|_{x=l}=0$.因此,分离变量后仍得到方程(2-4)与方程(2-5),但条件(2-6)应代之以

$$X(0)=X'(l)=0. \tag{2-6$'$}$$

相应的特征值问题为求

$$\begin{cases}X''(x)+\lambda X(x)=0, \\ X(0)=X'(l)=0\end{cases} \tag{2-5$'$}$$

的非零解.

重复前面的讨论可知,只有当 $\lambda=\beta^2>0$ 时,上述特征值问题才有非零解,此时式(2-5)$'$的通解仍为

$$X(x)=A\cos\beta x+B\sin\beta x.$$

代入条件(2-6)$'$,得

$$\begin{cases}A=0, \\ B\cos\beta l=0.\end{cases}$$

由于 $B\neq 0$,故 $\cos\beta l=0$,即

$$\beta=\frac{2n+1}{2l}\pi,\quad n=0,1,2,\cdots.$$

从而求得一系列特征值与特征函数

$$\lambda_n=\frac{(2n+1)^2\pi^2}{4l^2},$$

$$X_n(x)=B_n\sin\frac{(2n+1)\pi}{2l}x,\quad n=0,1,2,\cdots.$$

与这些特征值相对应的方程(2-4)的通解为

$$T_n(t)=C'_n\cos\frac{(2n+1)\pi a}{2l}t+D'_n\sin\frac{(2n+1)\pi a}{2l}t$$

$$(n=0,1,2,\cdots).$$

于是,所求定解问题的解可表示为

$$u(x,t)=\sum_{n=0}^{+\infty}\left[C_n\cos\frac{(2n+1)\pi a}{2l}t+D_n\sin\frac{(2n+1)\pi a}{2l}t\right]\sin\frac{(2n+1)\pi}{2l}x.$$

利用初始条件确定其中的任意常数 C_n,D_n,得

$$D_n=0,$$

$$C_n=\frac{2}{l}\int_0^l(x^2-2lx)\sin\frac{(2n+1)\pi}{2l}x\,dx=-\frac{32l^2}{(2n+1)^3\pi^3}.$$

故所求的解为

$$u(x,t)=-\frac{32l^2}{\pi^3}\sum_{n=0}^{+\infty}\frac{1}{(2n+1)^3}\cos\frac{(2n+1)\pi a}{2l}t\sin\frac{(2n+1)\pi}{2l}x.$$

为了加深理解,下面再来分析一下级数形式解(2-11)的物理意义.首先分析级数中每一项

物理意义

$$u_n(x,t)=\left(C_n\cos\frac{n\pi a}{l}t+D_n\sin\frac{n\pi a}{l}t\right)\sin\frac{n\pi}{l}x$$

的物理意义.分析方法是:先固定时间 t,看看在任一指定时刻振动波是什么形状;再固定弦上一点,看看该点的振动规律.

将括号内的式子改变一下形式,可得

$$u_n(x,t)=\sqrt{C_n^2+D_n^2}\cos\left(\frac{n\pi a}{l}t-\theta_n\right)\sin\frac{n\pi}{l}x=A_n\cos(\omega_n t-\theta_n)\sin\frac{n\pi}{l}x,$$

其中 $A_n=\sqrt{C_n^2+D_n^2}$,$\omega_n=\frac{n\pi a}{l}$,$\theta_n=\arctan\frac{D_n}{C_n}$.在物理上,形如 $A_n\cos(\omega_n t-\theta_n)$ 的函数表示一种简谐振动,A_n 称为波的**振幅**,ω_n 称为波的**频率**,θ_n 称为波的**相位角**.

当时间 t 取定值 t_0 时,得

$$u_n(x,t_0)=A'_n\sin\frac{n\pi}{l}x,$$

其中 $A'_n=A_n\cos(\omega_n t_0-\theta_n)$ 是一个定值.这表示任一时刻振动波 $u_n(x,t_0)$ 的形状均匀正弦曲线,只是其振幅随着时间的改变而改变.

当弦上点的横坐标 x 取定值 x_0 时,得

$$u_n(x_0,t)=B_n\cos(\omega_n t-\theta_n),$$

其中 $B_n=A_n\sin\frac{n\pi}{l}x_0$ 是一个定值.这说明弦上以 x_0 为横坐标的点作简谐振动,其振幅为 B_n,角频率为 ω_n,初相位角为 θ_n.若 x 取另外一个定值,情况也一样,只是振幅 B_n 不同

罢了.

实际上,$u_n(x,t)$代表如下的振动波:在所考虑的振动弦上的各点均以同一频率作简谐振动,它们的相位角相同,而振幅$\left|A_n\sin\frac{n\pi}{l}x\right|$依赖点$x$的位置,且该振动波在任一时刻的外形均是一正弦曲线.此外,这种振动波在$[0,l]$范围内有$n+1$个点$x_m=\frac{ml}{n}(m=0,1,2,\cdots,n)$永远保持不动,其振幅$\left|A_n\sin\frac{n\pi}{l}x\right|=0$,这些点在物理上称为**节点**;振动波在$n$个点$x_m=\frac{(2m-1)l}{2n}(m=1,2,\cdots,n)$处振幅$\left|A_n\sin\frac{n\pi}{l}x\right|=A_n$达到最大值(读者可自己讨论),这些点称为振动波的**腹点**.弦的振动情形就好像是由互不连接的几段组成的,每段的端点恰好就像固定在各个节点上,永远保持不动.显然,对于$u_n(x,t)$而言,连同固定的端点共有$n+1$个节点,这种包含节点的振动波称为驻波.驻是停的意思,看起来这种波就好像在那里不动一样.图 2-1 即某一时刻$n=1,2,3$的驻波形状.

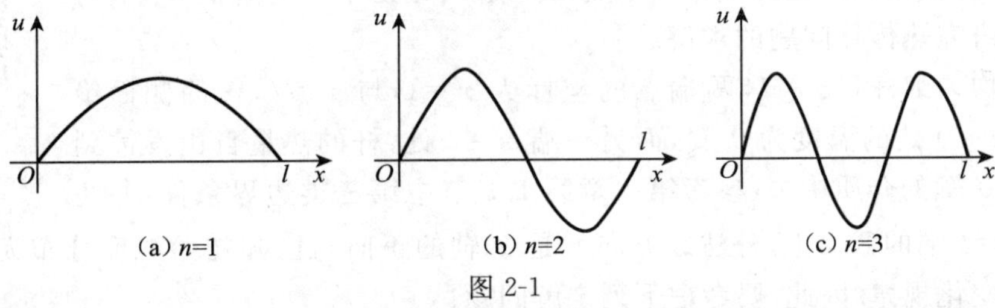

图 2-1

综上所述,$u_1(x,t),u_2(x,t),\cdots,u_n(x,t),\cdots$是一系列驻波,它们的频率、相位角与振幅都随着$n$的不同而不同.因此可以说,一维波动方程用分离变量法解出的结果$u(x,t)$是由一系列驻波叠加而成的,而每一个驻波的波形由特征函数确定,它的频率由特征值确定.这完全符合实际情况,因为人们在考察弦的振动时就发现许多驻波,它们的叠加又可以构成各种各样的波形,因此很自然地会想到用驻波的叠加表示弦振动方程的解.这就是分离变量法的物理背景,所以分离变量法也称为**驻波法**.

各驻波振幅的大小和相位角的差异由初始条件决定,而频率$\omega_n=\frac{n\pi a}{l}$与初始条件无关,所以也称为弦的**固有频率**.在诸多驻波中,$n=1$的驻波$u_1(x,t)$除两个端点$x=0$和$x=l$外没有其他节点,它的波长为$2l$,是所有驻波中最长的,它的频率为$\omega_1/2\pi=a/2l$,是所有驻波中最低的,称为基频,相应的驻波叫作**基波**.$n>1$的各个驻波分别叫作 ***n* 次谐波**.n次谐波的波长为$2l/n$,是基波的$1/n$;频率为$\omega_n/2\pi=na/2l$,是基波的n倍,称为**谐频**.一般来说,$A_1=\sqrt{C_1^2+D_1^2}$要比$A_n=\sqrt{C_n^2+D_n^2}\ (n>1)$大得多.而在声学上,弦所发出声音的音调由其振动频率决定,而声音的弦度(或大小)则取决于其振动振幅.弦所能发出的最低音所对应的频率就是其最低固有频率,即$\omega_1=\frac{\pi a}{l}$,这个音称为**基音**.其余的频率ω_k均是ω_1的整数倍,称为**泛音**.一般来说,弦所发出的声音是由基音和泛音叠加而成的.

由第 1 章可知,弦振动方程(1-6)中系数$a^2=\frac{T}{\rho}$,其中T为张力,ρ为弦的密度,所以基波的频率为$\frac{1}{2l}\sqrt{\frac{T}{\rho}}$. 从这个表达式可以看出，如果用手指按住弦线的不同部位，则受振动的弦长 l 缩小，基音频率增大，音调随之升高，特别是如果用手指按住弦的中点，基音和所有谐音频率就比原来的频率增加一倍，弦就发出比原来高八度的音调(用音乐术语来说，频率×2 就是一个"八度音程"). 此外，人们经常通过拧紧(松)弦线的方法来调整音调，其实就是通过改变弦的张力来调整频率，使音调变化. 从频率的表达式还可以看出，弦的密度即弦的粗细对音调也有影响，弦线越细，发出的音调越高(在 l,T 相同的条件下). 通过以上分析，我们可以对弦乐器的演奏原理有一个初步的了解.

2.2 有限长杆上的热传导

前面以波动方程为背景提出的分离变量法与波动现象的物理本质无关，它们用于解决相当广泛的某些数学物理定解问题是十分有效的，本节将利用该方法研究热传导问题的求解.

有限长杆上的热传导

设有一均匀细杆，长为 l，两端点的坐标为 $x=0$ 与 $x=l$，杆的侧面绝热，且端点 $x=0$ 处的温度为 0 ℃，而另一端 $x=l$ 处，杆的热量自由发散到周围温度为 0 ℃的介质中去(参考第 1 章第 1.2 节中第三类边界条件，并注意在杆的 $x=l$ 端的截面上，外法线方向就是 x 轴的正向)，已知初始温度分布为 $\varphi(x)$，求杆上的温度变化规律. 因此，要考虑下列定解问题：

$$\begin{cases}\dfrac{\partial u}{\partial t}=a^2\dfrac{\partial^2 u}{\partial x^2}, & 0<x<l,t>0, \quad (2\text{-}13)\\ u(0,t)=0,\dfrac{\partial u(l,t)}{\partial t}+hu(l,t)=0, & t>0, \quad (2\text{-}14)\\ u(x,0)=\varphi(x), & 0\leqslant x\leqslant l. \quad (2\text{-}15)\end{cases}$$

仍采用分离变量法来解这个问题. 首先求出满足边界条件且是变量被分离形式的特解. 设

$$u(x,t)=X(x)T(t),$$

代入方程(2-13)，得

$$\frac{T'(t)}{a^2T(t)}=\frac{X''(x)}{X(x)}.$$

上式等号左端不含 x，等号右端不含 t，所以只有当等号两端均为常数时才可能相等. 令此常数为$-\beta^2$[读者可以从方程 $X''(x)=-\lambda X(x)$，结合边界条件，按 λ 取值的 3 种不同情况，像第 2.1 节那样讨论后得出为何取常数为$-\beta^2$]，则有

$$\frac{T'(t)}{a^2T(t)}=\frac{X''(x)}{X(x)}=-\beta^2, \tag{2-16}$$

从而得到两个线性常微分方程：

$$T'(t)+a^2\beta^2T(t)=0, \qquad (2\text{-}16)'$$

$$X''(x)+\beta^2X(x)=0. \qquad (2\text{-}16)''$$

解方程(2-16)″,得

$$X(x)=A\cos\beta x+B\sin\beta x.$$

由边界条件(2-14)可知

$$X(0)=0,\quad X'(l)+hX(l)=0. \tag{2-17}$$

由 $X(0)=0$ 得 $A=0$,由 $X'(l)+hX(l)=0$ 得

$$\beta\cos\beta l+h\sin\beta l=0. \tag{2-17$'$}$$

为了求出 β,方程(2-17)′可改写成

$$\tan\gamma=\alpha\gamma, \tag{2-18}$$

其中 $\gamma=\beta l,\alpha=-\dfrac{1}{hl}$.

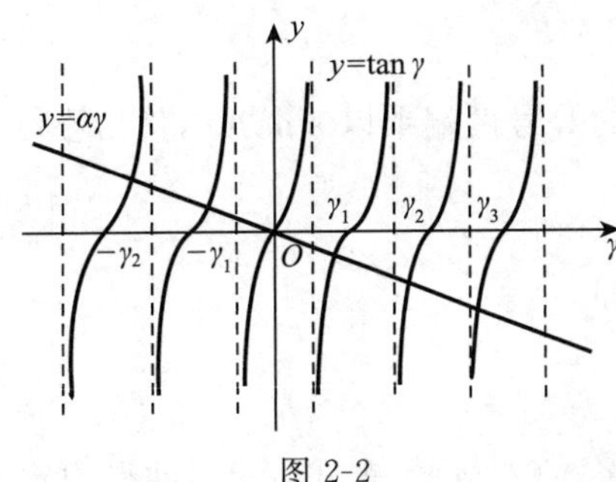

图 2-2

方程(2-18)的根可以看作曲线 $y=\tan\gamma$ 与直线 $y=\alpha\gamma$ 交点的横坐标(图 2-2),显然它们的交点有无穷多个,于是方程(2-18)有无穷多个根,由这些根可以确定出特征值 β^2. 设方程(2-18)的无穷多个正根[不取负根是因为负根与正根只差一个符号(图 2-2),并根据第 2.1 节中所述的同样理由]为

$$\gamma_1,\ \gamma_2,\ \gamma_3,\ \cdots,\ \gamma_n,\ \cdots$$

于是得到特征值问题(2-16)″和(2-17)的无穷多个特征值

$$\beta_1^2=\frac{\gamma_1^2}{l^2},\quad \beta_2^2=\frac{\gamma_2^2}{l^2},\quad \cdots,\quad \beta_n^2=\frac{\gamma_n^2}{l^2},\quad \cdots$$

及相应的特征函数

$$X_n(x)=B_n\sin\beta_n x. \tag{2-19}$$

再由方程(2-16)′解得

$$T_n(t)=A_n e^{-\beta_n^2a^2t}. \tag{2-20}$$

由式(2-19)和式(2-20),可得到方程(2-13)满足边界条件(2-14)的一组特解

$$\begin{aligned} u_n(x,t)&=X_n(x)T_n(t)\\ &=C_n e^{-\beta_n^2a^2t}\sin\beta_n x,\quad n=1,2,3,\cdots, \end{aligned} \tag{2-21}$$

其中 $C_n=A_nB_n$.

由于方程(2-13)与边界条件(2-14)都是齐次的,所以

$$u(x,t)=\sum_{n=1}^{+\infty}u_n(x,t)=\sum_{n=1}^{+\infty}C_n e^{-\beta_n^2a^2t}\sin\beta_n x \tag{2-22}$$

仍满足方程与边界条件.

最后考虑 $u(x,t)$ 是否满足初始条件(2-15). 由式(2-22)得

$$u(x,0)=\sum_{n=1}^{+\infty}C_n\sin\beta_n x.$$

现在希望它等于已知函数 $\varphi(x)$,那么首先要分析在$[0,l]$上定义的函数 $\varphi(x)$ 能否展开为级数形式 $\sum\limits_{n=1}^{+\infty}C_n\sin\beta_n x$,其次要分析系数 C_n 如何确定. 关于前者,只需要 $\varphi(x)$ 在$[0,l]$上满足可以展成傅里叶级数的条件,下面主要讨论系数的求解问题. 傅里叶系数公式的得来是根

据函数系的正交性，所以现在也要考察函数系$\{\sin\beta_n x\}$在$[0,l]$上的正交性. 不难证明（也可以从第 2.7 节中的一般结论得知）

$$\int_0^l \sin\beta_m x\sin\beta_n x\,\mathrm{d}x=0,\quad m\neq n.$$

令

$$L_n=\int_0^l \sin^2\beta_n x\,\mathrm{d}x,$$

于是在

$$\varphi(x)=\sum_{n=1}^{+\infty}C_n\sin\beta_n x \tag{2-23}$$

的等号两端乘以$\sin\beta_k x$，然后在$[0,l]$上积分，得

$$\int_0^l \varphi(x)\sin\beta_k x\,\mathrm{d}x=L_kC_k,$$

即

$$C_k=\frac{1}{L_k}\int_0^l \varphi(x)\sin\beta_k x\,\mathrm{d}x. \tag{2-24}$$

将式(2-24)代入式(2-22)即得原定解问题的解.

当然，这样求出的函数$u(x,t)$仍是形式解，欲使它为问题(2-13)～(2-15)的解，还必须对$\varphi(x)$加上一定的光滑性和相容性条件.

通过上面两节的讨论，我们对分离变量法已经有一个初步的了解，它的主要步骤大体如下：

(1) 将偏微分方程的定解问题通过分离变量法转化为常微分方程的定解问题. 这对线性齐次偏微分方程及齐次边界条件来说是可以做到的.

(2) 确定特征值与特征函数. 由于特征函数是要经过叠加的，所以用于确定特征函数的方程与条件在函数经过叠加之后仍要满足. 当边界条件是齐次的时，求特征函数就是求一个常微分方程满足零边界条件的非零解.

(3) 定出特征值、特征函数后，再解其他常微分方程，将得到的解与特征函数相乘得到$u_n(x,t)$，此时$u_n(x,t)$中还包含着任意常数.

(4) 为了使解满足其余定解条件，需要将所有$u_n(x,t)$叠加成级数形式，此时级数中的一系列任意常数由其余条件确定. 在这最后一步工作中，需要把已知函数展开为特征函数项的级数，这种展开的合理性将在第 2.7 节中论述.

由本节的例子还可以看出，用分离变量法求解第三类边界条件的定解问题时，只要边界条件都是齐次的，其求解过程与求解第一类边界条件的定解问题是相同的，但在确定特征值时，一般来说比较复杂.

2.3 二维拉普拉斯方程的定解问题

平面区域上的拉普拉斯方程加上给定边界值是另一类典型的定解问题，本节将分直角坐标系和极坐标系两种情况讨论拉普拉斯方程的狄利克莱问题.

首先介绍平面直角坐标系中的狄利克莱问题. 图 2-3 是一个直角坐标系下的拉普拉斯方程求解的矩形区域和边界条件示意图,它的定解问题提法为

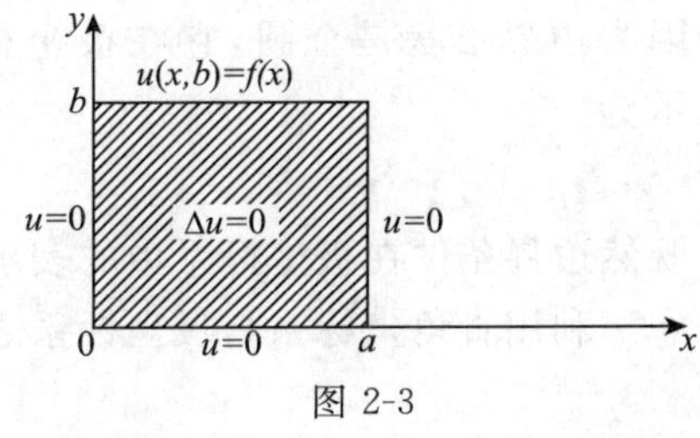

图 2-3

$$\begin{cases}\dfrac{\partial^2 u}{\partial x^2}+\dfrac{\partial^2 u}{\partial y^2}=0, & 0<x<a,0<y<b,\\ u\big|_{x=0}=u\big|_{x=a}=0, & 0<y<b,\\ u\big|_{y=0}=0,u\big|_{y=b}=f(x), & 0<y<a.\end{cases}$$

可采用分离变量法求解上述定解问题. 设 $u(x,y)=X(x)Y(y)$,可得到

$$\begin{cases}X''(x)+\lambda X(x)=0,\\ X(0)=0,X(a)=0,\end{cases} \tag{2-25}$$

$$\begin{cases}Y''(y)-\lambda Y(y)=0,\\ Y(0)=0,\end{cases} \tag{2-26}$$

式(2-26)的方程与前两节中分离变量后的方程略有不同,这里给定了一个边界值,以减小叠加后的运算量.

可以证明式(2-25)仅在 $\lambda>0$ 时有解,故设 $\lambda=\beta^2$,得到式(2-25)的解为

$$\begin{cases}\beta_n=\dfrac{n\pi}{a}, & n=1,2,\cdots,\\ X_n(x)=A_n\sin\dfrac{n\pi x}{a}, & n=1,2,\cdots.\end{cases}$$

上式第 1 个分式为特征值,第 2 个分式为特征函数.

式(2-26)的解为

$$Y_n(y)=B_n\sinh\frac{n\pi}{a}y.$$

因此,乘积项 $u_n(x,y)$ 为

$$u_n(x,y)=X_n(x)Y_n(y)=C_n\sin\frac{n\pi x}{a}\sinh\frac{n\pi}{a}y,\quad n=1,2,\cdots.$$

定解问题的解为

$$u(x,y)=\sum_{n=1}^{+\infty}C_n\sin\frac{n\pi x}{a}\sinh\frac{n\pi}{a}y. \tag{2-27}$$

将上式代入 $u(x,b)=f(x)$,按照傅里叶级数展开,得到

$$C_n=\frac{2}{a\sinh\dfrac{n\pi}{a}b}\int_0^a\sin\frac{n\pi}{a}xf(x)\,\mathrm{d}x, \tag{2-28}$$

将式(2-28)代入式(2-27),即得到方程的解.

对于圆域内拉普拉斯定解问题的求解,可以考虑以下物理问题. 一个半径为 ρ_0 的薄圆盘,上下两面绝热,圆周边缘温度分布已知,求达到稳恒状态时圆盘内的温度分布.

圆域内二维拉普拉斯方程的定解问题

第 1 章中讲过,热传导问题达到稳恒状态时,温度分布与时间无关,应满足拉普拉斯方程

$$\Delta u=0.$$

因为边界形状是个圆，它在极坐标下的方程为 $\rho=\rho_0$，所以极坐标系下的边界条件可表示为

$$u|_{\rho=\rho_0}=f(\theta).$$

既然边界条件在极坐标系中的表示很简单，那么就在极坐标系下求解这个定解问题.

利用直角坐标系与极坐标系之间的关系

$$\begin{cases}x=\rho\cos\theta,\\ y=\rho\sin\theta,\end{cases}$$

这个定解问题可表示为

$$\Delta u=\frac{1}{\rho}\frac{\partial}{\partial\rho}\left(\rho\frac{\partial u}{\partial\rho}\right)+\frac{1}{\rho^2}\frac{\partial^2 u}{\partial\theta^2}=0,\quad 0<\rho<\rho_0,0\leqslant\theta\leqslant 2\pi, \tag{2-29}$$

$$u(\rho_0,\theta)=f(\theta),\quad 0\leqslant\theta\leqslant 2\pi. \tag{2-30}$$

从解方程的角度来看，上述条件不足以确定所有常数，需寻找隐含条件. 由于自变量 ρ 和 θ 的取值范围分别为 $[0,\rho_0]$ 与 $[0,2\pi]$，而圆盘内的温度值绝不可能是无限的，特别是圆盘中心点的温度应该是有限的，并且 (ρ,θ) 与 $(\rho,\theta+2\pi)$ 实际上表示同一点，温度应该相同，即应该有

$$|u(0,\theta)|<+\infty, \tag{2-31}$$

$$u(\rho,\theta)=u(\rho,\theta+2\pi). \tag{2-32}$$

也就是有界性条件和周期性条件. 下面来求满足方程(2-29)及条件(2-30)～条件(2-32)的解.

先令

$$u(\rho,\theta)=R(\rho)\Phi(\theta),$$

代入方程(2-29)，得

$$R''\Phi+\frac{1}{\rho}R'\Phi+\frac{1}{\rho^2}R\Phi''=0,$$

即

$$\frac{\rho^2R''+\rho R'}{R}=-\frac{\Phi''}{\Phi}.$$

令比值为常数 λ，即得两个常微分方程

$$\Phi''+\lambda\Phi=0,$$

$$\rho^2R''+\rho R'-\lambda R=0.$$

再由条件(2-31)及条件(2-32)，得

$$|R(0)|<+\infty,$$

$$\Phi(\theta+2\pi)=\Phi(\theta). \tag{2-33}$$

这样就得到两个常微分方程的定解问题

$$\begin{cases}\Phi''+\lambda\Phi=0,\\ \Phi(\theta+2\pi)=\Phi(\theta),\end{cases} \tag{2-34}$$

与

$$\begin{cases}\rho^2R''+\rho R'-\lambda R=0,\\ |R(0)|<+\infty.\end{cases} \tag{2-35}$$

先解哪一个呢？要看哪一个可以定出特征值.由于条件(2-33)满足可加性[所有满足条件(2-33)的函数叠加起来仍满足条件(2-33)]，所以只能先解问题(2-34).

采用与第 2.1 节中同样的方法可以得到：

(1) 当 $\lambda<0$ 时，问题(2-34)无非零解；

(2) 当 $\lambda=0$ 时，问题(2-34)的解为 $\Phi_0(\theta)=a_0'$（常数）；

(3) 当 $\lambda>0$ 时，取 $\lambda=\beta^2$，此时问题(2-34)的解为

$$\Phi_\beta(\theta)=a_\beta'\cos\beta\theta+b_\beta'\sin\beta\theta.$$

为使 $\Phi(\theta)$ 以 $[0,2\pi]$ 为周期，β 必须是整数 n，取 $n=1,2,3,\cdots$（只取正整数的理由与第 2.1 节相同），则上面得到的解可表示为

$$\Phi_n(\theta)=a_n'\cos n\theta+b_n'\sin n\theta.$$

至此，已经确定出问题(2-34)的特征值 $\beta_n^2=n^2$、特征函数 $\Phi_n(\theta)$.

下面求解问题(2-35).其中的方程为**欧拉(Euler)方程**，它的通解为

当 $\lambda=0$ 时，　　$R_0=c_0+d_0\ln\rho$；

当 $\lambda=n^2(n=1,2,3,\cdots)$ 时，　　$R_n=c_n\rho^n+d_n\rho^{-n}$.

为了保证 $|R(0)|<+\infty$，需 $d_n=0(n=1,2,3,\cdots)$，即

$$R_n=c_n\rho^n\quad(n=0,1,2,\cdots).$$

因此，利用叠加原理，方程(2-29)满足条件(2-31)和条件(2-32)的解可以表示为级数形式

$$u(\rho,\theta)=\frac{a_0}{2}+\sum_{n=1}^{+\infty}\rho^n(a_n\cos n\theta+b_n\sin n\theta). \tag{2-36}$$

式中的 $\frac{a_0}{2}$ 即 $a_0'c_0$；a_n,b_n 分别为 $a_n'c_n$ 与 $b_n'c_n$.

最后为了确定系数 a_n,b_n，利用边界条件(2-30)得

$$f(\theta)=\frac{a_0}{2}+\sum_{n=1}^{+\infty}\rho_0^n(a_n\cos n\theta+b_n\sin n\theta), \tag{2-37}$$

因此 $a_0,\rho_0^na_n,\rho_0^nb_n$ 是 $f(\theta)$ 展开为傅里叶级数时的系数，即

$$\begin{cases}a_0=\dfrac{1}{\pi}\displaystyle\int_0^{2\pi}f(\theta)\mathrm{d}\theta,\\ a_n=\dfrac{1}{\rho_0^n\pi}\displaystyle\int_0^{2\pi}f(\theta)\cos n\theta\mathrm{d}\theta,\\ b_n=\dfrac{1}{\rho_0^n\pi}\displaystyle\int_0^{2\pi}f(\theta)\sin n\theta\mathrm{d}\theta.\end{cases} \tag{2-38}$$

将这些系数代入式(2-36)即得所求的解.

为了以后应用起来方便，可以将解(2-36)写成另一种形式.为此，将式(2-38)所确定的系数代入式(2-36)，经过简化后可得

$$u(\rho,\theta)=\frac{1}{\pi}\int_0^{2\pi}f(t)\left[\frac{1}{2}+\sum_{n=1}^{+\infty}\left(\frac{\rho}{\rho_0}\right)^n\cos n(\theta-t)\right]\mathrm{d}t. \tag{2-39}$$

利用下面的已知恒等式

$$\frac{1}{2}+\sum_{n=1}^{+\infty}k^n\cos n(\theta-t)=\frac{1}{2}\frac{1-k^2}{1-2k\cos(\theta-t)+k^2}\text{①}\quad(|k|<1),$$

可将式(2-39)中的解 $u(\rho,\theta)$ 表示为

$$u(\rho,\theta)=\frac{1}{2\pi}\int_0^{2\pi}f(t)\frac{\rho_0^2-\rho^2}{\rho_0^2+\rho^2-2\rho_0^2\rho\cos(\theta-t)}\mathrm{d}t$$
$$(0\leqslant\theta\leqslant2\pi,\rho<\rho_0).\tag{2-40}$$

式(2-40)称为**圆域内的泊松公式**.它的作用在于把解写成积分形式,这样便于进行理论上的研究.

例 解下列定解问题

$$\begin{cases}\dfrac{\partial^2u}{\partial^2\rho}+\dfrac{1}{\rho}\dfrac{\partial u}{\partial\rho}+\dfrac{1}{\rho^2}\dfrac{\partial^2u}{\partial\theta^2}=0, & \rho<\rho_0,0\leqslant\theta\leqslant2\pi,\\ u|_{\rho=\rho_0}=A\cos\theta, & 0\leqslant\theta\leqslant2\pi,A\text{ 为常数}.\end{cases}$$

解 利用式(2-38)并注意三角函数系的正交性,可得

$$b_n=0,\quad n=1,2,\cdots$$
$$a_1=\frac{A}{\rho_0},$$
$$a_n=0,\quad n\neq1.$$

将其代入式(2-36)即得所求的解为

$$u(\rho,\theta)=\frac{A\rho}{\rho_0}\cos\theta.$$

2.4 非齐次方程的解法

前面所讨论的偏微分方程都限于齐次的,下面讨论非齐次方程的解法.由于出现非齐次项,因此不能直接利用前一节的分离变量法,必须采用新的方法.为方便起见,以弦的强迫振动为例,所用的方法对其他类型的方程也适用.

我们研究的问题是一根弦在两端固定的情况下受强迫力作用产生振动现象,即要考虑

---

① 这个恒等式的证明如下:

$$\begin{aligned}&\frac{1}{2}+\sum_{n=1}^{+\infty}k^n\cos n(\theta-t)\\
=&\frac{1}{2}+\frac{1}{2}\sum_{n=1}^{+\infty}k^n[\mathrm{e}^{\mathrm{i}n(\theta-t)}+\mathrm{e}^{-\mathrm{i}n(\theta-t)}]\\
=&\frac{1}{2}+\frac{1}{2}\sum_{n=1}^{+\infty}[k\mathrm{e}^{\mathrm{i}(\theta-t)}]^n+\frac{1}{2}\sum_{n=1}^{+\infty}[k\mathrm{e}^{-\mathrm{i}(\theta-t)}]^n\\
=&\frac{1}{2}+\frac{1}{2}\frac{k\mathrm{e}^{\mathrm{i}(\theta-t)}}{1-k\mathrm{e}^{\mathrm{i}(\theta-t)}}+\frac{1}{2}\frac{k\mathrm{e}^{-\mathrm{i}(\theta-t)}}{1-k\mathrm{e}^{-\mathrm{i}(\theta-t)}}\quad(\text{因 }|k|<1)\\
=&\frac{1}{2}\left[1+\frac{k\cos(\theta-t)+\mathrm{i}k\sin(\theta-t)}{1-k\cos(\theta-t)-\mathrm{i}k\sin(\theta-t)}+\frac{k\cos(\theta-t)-\mathrm{i}k\sin(\theta-t)}{1-k\cos(\theta-t)+\mathrm{i}k\sin(\theta-t)}\right]\\
=&\frac{1}{2}\left[1+\frac{2k\cos(\theta-t)-2k^2}{1-2k\cos(\theta-t)+k^2}\right]=\frac{1}{2}\frac{1-k^2}{1-2k\cos(\theta-t)+k^2}.\end{aligned}$$

下列定解问题：

$$\begin{cases}\dfrac{\partial^2 u}{\partial t^2}=a^2\dfrac{\partial^2 u}{\partial x^2}+f(x,t), & 0<x<l,t>0, & (2\text{-}41)\\ u|_{x=0}=u|_{x=l}=0, & t>0, & (2\text{-}42)\\ u|_{t=0}=\varphi(x),\dfrac{\partial u}{\partial t}|_{t=0}=\psi(x), & 0\leqslant x\leqslant l. & (2\text{-}43)\end{cases}$$

在现在的情况下，弦的振动是由两部分干扰引起的：一是强迫力，二是初始状态. 所以由物理意义可知，此时振动可以看作仅由强迫力引起的振动和仅由初始状态引起的振动的合成.

由此得到启发，设解为

$$U(x,t)=V(x,t)+W(x,t), \tag{2-44}$$

其中 $V(x,t)$ 表示仅由强迫力引起的弦振动的位移，它满足

$$\begin{cases}\dfrac{\partial^2 V}{\partial t^2}=a^2\dfrac{\partial^2 V}{\partial x^2}+f(x,t), & 0<x<l,t>0,\\ V|_{x=0}=V|_{x=l}=0, & t>0,\\ V|_{t=0}=\dfrac{\partial V}{\partial t}|_{t=0}=0, & 0\leqslant x\leqslant l;\end{cases} \tag{2-45}$$

而 $W(x,t)$ 表示仅由初始状态引起的弦振动的位移，它满足

$$\begin{cases}\dfrac{\partial^2 W}{\partial t^2}=a^2\dfrac{\partial^2 W}{\partial x^2}, & 0<x<l,t>0,\\ W|_{x=0}=W|_{x=l}=0, & t>0,\\ W|_{t=0}=\varphi(x),\dfrac{\partial W}{\partial t}|_{t=0}=\psi(x), & 0\leqslant x\leqslant l.\end{cases} \tag{2-46}$$

读者不难验证，若 V 是问题(2-45)的解，W 是问题(2-46)的解，则 $U=V+W$ 一定就是原定解问题的解. 问题(2-46)可直接用分离变量法求解，因此现在主要讨论如何求解问题(2-45).

关于问题(2-45)，可以采用与线性非齐次常微分方程中常用的参数变易法相似的方法，并保持如下的设想，即这个定解问题的解可分解为无穷多个驻波的叠加，而每个驻波的波形仍然是由相应齐次方程通过分离变量所得特征值问题的特征函数所决定. 也就是说，假设问题(2-45)的解具有如下形式：

$$V(x,t)=\sum_{n=1}^{+\infty}v_n(t)\sin\frac{n\pi}{l}x, \tag{2-47}$$

其中 $v_n(t)$ 为待定函数.

为了确定 $v_n(t)$，将自由项 $f(x,t)$ 也按特征函数系展开成如下级数：

$$f(x,t)=\sum_{n=1}^{+\infty}f_n(t)\sin\frac{n\pi}{l}x, \tag{2-48}$$

其中

$$f_n(t)=\frac{2}{l}\int_0^l f(x,t)\sin\frac{n\pi}{l}x\mathrm{d}x.$$

将式(2-47)及式(2-48)代入问题(2-45)的第 1 个式子，得到

$$\sum_{n=1}^{+\infty}\left[v''_n(t)+\frac{a^2n^2\pi^2}{l^2}v_n(t)-f_n(t)\right]\sin\frac{n\pi}{l}x\equiv 0, \tag{2-49}$$

由此可得

$$v''_n(t)+\frac{a^2n^2\pi^2}{l^2}v_n(t)=f_n(t).$$

再将式(2-47)代入问题(2-45)中的初始条件，得

$$v_n(0)=0,\quad v'_n(0)=0.$$

由此，确定函数 $v_n(t)$ 只需解下列定解问题：

$$\begin{cases}v''_n(t)+\dfrac{a^2n^2\pi^2}{l^2}v_n(t)=f_n(t), & t>0,\\ v_n(0)=0, v'_n(0)=0, & n=1,2,\cdots.\end{cases} \tag{2-50}$$

用拉普拉斯变换法或参数变易法解出方程(2-50)，得

$$v_n(t)=\frac{l}{n\pi a}\int_0^t f_n(\tau)\sin\frac{n\pi a(t-\tau)}{l}\mathrm{d}\tau^{①},$$

所以，

$$V(x,t)=\sum_{n=1}^{+\infty}\left[\frac{l}{n\pi a}\int_0^t f_n(\tau)\sin\frac{n\pi a(t-\tau)}{l}\mathrm{d}\tau\right]\sin\frac{n\pi}{l}x.$$

将这个解与问题(2-46)的解加起来，就得到原定解问题(2-41)～(2-43)的解.

从数学角度来看，这里所给的求解问题(2-45)的方法，其实质是将方程的自由项及解关于特征函数系进行正交展开，代入方程以获得系数所满足的方程，从而获得解，所以这种方法也被称为**特征函数法**. 一个自然的问题是：如何选择特征函数系呢？从上述过程可以看出，特征函数系的确定可通过研究齐次情形获得. 总结上述过程，特征函数法的步骤包括：① 研究相应的齐次方程以获得特征函数系；② 利用特征函数系构造待定系数解，将已知函数进行级数展开，代入原定解问题，获得系数所满足的常微分方程；③ 求解常微分方程，确定待定系数.

特征函数法求解非齐次稳恒状态方程

例 在环形区域 $a\leqslant\sqrt{x^2+y^2}\leqslant b(0<a<b)$ 内求解下列定解问题：

$$\begin{cases}\dfrac{\partial^2 u}{\partial x^2}+\dfrac{\partial^2 u}{\partial y^2}=12(x^2-y^2), & a<\sqrt{x^2+y^2}<b,\\ u\Big|_{\sqrt{x^2+y^2}=a}=0, \dfrac{\partial u}{\partial n}\Big|_{\sqrt{x^2+y^2}=b}=0.\end{cases}$$

---

① 对问题(2-50)的第1式等号两端取关于 t 的拉普拉斯变换，得

$$p^2U_n(p)+\frac{a^2n^2\pi^2}{l^2}U_n(p)=F_n(p),$$

其中 $U_n(p)$，$F_n(p)$ 分别为 $v_n(t)$ 与 $f_n(t)$ 的拉普拉斯变换. 解出

$$U_n(p)=\frac{1}{p^2+\dfrac{a^2n^2\pi^2}{l^2}}F_n(p).$$

由于 $\dfrac{1}{p^2+\dfrac{a^2n^2\pi^2}{l^2}}$ 的拉普拉斯逆变换为 $\dfrac{l}{n\pi a}\sin\dfrac{n\pi at}{l}$，利用拉普拉斯变换的卷积性质，即得 $v_n(t)$. 有关拉普拉斯变换的内容参见第4.2节.

解　由于求解区域是环形区域，所以选用平面极坐标系. 在极坐标系下，可将上述定解问题用极坐标 ρ,θ 表示出来：

$$\begin{cases}\dfrac{1}{\rho}\dfrac{\partial}{\partial\rho}\left(\rho\dfrac{\partial u}{\partial\rho}\right)+\dfrac{1}{\rho^2}\dfrac{\partial^2 u}{\partial\theta^2}=12\rho^2\cos 2\theta, & a<\rho<b,0\leqslant\theta\leqslant 2\pi, \quad (2\text{-}51)\\ u\Big|_{\rho=a}=0,\dfrac{\partial u}{\partial\rho}\Big|_{\rho=b}=0, & 0\leqslant\theta\leqslant 2\pi. \quad (2\text{-}52)\end{cases}$$

这是一个附有齐次边界条件的非齐次方程定解问题. 采用特征函数法，并注意到第2.3节中得到的关于圆域内拉普拉斯方程所对应的特征函数，可令问题(2-51)和(2-52)的解为

$$u(\rho,\theta)=\sum_{n=0}^{+\infty}[A_n(\rho)\cos n\theta+B_n(\rho)\sin n\theta],$$

将其代入问题(2-51)并整理得到

$$\sum_{n=0}^{+\infty}\left\{\left[A_n''(\rho)+\frac{1}{\rho}A_n'(\rho)-\frac{n^2}{\rho^2}A_n(\rho)\right]\cos n\theta+\left[B_n''(\rho)+\frac{1}{\rho}B_n'(\rho)-\frac{n^2}{\rho^2}B_n(\rho)\right]\sin n\theta\right\}=12\rho^2\cos 2\theta.$$

比较等号两端关于 $\cos n\theta,\sin n\theta$ 的系数，可得

$$A_2''(\rho)+\frac{1}{\rho}A_2'(\rho)-\frac{4}{\rho^2}A_2(\rho)=12\rho^2, \tag{2-53}$$

$$A_n''(\rho)+\frac{1}{\rho}A_n'(\rho)-\frac{n^2}{\rho^2}A_n(\rho)=0\quad(n\neq 2), \tag{2-54}$$

$$B_n''(\rho)+\frac{1}{\rho}B_n'(\rho)-\frac{n^2}{\rho^2}B_n(\rho)=0. \tag{2-55}$$

由条件(2-52)得

$$A_n(a)=A'_n(b)=0, \tag{2-56}$$

$$B_n(a)=B'_n(b)=0. \tag{2-57}$$

方程(2-54)与方程(2-55)都是齐次的欧拉方程，它们的通解分别为

$$\begin{aligned}&A_0(\rho)=c_0+d_0\ln\rho,\\&B_0(\rho)=c_0'+d_0'\ln\rho,\\&A_n(\rho)=c_n\rho^n+d_n\rho^{-n},\quad n\neq 2,\\&B_n(\rho)=c_n'\rho^n+d_n'\rho^{-n},\quad n=1,2,3,\cdots,\end{aligned}$$

其中 $c_n,d_n(n\geqslant 0,n\neq 2$,整数$),c_n',d_n'(n\geqslant 0$,整数)都是任意常数.

由条件(2-56)与条件(2-57)可得

$$\begin{aligned}&A_n(\rho)\equiv 0\quad(n\neq 2),\\&B_n(\rho)\equiv 0.\end{aligned}$$

下面的任务就是确定 $A_2(\rho)$.

方程(2-53)是一个非齐次的欧拉方程，利用待定系数法可求得它的一个特解

$$A_2^*(\rho)=\rho^4,$$

所以，它的通解为

$$A_2(\rho)=C_1\rho^2+C_2\rho^{-2}+\rho^4.$$

由条件(2-56)确定 C_1,C_2,得

$$C_1=-\frac{a^6+2b^6}{a^4+b^4},\quad C_2=-\frac{a^4b^4(a^2-2b^2)}{a^4+b^4}.$$

因此

$$A_2(\rho)=-\frac{a^6+2b^6}{a^4+b^4}\rho^2-\frac{a^4b^4(a^2-2b^2)}{a^4+b^4}\rho^{-2}+\rho^4.$$

原定解问题的解为

$$u(\rho,\theta)=-\frac{1}{a^4+b^4}[(a^6+2b^6)\rho^2+a^4b^4(a^2-2b^2)\rho^{-2}-(a^4+b^4)\rho^4]\cos 2\theta.$$

2.5 非齐次边界条件的处理

边界的齐次化

前面所讨论的定解问题的解法,不论方程是齐次的还是非齐次的,边界条件都是齐次的. 如果遇到非齐次边界条件的情况,应该如何处理? 总的原则是设法将边界条件化成齐次的. 具体地说,就是取一个适当的未知函数作代换,使对新的未知函数,边界条件是齐次的. 现在以下面定解问题为例,说明选取代换的方法. 设有定解问题

$$\begin{cases}\dfrac{\partial^2 u}{\partial t^2}=a^2\dfrac{\partial^2 u}{\partial x^2}+f(x,t), & 0<x<l,t>0, \quad (2\text{-}58)\\ u\big|_{x=0}=u_1(t),u\big|_{x=l}=u_2(t), & t>0, \quad (2\text{-}59)\\ u\Big|_{t=0}=\varphi(x),\dfrac{\partial u}{\partial t}\Big|_{t=0}=\psi(x), & 0\leqslant x\leqslant l. \quad (2\text{-}60)\end{cases}$$

根据叠加原理,振动产生的位移可以分解为若干部分的合成,因此设想对其中某部分函数作适当选择,使剩余部分函数在边界上满足齐次性条件,即设法作一代换将边界条件化为齐次的. 为此令

$$u(x,t)=V(x,t)+W(x,t). \tag{2-61}$$

选取 $W(x,t)$,使 $V(x,t)$ 的边界条件化为齐次的,即

$$V\big|_{x=0}=V\big|_{x=l}=0. \tag{2-62}$$

由条件(2-59)及方程(2-61)容易看出,要条件(2-62)成立,只要

$$W\big|_{x=0}=u_1(t),\quad W\big|_{x=l}=u_2(t), \tag{2-63}$$

也就是说,只要所选取的 W 满足条件(2-63)就能达到目的. 满足条件(2-63)的函数是容易找到的,例如,取 W 为 x 的一次式,即设

$$W(x,t)=A(t)x+B(t),$$

用条件(2-63)确定 A,B,得

$$A(t)=\frac{1}{l}[u_2(t)-u_1(t)],\quad B(t)=u_1(t).$$

显然,函数 $W(x,t)=u_1(t)+\dfrac{u_2(t)-u_1(t)}{l}x$ 就满足条件(2-63). 因而只需作代换

$$u=V+\left(u_1+\frac{u_2-u_1}{l}x\right) \tag{2-64}$$

就能使新的未知函数 V 满足齐次的边界条件.

经过这个代换后,得到关于 V 的定解问题为

$$\begin{cases}\dfrac{\partial^2 V}{\partial t^2}=a^2\dfrac{\partial^2 V}{\partial x^2}+f_1(x,t), & 0<x<l,t>0,\\ V|_{x=0}=V|_{x=l}=0, & t>0,\\ V|_{t=0}=\varphi_1(x),\dfrac{\partial V}{\partial t}\Big|_{t=0}=\psi_1(x), & 0\leqslant x\leqslant l.\end{cases} \tag{2-65}$$

其中

$$\begin{cases}f_1(x,t)=f(x,t)-\left[u_1''(t)+\dfrac{u_2''(t)-u_1''(t)}{l}x\right],\\ \varphi_1(x)=\varphi(x)-\left[u_1(0)+\dfrac{u_2(0)-u_1(0)}{l}x\right],\\ \psi_1(x)=\psi(x)-\left[u_1'(0)+\dfrac{u_2'(0)-u_1'(0)}{l}x\right].\end{cases} \tag{2-66}$$

问题(2-65)可用上一节的方法解出.将问题(2-65)的解代入方程(2-64)即得原问题的解.

上面由条件(2-63)确定 $W(x,t)$ 时,取 $W(x,t)$ 为 x 的一次式是为了使式(2-66)中几个式子简单一些,并且 $W(x,t)$ 也容易确定.这样选定的函数 $W(x,t)$ 在理论上可以解决所有非齐次边界的定解问题,但是对于不同的初值及源项,具体求解时可能导致计算烦琐.因此,根据实际问题,$W(x,t)$ 也可以灵活地选择其他类型的曲线.但若 f,u_1,u_2 都与 t 无关,则可取适当的 $W(x)$ (也与 t 无关),使 $V(x,t)$ 的方程与边界条件同时化成齐次的,这样做可以省掉下面对 $V(x,t)$ 要进行的解非齐次方程的繁重工作.这种 $W(x)$ 究竟怎么找,将在后面的例题中说明.

若边界条件不全是第一类的,本节的方法仍然适用,不同的只是函数 $W(x,t)$ 的形式.读者可就下列几种边界条件的情况写出相应的 $W(x,t)$:

(1) $u|_{x=0}=u_1(t),\dfrac{\partial u}{\partial x}\Big|_{x=l}=u_2(t)$,

(2) $\dfrac{\partial u}{\partial x}\Big|_{x=0}=u_1(t),u|_{x=l}=u_2(t)$,

(3) $\dfrac{\partial u}{\partial x}\Big|_{x=0}=u_1(t),\dfrac{\partial u}{\partial x}\Big|_{x=l}=u_2(t)$.

在求解过程中,选取不同类型的辅助函数 $W(x,t)$,得到的关于 $V(x,t)$ 的定解问题也随之改变,因而求出的 $V(x,t)$ 也不同.但是,由于定解问题是适定的,所以定解问题必然存在唯一的解,这就确保利用不同的解题办法可以得到相同的解.虽然解的表达式可能有所不同,但它们是定解问题等价的两个解.

以上各节说明了如何用分离变量法来解定解问题,为便于读者掌握此方法,现将解定解问题的主要步骤简略小结如下:

(1) 根据边界的形状选取适当的坐标系,选取的原则是使在此坐标系中边界条件的表达式最简单.圆、圆环、扇形等域用极坐标系较方便,圆柱形域与球形域分别用柱坐标系与球

坐标系较方便.

(2) 若边界条件是非齐次的,又没有其他条件可以用来确定特征函数,则不论方程是否为齐次的,必须先作函数的代换,将它化为具有齐次边界条件的问题,然后进行求解.

(3) 非齐次方程、齐次边界条件的定解问题(不论初始条件如何)可以分为两个定解问题:一是具有原来初始条件的齐次方程的定解问题,二是具有齐次定解条件的非齐次方程的定解问题.第1个问题用分离变量法求解,第2个问题用特征函数法求解.

下面给出3个综合性的例子,目的是帮助读者掌握分离变量法的全过程.

例 1 求定解问题

特殊情形下的
边界齐次化

$$\begin{cases}\dfrac{\partial^2 u}{\partial t^2}=a^2\dfrac{\partial^2 u}{\partial x^2}+A, & 0<x<l,t>0, & (2\text{-}67)\\ u|_{x=0}=0,u|_{x=l}=B, & t>0, & (2\text{-}68)\\ u|_{t=0}=\dfrac{\partial u}{\partial t}|_{t=0}=0, & 0\leqslant x\leqslant l & (2\text{-}69)\end{cases}$$

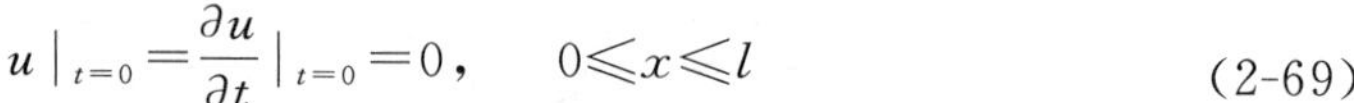

的形式解,其中 A,B 均为常数.

解 这个定解问题的特点是:方程及边界条件都是非齐次的.根据上述原则,首先应将边界条件化成齐次的.由于方程(2-67)的自由项及边界条件都与 t 无关,所以有可能通过一次代换将方程与边界条件都变成齐次的,具体做法如下.令

$$u(x,t)=V(x,t)+W(x),$$

代入方程(2-67),得

$$\frac{\partial^2 V}{\partial t^2}=a^2\left[\frac{\partial^2 V}{\partial x^2}+W''(x)\right]+A.$$

为了将这个方程及边界条件同时化成齐次的,选 $W(x)$ 满足

$$\begin{cases}a^2W''(x)+A=0, & 0<x<l,\\ W|_{x=0}=0,W|_{x=l}=B, & t>0.\end{cases}\qquad(2\text{-}70)$$

式(2-70)是一个二阶常系数线性非齐次常微分方程的边值问题,它的解可以通过两次积分求得

$$W(x)=-\frac{A}{2a^2}x^2+\left(\frac{Al}{2a^2}+\frac{B}{l}\right)x.$$

求出函数 $W(x)$ 之后,再由条件(2-69)可知函数 $V(x,t)$ 为定解问题

$$\begin{cases}\dfrac{\partial^2 V}{\partial t^2}=a^2\dfrac{\partial^2 V}{\partial x^2}, & 0<x<l,t>0, & (2\text{-}71)\\ V|_{x=0}=V|_{x=l}=0, & t>0, & (2\text{-}72)\\ V\Big|_{t=0}=-W(x),\dfrac{\partial V}{\partial t}\Big|_{t=0}=0, & 0\leqslant x\leqslant l & (2\text{-}73)\end{cases}$$

的解.

采用分离变量法,可得方程(2-71)满足齐次边界条件(2-72)的解为

$$V(x,t)=\sum_{n=1}^{+\infty}\left(C_n\cos\frac{n\pi a}{l}t+D_n\sin\frac{n\pi a}{l}t\right)\sin\frac{n\pi}{l}x.\qquad(2\text{-}74)$$

利用条件(2-73)中的第2个式子可得 $D_n=0$.

于是定解问题(2-71)～(2-73)的解可表示为

$$V(x,t)=\sum_{n=1}^{+\infty}C_n\cos\frac{n\pi a}{l}t\sin\frac{n\pi}{l}x.$$

代入条件(2-73)中的第 1 个式子，得

$$-W(x)=\sum_{n=1}^{+\infty}C_n\sin\frac{n\pi}{l}x,$$

即

$$\frac{A}{2a^2}x^2-\left(\frac{Al}{2a^2}+\frac{B}{l}\right)x=\sum_{n=1}^{+\infty}C_n\sin\frac{n\pi}{l}x.$$

由傅里叶级数的系数公式可得

$$\begin{aligned}C_n&=\frac{2}{l}\int_0^l\left[\frac{A}{2a^2}x^2-\left(\frac{Al}{2a^2}+\frac{B}{l}\right)x\right]\sin\frac{n\pi}{l}x\,\mathrm{d}x\\&=\frac{A}{a^2l}\int_0^l x^2\sin\frac{n\pi}{l}x\,\mathrm{d}x-\left(\frac{A}{a^2}+\frac{2B}{l^2}\right)\int_0^l x\sin\frac{n\pi}{l}x\,\mathrm{d}x\\&=-\frac{2Al^2}{a^2n^3\pi^3}+\frac{2}{n\pi}\left(\frac{Al^2}{a^2n^2\pi^2}+B\right)\cos n\pi.\end{aligned}\tag{2-75}$$

因此，原定解问题的解为

$$u(x,t)=-\frac{A}{2a^2}x^2+\left(\frac{Al}{2a^2}+\frac{B}{l}\right)x+\sum_{n=1}^{+\infty}C_n\cos\frac{n\pi a}{l}t\sin\frac{n\pi}{l}x,$$

其中 C_n 由式(2-75)确定.

例 2　研究细杆导热问题. 杆的初始温度是均匀分布的，其值为 u_0，保持杆的一端的温度为 u_0，而另一端有强度为 q_0(常数)的热流进入，求杆的温度分布.

解　根据题意，该问题可归结为求解

$$\begin{cases}u_t=a^2u_{xx}, & 0<x<l,t>0, & (2\text{-}76)\\ u\big|_{x=0}=u_0,u_x\Big|_{x=l}=\dfrac{q_0}{k}, & t>0, & (2\text{-}77)\\ u\big|_{t=0}=u_0, & 0\leqslant x\leqslant l, & (2\text{-}78)\end{cases}$$

其中 k 是杆的热传导系数.

这个定解问题的特点是方程为齐次的，而两个边界条件都是非齐次的. 如前所述，首先要找一个 x 的线性函数 $W(x)$，使它满足边界条件，例如，取

$$W(x)=u_0+\frac{q_0}{k}x.$$

再令解 $u(x,t)$ 为

$$u(x,t)=v(x,t)+W(x),\tag{2-79}$$

代入定解问题，得

$$\begin{cases}v_t=a^2v_{xx}, & 0<x<l,t>0, & (2\text{-}80)\\ v\big|_{x=0}=v_x\big|_{x=l}=0, & t>0, & (2\text{-}81)\\ v\big|_{t=0}=-\dfrac{q_0}{k}x, & 0\leqslant x\leqslant l. & (2\text{-}82)\end{cases}$$

采用分离变量法，设

$$v(x,t)=T(t)X(x),$$

代入方程和边界条件可得

$$T'+a^2\lambda T=0, \tag{2-83}$$

$$\begin{cases}X''+\lambda X=0,\\ X(0)=0,X'(l)=0.\end{cases} \tag{2-84}$$

由式(2-84)可得特征值为

$$\lambda_n=\frac{(2n+1)^2\pi^2}{4l^2}\quad (n=0,1,2,\cdots),$$

特征函数为

$$X_n(x)=C_n\sin\frac{(2n+1)\pi}{2l}x\quad (n=0,1,2,\cdots).$$

再将 λ_n 代入式(2-83)并求得

$$T_n(t)=D_n\mathrm{e}^{-\frac{a^2(2n+1)^2\pi^2 t}{4l^2}}.$$

于是就得到满足方程(2-76)和边界条件(2-77)的解

$$v(x,t)=\sum_{n=0}^{+\infty}A_n\mathrm{e}^{-\frac{a^2(2n+1)^2\pi^2}{4l^2}t}\sin\frac{(2n+1)\pi}{2l}x, \tag{2-85}$$

其中 $A_n=C_nD_n$.

由初始条件(2-82)得

$$-\frac{q_0}{k}x=\sum_{n=0}^{+\infty}A_n\sin\frac{(2n+1)\pi}{2l}x.$$

由傅里叶级数的系数公式可得

$$\begin{aligned}A_n&=\frac{2}{l}\int_0^l-\frac{q_0}{k}x\sin\frac{(2n+1)\pi x}{2l}\mathrm{d}x\\ &=(-1)^{n+1}\frac{8q_0l}{k(2n+1)^2\pi^2}.\end{aligned}$$

最后，得到原定解问题的解为

$$u(x,t)=u_0+\frac{q_0}{k}x+\frac{8q_0l}{k\pi^2}\sum_{n=0}^{+\infty}(-1)^{n+1}\frac{1}{(2n+1)^2}\mathrm{e}^{-\frac{a^2(2n+1)^2\pi^2}{4l^2}t}\sin\frac{(2n+1)\pi}{2l}x. \tag{2-86}$$

例 3 如果均匀细杆的内部有一个与温度 u 成正比的负热源，则热传导方程(2-76)等号右端会多出一项 $-b^2u$，现求解定解问题

$$\begin{cases}\dfrac{\partial u}{\partial t}=a^2\dfrac{\partial^2 u}{\partial x^2}-b^2u, & 0<x<l,t>0, & (2\text{-}87)\\ u_x|_{x=0}=0,u|_{x=l}=u_1, & t>0, & (2\text{-}88)\\ u|_{t=0}=\dfrac{u_1}{l^2}x^2, & 0\leqslant x\leqslant l, & (2\text{-}89)\end{cases}$$

其中 b,u_1 均为常数.

解 方程(2-87)比第 2.2 节中所讨论的方程(2-13)多了一项 $-b^2u$，但它依然是线性齐次方程，故仍可用分离变量法求解，而且从下面的求解过程中可以看到，方程里多了一项 $-b^2u$ 并不会给求解带来本质上的困难. 下面列出具体求解过程.

首先，将边界条件化成齐次的，为此令

$$u(x,t)=V(x,t)+u_1, \tag{2-90}$$

代入原定解问题得到

$$\begin{cases}\dfrac{\partial V}{\partial t}=a^2\dfrac{\partial^2 V}{\partial x^2}-b^2V-b^2u_1, & 0<x<l,t>0,\\ V_x|_{x=0}=V|_{x=l}=0, & t>0,\\ V|_{t=0}=\dfrac{u_1}{l^2}x^2-u_1, & 0\leqslant x\leqslant l.\end{cases}$$

显然这个定解问题可分为如下两个定解问题：

$$(\text{Ⅰ})\quad\begin{cases}\dfrac{\partial V^{(1)}}{\partial t}=a^2\dfrac{\partial^2 V^{(1)}}{\partial x^2}-b^2V^{(1)}, & 0<x<l,t>0, & (2\text{-}91)\\ V_x^{(1)}|_{x=0}=V^{(1)}|_{x=l}=0, & t>0, & (2\text{-}92)\\ V^{(1)}|_{t=0}=\dfrac{u_1}{l^2}x^2-u_1, & 0\leqslant x\leqslant l, & (2\text{-}93)\end{cases}$$

$$(\text{Ⅱ})\quad\begin{cases}\dfrac{\partial V^{(2)}}{\partial t}=a^2\dfrac{\partial^2 V^{(2)}}{\partial x^2}-b^2V^{(2)}-b^2u_1, & 0<x<l,t>0, & (2\text{-}94)\\ V_x^{(2)}|_{x=0}=V^{(2)}|_{x=l}=0, & t>0, & (2\text{-}95)\\ V^{(2)}|_{t=0}=0, & 0\leqslant x\leqslant l. & (2\text{-}96)\end{cases}$$

对于问题(Ⅰ)，可以直接用分离变量法求解，求解步骤与第 2.2 节中的问题(2-13)～(2-15)相同，仅通过分离变量法所得到的常微分方程较式(2-16)稍有不同.

令

$$V^{(1)}(x,t)=X(x)T(t),$$

代入方程(2-91)，得

$$\frac{T'+b^2T}{a^2T}=\frac{X''}{X}=-\beta^2,$$

由此得到下列两个常微分方程

$$T'+(b^2+a^2\beta^2)T=0, \tag{2-97}$$

$$X''+\beta^2X=0. \tag{2-98}$$

由条件(2-92)得

$$X'(0)=X(l)=0, \tag{2-99}$$

容易求得问题(2-98)和(2-99)的特征值与特征函数，它们分别为

$$\beta^2=\frac{(2n+1)^2\pi^2}{4l^2},\quad n=0,1,2,\cdots.$$

$$X_n(x)=B_n\cos\frac{(2n+1)\pi}{2l}x.$$

将上式中的 β^2 代入方程(2-97)，得

$$T'+\left[b^2+\frac{(2n+1)^2\pi^2a^2}{4l^2}\right]T=0,$$

它的通解为

$$T_n(t)=C_n e^{-\left[b^2+\frac{(2n+1)^2\pi^2a^2}{4l^2}\right]t}.$$

因而问题(Ⅰ)的解可表示为

$$V^{(1)}(x,t)=\sum_{n=0}^{+\infty}C_n e^{-\left[b^2+\frac{(2n+1)^2\pi^2a^2}{4l^2}\right]t}\cos\frac{(2n+1)\pi}{2l}x, \tag{2-100}$$

其中常数 C_n 由初始条件(2-93)确定为

$$C_n=\frac{2}{l}\int_0^l\left(\frac{u_1}{l^2}x^2-u_1\right)\cos\frac{(2n+1)\pi}{2l}x\,\mathrm{d}x$$

$$=(-1)^{n+1}\frac{32u_1}{(2n+1)^3\pi^3}.$$

故所求的解 $V^{(1)}(x,t)$ 为

$$V^{(1)}(x,t)=\frac{32u_1}{\pi^3}e^{-b^2t}\sum_{n=0}^{+\infty}\frac{(-1)^{n+1}}{(2n+1)^3}e^{-\frac{(2n+1)^2\pi^2a^2}{4l^2}t}\cos\frac{(2n+1)\pi}{2l}x. \tag{2-101}$$

对于问题(Ⅱ),可以用特征函数法求解.将方程的自由项 $-b^2u_1$ 及解 $V^{(2)}(x,t)$ 都按特征函数系 $\left\{\cos\frac{(2n+1)\pi}{2l}x: n=0,1,2,\cdots\right\}$ 展开,得

$$-b^2u_1=\frac{4b^2u_1}{\pi}\sum_{n=0}^{+\infty}\frac{(-1)^{n+1}}{2n+1}\cos\frac{(2n+1)\pi}{2l}x, \tag{2-102}$$

$$V^{(2)}(x,t)=\sum_{n=0}^{+\infty}v_n(t)\cos\frac{(2n+1)\pi}{2l}x, \tag{2-103}$$

其中 $v_n(t)$ 满足

$$\begin{cases}v'_n(t)+\left[\frac{(2n+1)^2\pi^2a^2}{4l^2}+b^2\right]v_n(t)=(-1)^{n+1}\frac{4b^2u_1}{(2n+1)\pi},\\ v_n(0)=0.\end{cases}$$

由此可解得

$$v_n(t)=\frac{(-1)^n16b^2u_1l^2}{(2n+1)\pi[4b^2l^2+(2n+1)^2\pi^2a^2]}\left\{e^{-\left[b^2+\frac{(2n+1)^2\pi^2a^2}{4l^2}\right]t}-1\right\},$$

因而问题(Ⅱ)的解为

$$V^{(2)}(x,t)=\frac{16b^2u_1l^2}{\pi}\sum_{n=0}^{+\infty}\frac{(-1)^n}{(2n+1)[4b^2l^2+(2n+1)^2\pi^2a^2]}\times$$

$$\left\{e^{-\left[b^2+\frac{(2n+1)^2\pi^2a^2}{4l^2}\right]t}-1\right\}\cos\frac{(2n+1)\pi}{2l}x. \tag{2-104}$$

将式(2-101)与式(2-104)相加,即得 $V(x,t)$,将 $V(x,t)$ 代入式(2-90),即得原定解问题的解.

值得指出的是,方程(2-87)亦可通过函数

$$u(x,t)=e^{-b^2t}V(x,t)$$

的代换化成方程(2-13)的形式.这样一来,原定解问题就化成方程(2-13)相应的定解问题,然后用分离变量法求解.请读者按该方法自行求解.

2.6　高维混合问题的分离变量法

下面以一个长方体中的热传导方程的定解问题说明高维情形下的分离变量法. 在电动力学讨论谐振腔和波导管的问题时,要用类似的方法求解 Helmholtz 方程的边值问题.

例 1　求边长分别为 a, b, c 的长方体中的温度分布,设物体表面温度保持 0 ℃,初始温度分布为 $u(x,y,z,0)=\varphi(x,y,z)$.

解　定解问题为

$$\begin{cases} u_t=k^2\Delta u, \quad 0<x<a,0<y<b,0<z<c,t>0, \\ u|_{x=0}=u|_{x=a}=0, \\ u|_{y=0}=u|_{y=b}=0, \\ u|_{z=0}=u|_{z=c}=0, \\ u|_{t=0}=\varphi(x,y,z). \end{cases}$$

(1) 时空变量的分离. 令 $u=T(t)V(x,y,z)$,将其代入方程,可得

$$T'+k^2\lambda_1 T=0,$$

$$V_{xx}+V_{yy}+V_{zz}+\lambda_1 V=0.$$

后者称为 Helmholtz 方程.

(2) 空间变量的分离. 令 $V=X(x)\omega(y,z)$,关于 $X(x)$的常微分方程及边界条件构成特征值问题:

$$\begin{cases} X''+(\lambda_1-\lambda_2)X=0, \\ X|_{x=0}=0,X|_{x=a}=0. \end{cases}$$

同时,由 $\omega(y,z)=Y(y)Z(z)$可得另外两个特征值问题:

$$\begin{cases} Y''+(\lambda_2-\lambda_3)Y=0, \\ Y|_{y=0}=0,Y|_{y=b}=0 \end{cases} \quad 和 \quad \begin{cases} Z''+\lambda_3 Z=0, \\ Z|_{z=0}=0,Z|_{z=c}=0. \end{cases}$$

(3) 求特征值问题. 这 3 个特征值问题的特征值与特征函数分别为

$$\lambda_3=\frac{n^2\pi^2}{c^2}, \quad Z_n=\sin\frac{n\pi}{c}z \quad (n=1,2,3,\cdots),$$

$$\lambda_2-\lambda_3=\frac{m^2\pi^2}{b^2}, \quad Y_m=\sin\frac{m\pi}{b}y \quad (m=1,2,3,\cdots),$$

$$\lambda_1-\lambda_2=\frac{P^2\pi^2}{a^2}, \quad X_P=\sin\frac{P\pi}{a}x \quad (P=1,2,3,\cdots).$$

以上三式相加得到关于 V 的特征值问题的特征值

$$\lambda_1=\lambda_{Pmn}=\pi^2\left(\frac{b^2}{a^2}+\frac{m^2}{b^2}+\frac{n^2}{c^2}\right),$$

以上三式相乘得到关于 V 的特征函数

$$V_{Pmn}=\sin\frac{P\pi}{a}x\sin\frac{m\pi}{b}y\sin\frac{n\pi}{c}z.$$

(4) 求解关于 $T(t)$的常微分方程,可得通解为

$$T_{Pmn}=A_{Pmn}\mathrm{e}^{-\lambda_{Pmn}k^2t}.$$

(5) 将所有常微分方程的解叠加起来,得

$$\begin{cases}u=\sum\limits_{P=1}^{+\infty}\sum\limits_{m=1}^{+\infty}\sum\limits_{n=1}^{+\infty}A_{Pmn}\mathrm{e}^{-\lambda_{Pmn}k^2t}\sin\dfrac{P\pi}{a}x\sin\dfrac{m\pi}{b}y\sin\dfrac{n\pi}{c}z,\\ u|_{t=0}=\varphi(x,y,z),\end{cases}$$

$$A_{Pmn}=\frac{8}{abc}\int_0^a\int_0^b\int_0^c\varphi(x,y,z)\sin\frac{P\pi}{a}x\sin\frac{m\pi}{b}y\sin\frac{n\pi}{c}z\,\mathrm{d}x\mathrm{d}y\mathrm{d}z.$$

例 2 求解三维静电场的边值问题:

$$\begin{cases}u_{xx}+u_{yy}+u_{zz}=0,\quad 0<x<a,0<y<b,0<z<c,\\ u(0,y,z)=u(a,y,z)=0,\\ u(x,0,z)=u(x,b,z)=0,\\ u(x,y,0)=0,u(x,y,c)=\varphi(x,y).\end{cases}$$

解 设 $u=X(x)Y(y)Z(z)$,分离变量并由边界条件得

$$\begin{cases}X''+\lambda X=0,\\ X(0)=X(a)=0,\end{cases}$$

$$\begin{cases}Y''+\mu Y=0,\\ Y(0)=Y(b)=0,\end{cases}$$

$$Z''-(\lambda+\mu)Z=0.$$

相应的特征值和特征函数为

$$\begin{cases}\lambda_m=\left(\dfrac{m\pi}{a}\right)^2,\\ X_m=\sin\dfrac{m\pi x}{a}\end{cases}\quad 和\quad \begin{cases}\mu_n=\left(\dfrac{n\pi}{b}\right)^2,\\ Y_n=\sin\dfrac{n\pi y}{b},\end{cases}$$

其中 $m,n=1,2,3,\cdots$,且

$$Z_{mn}=A_{mn}\mathrm{e}^{v_{mn}z}+B_{mn}\mathrm{e}^{-V_{mn}z},\quad v_{mn}=\sqrt{\lambda_m+\mu_n}.$$

于是,得到满足偏微分方程和边界条件的特解

$$u_{mn}=Z_{mn}\sin\frac{m\pi x}{a}\sin\frac{n\pi y}{b}.$$

将各特解叠加,得到级数解

$$u=\sum_{m=1}^{+\infty}\sum_{n=1}^{+\infty}Z_{mn}\sin\frac{m\pi x}{a}\sin\frac{n\pi y}{b}.$$

于是

$$\sum_{m=1}^{+\infty}\sum_{n=1}^{+\infty}(A_{mn}+B_{mn})\sin\frac{m\pi x}{a}\sin\frac{n\pi y}{b}=0,$$

及

$$\sum_{m=1}^{+\infty}\sum_{n=1}^{+\infty}(A_{mn}\mathrm{e}^{V_{mn}c}+B_{mn}\mathrm{e}^{-V_{mn}c})\sin\frac{m\pi x}{a}\sin\frac{n\pi y}{b}=\varphi(x,y).$$

上述两个级数分别是二元函数 $f(x,y)\equiv0$ 和 $\varphi(x,y)$ 按特征函数系 $\left\{\sin\dfrac{m\pi x}{a}\sin\dfrac{n\pi y}{b}\right\}$ 的二重傅里叶展开式. 将这两个式子等号两端分别乘以

$\sin\frac{k\pi x}{a}\sin\frac{L\pi y}{b}(k,L=1,2,\cdots)$，在矩形 $0\leqslant x\leqslant a, 0\leqslant y\leqslant b$ 内积分，并注意到函数系 $\left\{\sin\frac{m\pi x}{a}\right\}$ 和 $\left\{\sin\frac{n\pi y}{b}\right\}$ 的正交性. 比较等号两端的系数，可得

$$\begin{cases}A_{mn}+B_{mn}=0,\\ A_{mn}e^{V_{mn}c}+B_{mn}e^{-V_{mn}c}=\varphi_{mn}.\end{cases}$$

其中 $\varphi_{mn}=\frac{4}{ab}\int_0^a\int_0^b\varphi(x,y)\sin\frac{m\pi x}{a}\sin\frac{n\pi y}{b}\mathrm{d}x\mathrm{d}y$. 解出 A_{mn} 和 B_{mn}，代入级数解，得所求解为

$$u(x,y,z)=\sum_{m=1}^{+\infty}\sum_{n=1}^{+\infty}\frac{1}{\sqrt{\lambda_m+\mu_n}c}\varphi_{mn}\sinh\sqrt{\lambda_m+\mu_n}z\sin\frac{m\pi x}{a}\sin\frac{n\pi y}{b}.$$

2.7　关于二阶常微分方程特征值问题的一些结论

从本章的前 3 节可以看出，不论对 3 种类型偏微分方程中的哪一类，也不论在何种坐标系中采用分离变量法求解定解问题，总会不可避免地遇到一个常微分方程在某种齐次边界条件下的特征值问题(以后还会看到，有些特征值问题中还包括自然边界条件，所谓自然边界条件就是指形如 $|y(x_0)|<+\infty$ 的条件)，例如，第 2.1 节中的特征值问题(2-5)和(2-6)，第 2.2 节中的特征值问题(2-16)和(2-17)，第 2.3 节中的特征值问题(2-34)等. 用分离变量法得到定解问题的解，其实就是将所求的解按照特征函数系进行傅里叶展开. 于是，就会产生一个问题：这种将解按特征函数系进行展开的依据是什么呢？当特征函数系就是普通的三角函数系(如第 2.1 节与第 2.3 节中那样)时，这种展开的合理性已为我们所熟知；当特征函数系不是普通的三角函数系(如第 2.2 节中的特征函数系 $\{\sin\beta_n x\}$)时，情况会怎样？本节就来讨论这个问题. 下面将会说明，在一定条件下，求解一个二阶常微分方程的特征值问题所得的特征函数系是一个正交完全(备)系，所以按照这个特征函数系进行傅里叶展开是可能的.

为了使所得的结论更具一般性，我们来考虑如下方程：

$$\frac{\mathrm{d}}{\mathrm{d}x}\left[k(x)\frac{\mathrm{d}y}{\mathrm{d}x}\right]-q(x)y+\lambda\rho(x)y=0\quad(a<x<b).\tag{2-105}$$

不难看出，方程(2-5)[包括方程(2-16)″及方程(2-34)]正是它的特例. 例如，若取 $k(x)=1$，$q(x)=0$，$\rho(x)=1$，则方程(2-105)即方程(2-5)(只是未知函数的符号有所不同).

方程(2-105)通常称为**施图姆-刘维尔(Sturm-Liouville)型方程**(任一个二阶线性常微分方程乘以适当函数后总可以化成这种形式)，有关这个方程特征值问题的一些结论称为**施图姆-刘维尔理论**.

对方程(2-105)中的函数 $k(x)$，$q(x)$，$\rho(x)$ 作一些假定：设 $k(x)$ 及其一阶导数在闭区间 $[a,b]$ 上连续，且当 $a<x<b$ 时，$k(x)>0$；$q(x)$ 或者在闭区间 $[a,b]$ 上连续，或者在开区间 (a,b) 内连续而在区间的端点处有一阶极点，且 $q(x)\geqslant 0$；$\rho(x)$ 在 $[a,b]$ 上连续且在 (a,b) 内 $\rho(x)>0$. 在这些条件下，方程(2-105)的特征值问题即在一些齐次边界条件或自然边界条件下求方程的非零解. 边界条件的提法与 $k(x)$ 在区间端点 $x=a$ 及 $x=b$ 处是否为零以

及哪一个端点是$k(x)$的零点有关，例如，若$k(a)k(b)\neq 0$，则在$x=a$及$x=b$处不需要加自然边界条件，此时在这两个端点所加的边界条件或者是第1.2节中所述的3种类型的齐次边界条件中的一种，或者如同问题(2-34)中的周期性条件；若$k(a)=0,k(b)\neq 0$[对于$k(a)\neq 0,k(b)=0$或者$k(a)=k(b)=0$两种情况，读者可自己考虑]，在$x=a$处要加自然边界条件，在$x=b$处不加自然边界条件，此时边界条件的形式为

$$[\sigma y(x)+hy'(x)]|_{x=b}=0, \tag{2-106}$$

$$|y(a)|<+\infty, \tag{2-107}$$

这里的常数σ,h中可能有一个为零，即条件(2-106)包括3种类型的边界条件.

对于特征值问题(2-105)～(2-107)，有以下几点结论：

(1) 特征值具有可数性. 存在无穷多个实特征值，适当调换这些特征值的顺序，可使它们构成一个非递减序列，即

$$\lambda_1\leqslant\lambda_2\leqslant\cdots\leqslant\lambda_n\leqslant\lambda_{n+1}\leqslant\cdots,$$

对应于这些特征值，有无穷多个特征函数

$$y_1(x),\quad y_2(x),\quad \cdots,\quad y_n(x),\quad \cdots.$$

(2) 所有特征值均不为负，即

$$\lambda_n\geqslant 0,\quad n=1,2,\cdots,$$

并且只有当两个边界条件都是齐次第二类边界条件时，$\lambda=0$才是一个特征值.

(3) 特征函数系的正交性. 设$\lambda_m\neq\lambda_n$是任意两个不同的特征值，对应于这两个特征值的特征函数$y_m(x)$与$y_n(x)$在区间$[a,b]$以**权函数**$\rho(x)$正交，即有

$$\int_a^b\rho(x)y_m(x)y_n(x)\mathrm{d}x=0\quad(\lambda_m\neq\lambda_n).$$

(4) 展开定理. 特征函数系$\{y_n(x):n=1,2,\cdots\}$在区间$[a,b]$构成一个完全(备)系，即任意一个在$[a,b]$上具有一阶连续导数及分段连续的二阶导数的函数$f(x)$，只要它也满足特征函数系中的每个函数$y_n(x)(n=1,2,\cdots)$所满足的边界条件[例如，满足条件(2-106)与条件(2-107)]，则一定可以将$f(x)$按特征函数系展开成绝对且一致收敛的级数

$$f(x)=\sum_{n=1}^{+\infty}f_ny_n(x),$$

其中

$$f_n=\frac{\int_a^b\rho(x)f(x)y_n(x)\mathrm{d}x}{\int_a^b\rho(x)y_n^2(x)\mathrm{d}x}.$$

以上4点结论的证明，有的并不困难，有的需要用到超出本书范围的一些知识，所以这里一概从略.

最后需要指出一点，上述特征值问题是相当广泛的，数学物理方程中所出现的特征值问题几乎都是它的特例. 在第5,6章中将会看到，当在球坐标系及柱坐标系中用分离变量法解定解问题时，要讨论方程

$$x^2y''+xy'+(\lambda x^2-n^2)y=0, \tag{2-108}$$

$$(1-x^2)y''-2xy'+\lambda y=0 \tag{2-109}$$

的特征值问题，这两个方程也是方程(2-105)的特例. 例如，若取$k(x)=x,q(x)=\dfrac{n^2}{x},\rho(x)=$

x，则方程(2-105)变成

$$\frac{\mathrm{d}}{\mathrm{d}x}\left(x\,\frac{\mathrm{d}y}{\mathrm{d}x}\right)-\frac{n^2}{x}y+\lambda xy=0,$$

即

$$x^2y''+xy'+(\lambda x^2-n^2)y=0,$$

这就是方程(2-108)；若取 $k(x)=1-x^2,q(x)=0,\rho(x)=1$，则方程(2-105)变成

$$\frac{\mathrm{d}}{\mathrm{d}x}\left[(1-x^2)\frac{\mathrm{d}y}{\mathrm{d}x}\right]+\lambda y=0,$$

这就是方程(2-109).

方程(2-108)称为 **n 阶贝塞尔(Bessel)方程**，方程(2-109)称为**勒让德(Legendre)方程**. 这两个方程及它们解的一些性质将在第 7、第 8 章中分别讨论.

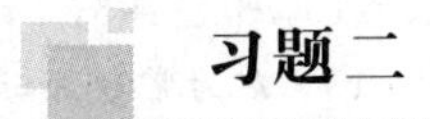

习题二

1. 求解下列特征值问题的特征值和特征函数：

(1) $X''(x)+\lambda X(x)=0;X(0)=0,X'(l)=0;$

(2) $X''(x)+\lambda X(x)=0;X'(0)=0,X'(l)=0;$

(3) $X''(x)+\lambda X(x)=0;X(a)=0,X(b)=0.$

2. 长为 l 的杆，一端固定，另一端受力 F_0 而伸长，求松开手后杆的振动.

3. 一根均匀弦的两端分别固定在 $x=0,x=l$ 处. 假设初始时刻速度为零，且在初始时刻弦的形状是一条顶点为 $(l/2,h)$ 的抛物线，试求弦振动的位移.

4. 在下列初始条件及边界条件下解弦振动方程.

$$u|_{t=0}=\begin{cases}x, & 0\leqslant x\leqslant\dfrac{1}{2},\\ 1-x, & \dfrac{1}{2}<x\leqslant 1,\end{cases}$$

$$\frac{\partial u}{\partial t}\Big|_{t=0}=x(1-x),\quad 0\leqslant x\leqslant 1,$$

$$u|_{x=0}=u|_{x=1}=0,\quad t>0.$$

5. 求解细杆导热问题，杆长 l，两端保持 0 ℃，初始温度分布为

$$u|_{t=0}=bx(l-x)/l^2.$$

6. 解一维热传导方程，其初始条件及边界条件为

$$u|_{t=0}=x,\quad 0\leqslant x\leqslant l,$$

$$\frac{\partial u}{\partial x}\bigg|_{x=0}=0,\frac{\partial u}{\partial x}\bigg|_{x=l}=0,\quad t>0.$$

7. 试解出具有放射性衰变的热传导方程

$$\frac{\partial^2 u}{\partial x^2}-a^2\,\frac{\partial u}{\partial t}+A\mathrm{e}^{-\alpha x}=0,\quad 0<x<l,t>0.$$

已知边界条件为

$$u|_{x=0}=0,u|_{x=l}=0,\quad t>0,$$

初始条件为

$$u|_{t=0}=T(\text{常数}),\quad 0\leqslant x\leqslant l.$$

8. 求定解问题

$$\begin{cases}\dfrac{\partial^2 u}{\partial t^2}=a^2\dfrac{\partial^2 u}{\partial x^2}, & 0<x<l,t>0,\\ u(0,t)=0,u(l,t)=\sin\omega t, & t>0,\\ u_t(x,0)=0, & 0\leqslant x\leqslant l\end{cases}$$

的解.

9. 求定解问题

$$\begin{cases}\dfrac{\partial u}{\partial t}=a^2\dfrac{\partial^2 u}{\partial x^2}-b^2u, & 0<x<l,t>0,\\ u|_{x=0}=u|_{x=l}=0, & t>0,\\ u|_{t=0}=kx, & 0\leqslant x\leqslant l\end{cases}$$

的解.

10. 求满足下列定解条件的一维热传导方程的解.

$$u|_{x=0}=10,u|_{x=l}=5,\quad t>0,$$

$$u|_{t=0}=kx,\quad k\text{ 为常数},0\leqslant x\leqslant l.$$

11. 试确定定解问题

$$\begin{cases}\dfrac{\partial u}{\partial t}=a^2\dfrac{\partial^2 u}{\partial x^2}+f(x), & 0<x<l,t>0,\\ u|_{x=0}=A,u|_{x=l}=B, & t>0,\\ u|_{t=0}=g(x), & 0\leqslant x\leqslant l\end{cases}$$

的解的一般形式.

12. 一块位于 xy 平面内的正方形金属薄板,边长为单位1,初始温度分布为 $\varphi(x,y)$,板的上下表面及平行于 x 轴的边缘完全绝热,而平行于 y 轴的边缘保持恒温 0 ℃. 试求随后时刻的温度分布.

13. 在矩形区域 $0<x<a,0<y<b$ 内求解拉普拉斯方程 $\Delta u=0$,使它满足边界条件:

$$u|_{x=0}=Ay(b-y),\quad u|_{x=a}=0,$$

$$u|_{y=0}=B\sin\frac{\pi x}{a},\quad u|_{y=b}=0.$$

14. 现有一圆环形平板,内半径为 a,外半径为 b,侧面是绝热的,内圆环温度保持为 0 ℃,外圆环温度为 A ℃(常数),求稳恒状态下的温度分布规律 $u(r,\theta)$.

15. 求解下列定解问题:

$$\begin{cases}\dfrac{\partial^2 u}{\partial t^2}=a^2\dfrac{\partial^2 u}{\partial x^2}+f(x), & 0<x<l,t>0,\\ u|_{x=0}=M_1(\text{常数}),u|_{x=l}=M_2(\text{常数}), & t>0,\\ u|_{t=0}=\varphi(x),\dfrac{\partial u}{\partial t}\Big|_{t=0}=\psi(x), & 0\leqslant x\leqslant l.\end{cases}$$

16. 在矩形区域内求定解问题

$$\begin{cases}u_{xx}+u_{yy}=\sin y, & 0<x<\pi,0<y<\pi,\\ u(0,y)=0,u(\pi,y)=-\sin y, & 0\leqslant y\leqslant\pi,\\ u(x,0)=0,u(x,\pi)=\sin x\cos x, & 0\leqslant x\leqslant\pi.\end{cases}$$

的解.

17. 在扇形区域内求定解问题

$$\begin{cases}\Delta u=0, & 0<\theta<a,0<\rho<a,\\ u|_{\theta=0}=u|_{\theta=a}=0, & 0\leqslant\rho\leqslant a,\\ u|_{\rho=a}=f(\theta), & 0\leqslant\theta\leqslant\alpha\end{cases}$$

的解.

18. 在单位圆内求解定解问题

$$\begin{cases}\dfrac{\partial^2 u}{\partial x^2}+\dfrac{\partial^2 u}{\partial y^2}=-xy, & x^2+y^2<1,\\ u|_{x^2+y^2=1}=0\end{cases}$$

的解.

19. 均匀的薄板占据区域 $0<x<a, 0<y<+\infty$,边界上的温度满足

$$u|_{x=0}=0,\quad u|_{x=a}=0,$$
$$u|_{y=0}=u_0,\quad \lim_{y\to+\infty}u=0.$$

求板的稳定温度分布.

20. 假设有一长为 l 的理想传输线,远端为开路,先将传输线充电至电位差为 v_0,然后将近端短路.求线上电压分布 $v(x,t)$.

21. 证明第 2.2 节中所得的特征函数系 $\{\sin\beta_n x: n=1,2,\cdots\}$ 在 $[0,l]$ 上是正交系,即

$$\int_0^l \sin\beta_m x\sin\beta_n x\,\mathrm{d}x=0\quad(m\neq n),$$

其中 β_n 满足 $\beta_n\cos\beta_n l+h\sin\beta_n l=0$,$h$ 为常数.

22. 求定解问题

$$\begin{cases}\dfrac{\partial^2 u}{\partial t^2}=a^2\dfrac{\partial^2 u}{\partial x^2}+\sin\dfrac{2\pi}{l}x\sin\dfrac{2a\pi}{l}t, & 0<x<l, t>0,\\ u|_{x=0}=u|_{x=l}=0, & t>0,\\ u|_{t=0}=u_t|_{t=0}=0, & 0\leqslant x\leqslant l\end{cases}$$

的解.

23. 求环形区域 $a^2\leqslant x^2+y^2\leqslant b^2$ 内泊松方程的定解问题

$$\begin{cases}\dfrac{\partial^2 u}{\partial x^2}+\dfrac{\partial^2 u}{\partial y^2}=12(x^2-y^2),\\ u|_{x^2+y^2=a^2}=1,\left.\dfrac{\partial u}{\partial n}\right|_{x^2+y^2=b^2}=0\end{cases}$$

的解.

综合训练题

1. 在矩形区域 $0\leqslant x\leqslant 1, -1\leqslant y\leqslant 1$ 内用 MATLAB 软件仿真求解波动方程,设边界条件为齐次类型,并给出解的图形.

2. 利用 MATLAB 软件求解如下有限长细杆的热传导定解问题,并给出解的图形.

$$\begin{cases}u_t=a^2u_{xx},\\ u(x,t)|_{x=0}=u(x,t)|_{x=l}=0,\\ u(x,t)|_{t=0}=\varphi(x).\end{cases}$$

仿真可取 $l=40, a=20$,且 $\varphi(x)=\begin{cases}0, & x<10, x>30,\\ 1, & 10\leqslant x\leqslant 30.\end{cases}$

3. 长为 $2l$ 的均匀杆,两端与侧面均绝热,若初始温度为

$$\varphi(x)=\begin{cases}\dfrac{1}{2A}, & |x-l|<A<l,\\ 0, & \text{其他}.\end{cases}$$

求 $u(x,t)$ 及 $t\to+\infty$ 时的情况，另外 $A\to 0$ 时解的极限是什么？

4. 谈谈自己对分离变量法的理解和认识. 分离变量法为什么能将一个偏微分方程简化为多个常微分方程？简化过程中有什么规律与条件？

人物小传

一首数学的诗——傅里叶

让·巴普蒂斯特·约瑟夫·傅里叶(Jean Baptiste Joseph Fourier,1768—1830)是一位法国数学家、物理学家和工程师,他在数学分析、热力学和数论等领域作出了重要贡献. 傅里叶最著名的工作是他在热传导领域的研究. 他提出了热传导方程,并发展了傅里叶级数和傅里叶变换的概念,这些工具是信号处理、量子物理、固体物理和许多其他科学领域的基石,在物理学、工程学和数学的其他领域中有着广泛的应用.

1768 年 3 月 21 日,傅里叶出生于法国中部的奥塞尔(Auxerre). 他的家境贫困,父亲是一位裁缝. 傅里叶在本笃会修道院接受了早期教育. 法国大革命期间,他失去了继续深造的机会,但他自学了数学. 1795 年,傅里叶加入了法国军队,并在拿破仑的埃及远征中担任工程师.

傅里叶早在 1807 年就写成了关于热传导的基本论文《热的传播》,并向巴黎科学院呈交,但经拉格朗日、拉普拉斯和勒让德审阅后被科学院拒绝;1811 年,他又提交了经修改的论文,该文获科学院大奖,却未正式发表. 傅里叶在论文中推导出了著名的热传导方程,并在求解该方程时发现解函数可以由三角函数构成的级数形式表示,从而提出任一函数都可以展开成三角函数的无穷级数. 傅里叶级数(即三角级数)、傅里叶分析等理论均由此创始. 1822 年,傅里叶出版了他的主要著作《热的解析理论》(*Théorie analytique de la chaleur*),在这部著作中,他详细阐述了热传导理论和傅里叶级数的概念.

求解热传导方程最著名的方法之一就是傅里叶级数法,它通过将热传导方程中的非齐次项表示为傅里叶级数,可以逐项求解偏微分方程,从而得到原方程的解. 其核心是将复杂的函数表示为三角函数(正弦和余弦函数)的无穷级数,这种表示方法使得原本复杂的函数性质(如连续性、可微性)变得简单. 由于三角函数具有自然周期性,傅里叶级数通常用于周期性函数的分析. 这一切都极大地推动了偏微分方程边值问题的研究. 然而傅里叶的工作意义远不止于此,傅里叶级数的提出迫使人们对函数概念作出修正、推广,特别是引起了对不连续函数的探讨;三角级数收敛性问题更刺激了集合论的诞生. 因此,《热的解析理论》影响了整个 19 世纪分析严格化的进程.

傅里叶的工作对后世的数学家和物理学家的研究产生了深远的影响,许多理论和方法仍是现代科学和工程的基础.

第3章 行波法

为学之道至简至易，但患不知其方.

——朱熹

波动方程是最典型的二阶双曲型方程，它在物理、力学和工程技术中有着广泛的应用.本章用直接积分的方法求解波动方程的初值问题，根据解的物理意义，这种方法又称为行波法.本章先用行波法导出一维波动方程初值问题的达朗贝尔公式，再用球面平均法导出三维波动方程初值问题的泊松公式，最后用降维法导出二维波动方程初值问题的泊松公式.

3.1 行波法——一维波动方程的达朗贝尔公式

已知要求一个常微分方程的特解，惯用的方法是先求出它的通解，然后利用初始条件确定通解中的任意常数，从而得到特解。对于偏微分方程，能否采用类似的方法呢？一般来说是不行的，原因之一是偏微分方程很难定义通解的概念，原因之二是即使对某些方程能够定义并求出它的通解，但此通解中包含任意函数，由定解条件确定这些任意函数会遇到很大的困难.但事情总不是绝对的，在少数情况下不仅可以求出偏微分方程的通解(指包含任意函数的解)，而且可以由通解求出特解.本节就一维波动方程来建立它的通解公式，然后由它得到初值问题的表达式.

行波法的引入

3.1.1 达朗贝尔公式

在第1章所提到弦的微小横振动问题中，如果弦未受到任何外力作用，而且只研究其中的一小段，那么在不太长的时间内，振动对弦两端的影响都来不及传到，不妨认为弦两端都不存在，即弦为"无限长". 设弦的初始状态已知，于是可提出下面的定解问题：

一维波动方程的达朗贝尔公式

$$\begin{cases} \dfrac{\partial^2 u}{\partial t^2}=a^2\dfrac{\partial^2 u}{\partial x^2}, & -\infty<x<+\infty, t>0, \quad (3\text{-}1) \\ u\big|_{t=0}=\varphi(x), \dfrac{\partial u}{\partial t}\Big|_{t=0}=\psi(x), & -\infty<x<+\infty, \quad (3\text{-}2) \end{cases}$$

其中 $\varphi(x)$，$\psi(x)$分别为初始位移和初始速度.

方程(3-1)的特征方程为$(\mathrm{d}x)^2-a^2(\mathrm{d}t)^2=0$，可求得其积分曲线(特征线)为$x+at=c_1$和$x-at=c_2$. 引入如下变量代换：

$$\begin{cases}\xi=x+at,\\ \eta=x-at.\end{cases} \tag{3-3}$$

由复合函数求导法则得

$$\frac{\partial u}{\partial x}=\frac{\partial u}{\partial \xi}\frac{\partial \xi}{\partial x}+\frac{\partial u}{\partial \eta}\frac{\partial \eta}{\partial x}=\frac{\partial u}{\partial \xi}+\frac{\partial u}{\partial \eta},$$

$$\begin{aligned}\frac{\partial^2 u}{\partial x^2}&=\frac{\partial}{\partial \xi}\left(\frac{\partial u}{\partial \xi}+\frac{\partial u}{\partial \eta}\right)\frac{\partial \xi}{\partial x}+\frac{\partial}{\partial \eta}\left(\frac{\partial u}{\partial \xi}+\frac{\partial u}{\partial \eta}\right)\frac{\partial \eta}{\partial x}\\ &=\frac{\partial^2 u}{\partial \xi^2}+2\frac{\partial^2 u}{\partial \xi\partial \eta}+\frac{\partial^2 u}{\partial \eta^2}.\end{aligned} \tag{3-4}$$

同理有

$$\frac{\partial^2 u}{\partial t^2}=a^2\left(\frac{\partial^2 u}{\partial \xi^2}-2\frac{\partial^2 u}{\partial \xi\partial \eta}+\frac{\partial^2 u}{\partial \eta^2}\right). \tag{3-5}$$

将式(3-4)及式(3-5)代入方程(3-1)，得

$$\frac{\partial^2 u}{\partial \xi\partial \eta}=0. \tag{3-6}$$

将式(3-6)对η积分，得

$$\frac{\partial u}{\partial \xi}=f(\xi)\quad [f(\xi)\text{是}\ \xi\ \text{的任意可微函数}],$$

再将上式对ξ积分，得

$$\begin{aligned}u(x,t)&=\int f(\xi)\mathrm{d}\xi+f_2(\eta)\\ &=f_1(x+at)+f_2(x-at),\end{aligned} \tag{3-7}$$

其中f_1,f_2都是任意两次连续可微函数. 式(3-7)即方程(3-1)的通解(包含两个任意函数的解).

下面确定函数f_1和f_2的具体形式. 为此，将式(3-7)代入初始条件(3-2)，得

$$\begin{cases}f_1(x)+f_2(x)=\varphi(x), & (3\text{-}8)\\ af_1'(x)-af_2'(x)=\psi(x). & (3\text{-}9)\end{cases}$$

在式(3-9)等号两端对x积分1次，得

$$f_1(x)-f_2(x)=\frac{1}{a}\int_0^x\psi(\xi)\mathrm{d}\xi+C. \tag{3-10}$$

联立式(3-8)与式(3-10)解出$f_1(x)$，$f_2(x)$，得

$$f_1(x)=\frac{1}{2}\varphi(x)+\frac{1}{2a}\int_0^x\psi(\xi)\mathrm{d}\xi+\frac{C}{2},$$

$$f_2(x)=\frac{1}{2}\varphi(x)-\frac{1}{2a}\int_0^x\psi(\xi)\mathrm{d}\xi-\frac{C}{2}.$$

把这里确定出来的$f_1(x)$和$f_2(x)$代回式(3-7)中，即得方程(3-1)在初始条件(3-2)下的解为

$$u(x,t)=\frac{1}{2}[\varphi(x+at)+\varphi(x-at)]+\frac{1}{2a}\int_{x-at}^{x+at}\psi(\xi)\mathrm{d}\xi. \tag{3-11}$$

式(3-11)称为无限长弦自由振动的**达朗贝尔(d'Alembert)公式**.

3.1.2 波的传播

下面来说明达朗贝尔公式的物理意义. 由于达朗贝尔公式是由式(3-7)得来的,所以只需说明式(3-7)的物理意义. 首先,考虑 $u_2=f_2(x-at)$ 的物理意义. 这样的函数一般代表一个向右传播的行波,为了讲清这一点,这里不妨考虑一个特例. 假定 $f_2(x)$ 的图形如图 3-1 所示,则在 $t=0$ 时,$u_2=f_2(x)$,其图形如图 3-1(a)所示;在 $t=\dfrac{1}{2}$ 时,$u_2=f_2\left(x-\dfrac{a}{2}\right)$,其图形如图 3-1(b)所示;在 $t=1$ 时,$u_2=f_2(x-a)$,其图形如图 3-1(c)所示;在 $t=2$ 时,$u_2=f_2(x-2a)$,其图形如图 3-1(d)所示. 这些图形说明,随着时间 t 的推移,$u_2=f_2(x-at)$ 的图形以速度 a 向 x 轴正方向一侧移动,即弦上质点振动所构成的波形不变且以速度 a 向右传播. 因此,$u_2=f_2(x-at)$ 称为**右行波**. 同样道理,$u_1=f_1(x+at)$ 就表示一个以速度 a 向左传播的行波,称为**左行波**. 达朗贝尔公式表明,弦上的任意扰动总是以行波形式分别向两个方向传播出去,其传播速度正好是弦振动方程中的常数 a. 基于上述原因,本书所用的方法称为**行波法**.

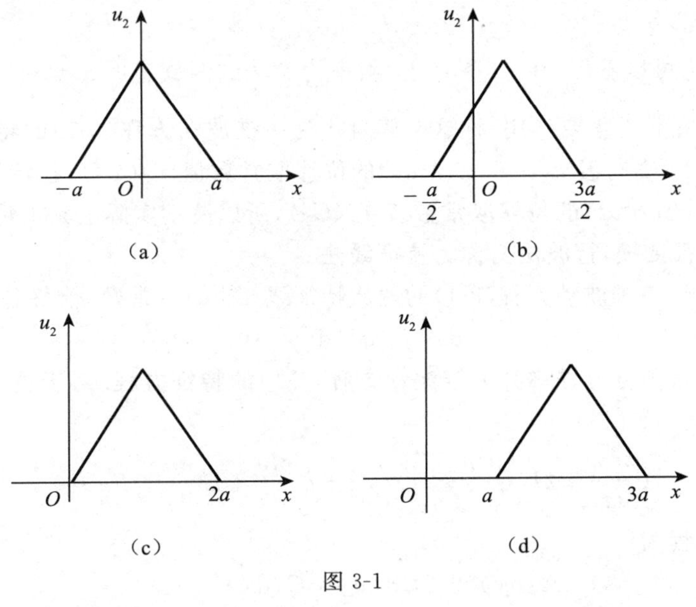

图 3-1

从达朗贝尔公式(3-11)还可以看出,解在点 (x,t) 的数值仅依赖 x 轴上区间 $[x-at,x+at]$ 内的初始条件,而与其他点的初始条件无关. 区间 $[x-at,x+at]$ 称为点 (x,t) 的依赖区间. 如果用直线段把点 (x,t) 和它的依赖区间的两个端点连起来,则这两条直线段的斜率分别为 $\pm\dfrac{1}{a}$(图 3-2a).

对初始轴 $t=0$ 上的一个区间 $[x_1,x_2]$,过点 x_1 作斜率为 $\dfrac{1}{a}$ 的直线 $x=x_1+at$,过点 x_2 作斜率为 $-\dfrac{1}{a}$ 的直线 $x=x_2-at$,它们和区间 $[x_1,x_2]$ 一起构成一个三角形区域(图 3-2b),此三角形区域中任一点 (x,t) 的依赖区间都落在区间 $[x_1,x_2]$ 的内部,因此解在此三角形区域中任一点(x,t)的值完全由区间$[x_1,x_2]$上的初始条件决定，而与此区间外的初始条件无关，这个三角形区域称为区间$[x_1,x_2]$的**决定区域**. 在区间$[x_1,x_2]$上给定初始条件，就可以在其决定区域中决定初值问题的解.

若过点x_1,x_2分别作直线$x=x_1-at,x=x_2+at$，则经过时间t后受到区间$[x_1,x_2]$上初值扰动影响的区域为

$$x_1-at\leqslant x\leqslant x_2+at\quad(t>0),$$

此区间之外的波动则不受$[x_1,x_2]$上初始扰动的影响，称xt平面上由上述不等式确定的区域为$[x_1,x_2]$的**影响区域**(图 3-2c).

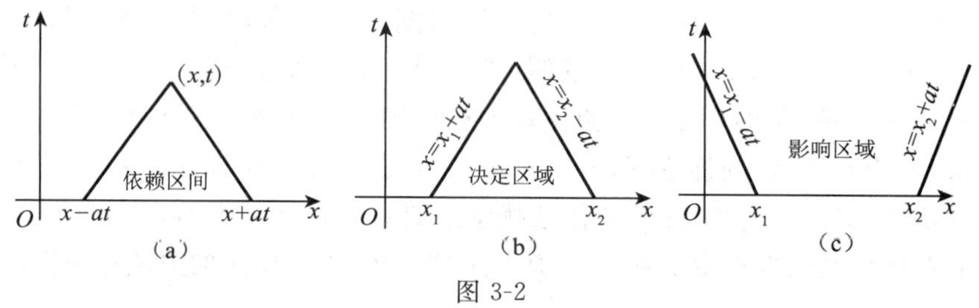

图 3-2

由上面的讨论可以看出，在xt平面上，斜率为$\pm\frac{1}{a}$的两族直线$x\pm at=$常数，对一维波动方程(3-1)的研究起着重要作用，称这两族直线为一维波动方程(3-1)的**特征线**. 因为在特征线$x-at=C_2$上，右行波$u_2=f_2(x-at)$的位移取常数值$f_2(C_2)$，在特征线$x+at=C_1$上，左行波$u_1=f_1(x+at)$的位移取常数值$f_1(C_1)$，所以波动实际上是沿特征线传播的. 变换(3-3)常称为**特征变换**，行波法又称为**特征线法**.

注 容易看出，一维波动方程(3-1)的两族特征线$x\pm at=$常数，恰好是常微分方程

$$(\mathrm{d}x)^2-a^2(\mathrm{d}t)^2=0$$

的积分曲线，这个常微分方程称为一维波动方程(3-1)的**特征方程**. 对于更一般的二阶线性偏微分方程

$$A\frac{\partial^2 u}{\partial x^2}+2B\frac{\partial^2 u}{\partial x\partial y}+C\frac{\partial^2 u}{\partial y^2}+D\frac{\partial u}{\partial x}+E\frac{\partial u}{\partial y}+Fu=0\tag{3-12}$$

来说，它的特征方程为

$$A(\mathrm{d}y)^2-2B\mathrm{d}x\mathrm{d}y+C(\mathrm{d}x)^2=0,\tag{3-13}$$

这个常微分方程的积分曲线称为偏微分方程(3-12)的特征线. 二阶线性偏微分方程的特征线仅与该方程中的二阶导数项的系数有关，而与其低阶项的系数无关.

需要注意的是，并不是任意一个二阶线性偏微分方程(3-12)都有两族实的特征线. 例如，若在某区域内$B^2-AC<0$，则过此区域内任一点都不存在实的特征线；若在某区域内$B^2-AC=0$，则过此区域内任一点仅有一条实的特征线；只有在某区域内$B^2-AC>0$，过此区域内任一点才有两条相异的实的特征线. 若在某区域内$B^2-AC<0$，则在此区域内称方程(3-12)为**椭圆型方程**，拉普拉斯方程及泊松方程均属于椭圆型；若在某区域内$B^2-AC=0$，则在此区域内称方程(3-12)为**抛物型方程**，热传导方程属于抛物型；若在某区域内$B^2-AC>0$，则在此区域内称方程(3-12)为**双曲型方程**，波动方程属于双曲型.

不论方程(3-12)为哪一种类型的方程，都可通过适当的自变量之间的代换将它化简成

所谓的标准形式.关于如何将二阶线性偏微分方程化简成标准形式,这里不再详述。下面举一个例子,说明如何通过将方程化简来求解它的定解问题.

例　求柯西问题

$$\begin{cases}\dfrac{\partial^2 u}{\partial x^2}+4\dfrac{\partial^2 u}{\partial x\partial y}-5\dfrac{\partial^2 u}{\partial y^2}=0, & y>0,-\infty<x<+\infty, \quad (3\text{-}14)\\ u|_{y=0}=5x^2,\dfrac{\partial u}{\partial y}|_{y=0}=0, & -\infty<x<+\infty \quad (3\text{-}15)\end{cases}$$

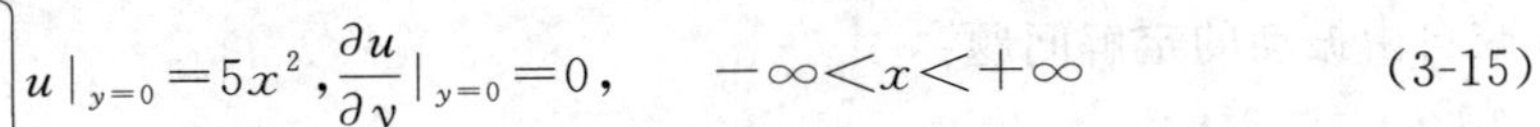

行波法的实例

的解.

解　先确定所给方程的特征线.为此,写出它的特征方程

$$(\mathrm{d}y)^2-4\mathrm{d}x\mathrm{d}y-5(\mathrm{d}x)^2=0.$$

它的两族积分曲线为

$$5x-y=C_1,$$
$$x+y=C_2.$$

作特征变换,得

$$\begin{cases}\xi=5x-y,\\ \eta=x+y.\end{cases} \quad (3\text{-}16)$$

容易验证,经过变换,原方程化成

$$\frac{\partial^2 u}{\partial\xi\partial\eta}=0.$$

它的通解为

$$u=f_1(\xi)+f_2(\eta),$$

其中 f_1,f_2 为两个任意两次连续可微的函数.

方程(3-14)的通解为

$$u(x,y)=f_1(5x-y)+f_2(x+y), \quad (3\text{-}17)$$

将这个函数代入条件(3-15),得

$$\begin{cases}f_1(5x)+f_2(x)=5x^2, & (3\text{-}18)\\ -f_1{}'(5x)+f_2{}'(x)=0. & (3\text{-}19)\end{cases}$$

由式(3-19)得

$$-\frac{1}{5}f_1(5x)+f_2(x)=C. \quad (3\text{-}20)$$

由式(3-18)与式(3-20)可得

$$f_1(5x)=\frac{25}{6}x^2-C',$$

$$f_2(x)=\frac{5}{6}x^2+C',$$

即

$$\begin{cases}f_1(x)=\dfrac{1}{6}x^2-C',\\ f_2(x)=\dfrac{5}{6}x^2+C'.\end{cases}$$

将上式代入式(3-17),得到所求的解为

$$u(x,y)=\frac{1}{6}(5x-y)^2+\frac{5}{6}(x+y)^2=5x^2+y^2. \tag{3-21}$$

3.1.3 延拓法

考虑半无界弦自由振动的定解问题:

$$\begin{cases}\dfrac{\partial^2 u}{\partial t^2}=a^2\dfrac{\partial^2 u}{\partial x^2}, & 0<x<+\infty,t>0,\\ u(x,0)=\varphi(x),\dfrac{\partial u}{\partial t}(x,0)=\psi(x), & 0\leqslant x<+\infty,\\ u(0,t)=0, & t\geqslant 0.\end{cases}$$

此时达朗贝尔公式不再适用,采用延拓法进行求解.

第 1 步,考虑到边界条件,对 $\varphi(x),\psi(x)$ 分别进行奇延拓,得到函数 $\Phi(x),\Psi(x)$:

$$\Phi(x)=\begin{cases}\varphi(x), & x\geqslant 0,\\ -\varphi(-x), & x<0,\end{cases}\quad \Psi(x)=\begin{cases}\psi(x), & x\geqslant 0,\\ -\psi(-x), & x<0.\end{cases}$$

第 2 步,利用达朗贝尔公式可知定解问题

$$\begin{cases}U_{tt}=a^2U_{xx}, & -\infty<x<+\infty,t>0,\\ U(x,0)=\Phi(x),U_t(x,0)=\Psi(x), & -\infty<x<+\infty\end{cases}$$

的解为

$$U(x,t)=\frac{\Phi(x-at)+\Phi(x+at)}{2}+\frac{1}{2a}\int_{x-at}^{x+at}\Psi(\xi)\mathrm{d}\xi,\quad -\infty<x<+\infty.$$

第 3 步,做"限制"运算.

当 $x\geqslant at$ (即 $t\leqslant\dfrac{x}{a}$)时,

$$\Phi(x-at)=\varphi(x-at),\quad \Phi(x+at)=\varphi(x+at),$$
$$\int_{x-at}^{x+at}\Psi(\xi)\mathrm{d}\xi=\int_{x-at}^{x+at}\psi(\xi)\mathrm{d}\xi,$$

从而

$$u(x,t)=\frac{\varphi(x-at)+\varphi(x+at)}{2}+\frac{1}{2a}\int_{x-at}^{x+at}\psi(\xi)\mathrm{d}\xi,\quad t\leqslant\frac{x}{a}.$$

当 $x<at\left(\text{即 } t>\dfrac{x}{a}\right)$时,

$$\Phi(x-at)=-\varphi(at-x),\quad \Phi(x+at)=\varphi(at+x),$$
$$\int_{x-at}^{x+at}\Psi(\xi)\mathrm{d}\xi=\int_{0}^{x+at}\psi(\xi)\mathrm{d}\xi+\int_{x-at}^{0}-\psi(-\xi)\mathrm{d}\xi$$
$$=\int_{0}^{x+at}\psi(\xi)\mathrm{d}\xi+\int_{at-x}^{0}\psi(\xi)\mathrm{d}\xi=\int_{at-x}^{x+at}\psi(\xi)\mathrm{d}\xi.$$

从而

$$u(x,t)=\frac{-\varphi(at-x)+\varphi(x+at)}{2}+\frac{1}{2a}\int_{at-x}^{x+at}\psi(\xi)\mathrm{d}\xi,\quad t>\frac{x}{a}.$$

综上,半无界弦自由振动定解问题($x\geqslant 0$)的解为

$$u(x,t)=\begin{cases}\dfrac{\varphi(x-at)+\varphi(x+at)}{2}+\dfrac{1}{2a}\displaystyle\int_{x-at}^{x+at}\psi(\xi)\mathrm{d}\xi, & t\leqslant\dfrac{x}{a},\\ \dfrac{-\varphi(at-x)+\varphi(x+at)}{2}+\dfrac{1}{2a}\displaystyle\int_{at-x}^{x+at}\psi(\xi)\mathrm{d}\xi, & t>\dfrac{x}{a}.\end{cases}$$

物理意义：当 $t\leqslant\dfrac{x}{a}$ 时，端点的影响以速度 a 传播，尚未到达 x 点，此时振动规律（解的表示）与无界弦相同；当 $t>\dfrac{x}{a}$ 时，端点的影响表现为反射波，瞬时位移 $u(x,t)$ 是入射波与反射波的叠加.

3.2 球面平均法——三维波动方程的泊松公式

上节讨论了一维波动方程的初值问题，得到了达朗贝尔公式.但只研究一维波动方程无法满足工程技术上的要求，例如，在研究交变电磁场时需要讨论三维波动方程.本节考虑三维无限空间中的波动问题，即求解定解问题

$$\begin{cases}\dfrac{\partial^2 u}{\partial t^2}=a^2\left(\dfrac{\partial^2 u}{\partial x^2}+\dfrac{\partial^2 u}{\partial y^2}+\dfrac{\partial^2 u}{\partial z^2}\right), & -\infty<x,y,z<+\infty,t>0, \quad (3\text{-}22)\\ u|_{t=0}=\varphi_0(x,y,z), & -\infty<x,y,z<+\infty, \quad (3\text{-}23)\\ \dfrac{\partial u}{\partial t}\Big|_{t=0}=\varphi_1(x,y,z), & -\infty<x,y,z<+\infty. \quad (3\text{-}24)\end{cases}$$

这个定解问题仍可沿用行波法的思路来解，但是由于坐标变量有 3 个，需要利用第 3.1 节中所得的通解公式对新的未知函数进行适当的转换.下面考虑一个特例.

3.2.1 三维波动方程的球对称解

三维波动方程的球对称解

将波函数 u 用空间球坐标 (r,θ,φ) 表示.所谓球对称就是指 u 与 θ,φ 都无关.在球坐标系中，波动方程(3-22)为

$$\frac{1}{r^2}\frac{\partial}{\partial r}\left(r^2\frac{\partial u}{\partial r}\right)+\frac{1}{r^2\sin\theta}\frac{\partial}{\partial\theta}\left(\sin\theta\frac{\partial u}{\partial\theta}\right)+\frac{1}{r^2\sin^2\theta}\frac{\partial^2 u}{\partial\varphi^2}=\frac{1}{a^2}\frac{\partial^2 u}{\partial t^2}.$$

当 u 不依赖于 θ,φ 时，这个方程可化简为

$$\frac{1}{r^2}\frac{\partial}{\partial r}\left(r^2\frac{\partial u}{\partial r}\right)=\frac{1}{a^2}\frac{\partial^2 u}{\partial t^2},$$

或

$$r\frac{\partial^2 u}{\partial r^2}+2\frac{\partial u}{\partial r}=\frac{r}{a^2}\frac{\partial^2 u}{\partial t^2}.$$

但

$$r\frac{\partial^2 u}{\partial r^2}+2\frac{\partial u}{\partial r}=\frac{\partial^2(ru)}{\partial r^2},$$

所以最后得到方程

$$\frac{\partial^2(ru)}{\partial r^2}=\frac{1}{a^2}\frac{\partial^2(ru)}{\partial t^2}.$$

这是关于 ru 的一维波动方程，其通解为

$$ru = f_1(r+at) + f_2(r-at),$$

或

$$u(r,t) = \frac{f_1(r+at) + f_2(r-at)}{r}.$$

此即三维波动方程关于原点为球对称的解，其中 f_1, f_2 是两个任意两次连续可微的函数，这两个函数可以用指定的初始条件来确定.

3.2.2 三维波动方程的泊松方程

三维波动方程的泊松公式

下面考虑一般的情况，即要求问题(3-22)～(3-24)的解. 根据上面对球对称情况的讨论，自然地产生这样一个想法：既然在球对称的情况下，函数 $ru(r,t)$ 满足一维波动方程，可以求出通解，那么在不是球对称的情况下能否设法将方程化成可以求通解的形式？由于在球对称条件下波函数 u 只是 r 与 t 的函数，而在非球对称条件下 u 无法写成 r 与 t 的函数，而是 x,y,z,t 的函数，所以对于非球对称情况，ru 不可能满足一维波动方程. 但是，如果不考虑波函数 u 本身，而是考虑 u 在以 $M(x,y,z)$ 为球心、以 r 为半径的球面上的平均值，则这个平均值在 x,y,z 暂时固定之后就只与 r,t 有关了. 这就启发我们先引入一个函数 $\bar{u}(r,t)$，它是函数 $u(x,y,z,t)$ 在以点 $M(x,y,z)$ 为球心、以 r 为半径的球面 S_r^M 上的**平均值**，即

$$\begin{aligned}
\bar{u}(r,t) &= \frac{1}{4\pi r^2}\iint\limits_{S_r^M} u(\xi,\eta,\zeta,t)\mathrm{d}S \\
&= \frac{1}{4\pi}\iint\limits_{x_1^2+y_1^2+z_1^2=1} u(x+rx_1, y+ry_1, z+rz_1, t)\mathrm{d}\omega \\
&= \frac{1}{4\pi}\iint\limits_{S_1^O} u(x+rx_1, y+ry_1, z+rz_1, t)\mathrm{d}\omega,
\end{aligned} \tag{3-25}$$

其中 ξ,η,ζ 为球面 S_r^M 上点的坐标，$\xi = x+rx_1$，$\eta = y+ry_1$，$\zeta = z+rz_1$；S_1^O 为以原点为球心的单位球面；$\mathrm{d}\omega$ 为单位球面上的面积元素；$\mathrm{d}S$ 为 S_r^M 上的面积元素，显然有 $\mathrm{d}S = r^2\mathrm{d}\omega$. 在球面坐标系中，$x_1 = \sin\theta\cos\varphi$，$y_1 = \sin\theta\sin\varphi$，$z_1 = \cos\theta$，$\mathrm{d}\omega = \sin\theta\mathrm{d}\theta\mathrm{d}\varphi$.

由式(3-25)及 $u(x,y,z,t)$ 的连续性可知，当 $r\to 0$ 时，

$$\lim_{r\to 0}\bar{u}(r,t) = u(M,t),$$

即

$$\bar{u}(0,t) = u(M,t),$$

其中 $u(M,t)$ 表示函数 u 在点 M 及时刻 t 的值.

下面推导 $\bar{u}(r,t)$ 所满足的微分方程. 对方程(3-22)等号两端在 S_r^M 所围成的球体 V_r^M 内积分[为了区别 V_r^M 内流动点的坐标与球心点 M 的坐标 (x,y,z)，以 (x',y',z') 表示 V_r^M 内流动点的坐标]，并应用**高斯-奥斯特洛格拉茨基公式**(有时称**高斯公式**)可得

$$\begin{aligned}
&\iiint\limits_{V_r^M} \frac{\partial^2 u(x',y',z',t)}{\partial t^2}\mathrm{d}V \\
&= a^2\iiint\limits_{V_r^M}\left[\frac{\partial^2 u(x',y',z',t)}{\partial x'^2} + \frac{\partial^2 u(x',y',z',t)}{\partial y'^2} + \frac{\partial^2 u(x',y',z',t)}{\partial z'^2}\right]\mathrm{d}V
\end{aligned}$$

$$=a^2\iiint\limits_{V_r^M}\left\{\frac{\partial}{\partial x'}\left[\frac{\partial u(x',y',z',t)}{\partial x'}\right]+\frac{\partial}{\partial y'}\left[\frac{\partial u(x',y',z',t)}{\partial y'}\right]+\frac{\partial}{\partial z'}\left[\frac{\partial u(x',y',z',t)}{\partial z'}\right]\right\}\mathrm{d}V$$

$$=a^2\iint\limits_{S_r^M}\frac{\partial u(\xi,\eta,\zeta,t)}{\partial \boldsymbol{n}}\mathrm{d}S$$

$$=a^2\iint\limits_{S_1^O}\frac{\partial u(x+rx_1,y+ry_1,z+rz_1,t)}{\partial \boldsymbol{n}}r^2\mathrm{d}\omega$$

$$=a^2r^2\iint\limits_{S_1^O}\frac{\partial u(x+rx_1,y+ry_1,z+rz_1,t)}{\partial \boldsymbol{n}}\mathrm{d}\omega$$

$$=a^2r^2\frac{\partial}{\partial r}\iint\limits_{S_1^O}u(x+rx_1,y+ry_1,z+rz_1,t)\mathrm{d}\omega$$

$$=4\pi a^2r^2\frac{\partial \bar{u}(r,t)}{\partial r}, \tag{3-26}$$

其中 $\boldsymbol{n}$ 为 S_r^M 的外法向量.

式(3-26)等号左端的积分也用单位球面上的积分表示,并交换微分运算和积分运算的次序,得

$$\iiint\limits_{V_r^M}\frac{\partial^2 u(x',y',z',t)}{\partial t^2}\mathrm{d}V$$

$$=\frac{\partial^2}{\partial t^2}\iiint\limits_{V_r^M}u(x',y',z',t)\mathrm{d}V$$

$$=\frac{\partial^2}{\partial t^2}\iiint\limits_{V_r^M}u(x+\rho x_1,y+\rho y_1,z+\rho z_1,t)\rho^2\mathrm{d}\omega\,\mathrm{d}\rho$$

$$=\frac{\partial^2}{\partial t^2}\int_0^r\rho^2\mathrm{d}\rho\iint\limits_{S_1^O}u(x+\rho x_1,y+\rho y_1,z+\rho z_1,t)\mathrm{d}\omega.$$

将上式代回式(3-26)中,得

$$\frac{\partial^2}{\partial t^2}\iint\limits_{S_1^O}\mathrm{d}\omega\int_0^r u(x+\rho x_1,y+\rho y_1,z+\rho z_1,t)\rho^2\mathrm{d}\rho$$

$$=4\pi a^2r^2\frac{\partial \bar{u}(r,t)}{\partial r}.$$

上式等号两端对 r 微分 1 次,并利用变上限定积分对上限求导数的规则,得

$$\frac{\partial^2}{\partial t^2}\iint\limits_{S_1^O}u(x+rx_1,y+ry_1,z+rz_1,t)r^2\mathrm{d}\omega$$

$$=4\pi a^2\frac{\partial}{\partial r}\left[r^2\frac{\partial \bar{u}(r,t)}{\partial r}\right],$$

或

$$\frac{\partial^2\bar{u}(r,t)}{\partial t^2}=\frac{a^2}{r^2}\frac{\partial}{\partial r}\left[r^2\frac{\partial \bar{u}(r,t)}{\partial r}\right].$$

但

$$\frac{1}{r^2}\frac{\partial}{\partial r}\left[r^2\frac{\partial\bar{u}(r,t)}{\partial r}\right]=\frac{1}{r}\frac{\partial^2[r\bar{u}(r,t)]}{\partial r^2},$$

故得

$$\frac{\partial^2[r\bar{u}(r,t)]}{\partial t^2}=a^2\frac{\partial^2[r\bar{u}(r,t)]}{\partial r^2}.$$

这是一个关于 $r\bar{u}(r,t)$ 的一维波动方程，它的通解为

$$r\bar{u}(r,t)=f_1(r+at)+f_2(r-at),\tag{3-27}$$

其中 f_1,f_2 是两个任意两次连续可微的函数.

下面通过式(3-27)及条件(3-23)和条件(3-24)来确定原柯西问题的解 $u(M,t)$. 由式(3-27)得到

$$f_1(r)+f_2(r)=r\bar{u}(r,t)|_{t=0},$$

$$af_1'(r)-af_2'(r)=\frac{\partial}{\partial t}[r\bar{u}(r,t)]|_{t=0}.$$

但

$$r\bar{u}(r,t)|_{t=0}=r\bar{\varphi}_0(r),$$

$$\frac{\partial}{\partial t}[r\bar{u}(r,t)]|_{t=0}=r\bar{\varphi}_1(r),$$

其中 $\bar{\varphi}_0(r),\bar{\varphi}_1(r)$ 分别为 $\varphi_0(x,y,z)$ 与 $\varphi_1(x,y,z)$ 在球面 S_r^M 上的平均值.

所以，可得

$$f_1(r)+f_2(r)=r\bar{\varphi}_0(r),\tag{3-28}$$

$$f_1{}'(r)-f_2{}'(r)=\frac{r}{a}\bar{\varphi}_1(r).\tag{3-29}$$

由此可解得

$$f_1(r)=\frac{1}{2}\left[r\bar{\varphi}_0(r)+\frac{1}{a}\int_0^r\rho\bar{\varphi}_1(\rho)\mathrm{d}\rho+C\right],$$

$$f_2(r)=\frac{1}{2}\left[r\bar{\varphi}_0(r)-\frac{1}{a}\int_0^r\rho\bar{\varphi}_1(\rho)\mathrm{d}\rho-C\right].$$

将以上两式代回式(3-27)，得

$$\bar{u}(r,t)=\frac{(r+at)\bar{\varphi}_0(r+at)+(r-at)\bar{\varphi}_0(r-at)}{2r}+\frac{1}{2ar}\int_{r-at}^{r+at}\rho\bar{\varphi}_1(\rho)\mathrm{d}\rho,\tag{3-30}$$

此外，还可利用

$$\begin{aligned}\bar{u}(-r,t)&=\frac{1}{4\pi}\iint\limits_{\alpha_1^2+\alpha_2^2+\alpha_3^2=1}u[x+r(-\alpha_1),y+r(-\alpha_2),z+r(-\alpha_3),t]\mathrm{d}\omega\\&=\frac{1}{4\pi}\iint\limits_{\beta_1^2+\beta_2^2+\beta_3^2=1}u(x+r\beta_1,y+r\beta_2,z+r\beta_3,t)\mathrm{d}\omega,\end{aligned}$$

将 $\bar{u}(r,t)$ 拓广到 $r<0$ 的范围内. 比较 $\bar{u}(r,t)$ 与 $u(-r,t)$ 可知

$$\bar{u}(-r,t)=\bar{u}(r,t),$$

即 $\bar{u}(r,t)$ 为 r 的偶函数. 同理，$\bar{\varphi}_0(r)$ 与 $\bar{\varphi}_1(r)$ 也是偶函数. 注意到这些事实后，可将式(3-30)写成

$$\bar{u}(r,t)=\frac{(at+r)\bar{\varphi}_0(at+r)-(at-r)\bar{\varphi}_0(at-r)}{2r}+\frac{1}{2ar}\int_{r-at}^{r+at}\rho\bar{\varphi}_1(\rho)\mathrm{d}\rho.$$

令 $r\to 0$，并利用**洛必达(L'Hospital)法则**得到

$$\begin{aligned}\bar{u}(0,t)&=\bar{\varphi}_0(at)+at\bar{\varphi}'_0(at)+t\bar{\varphi}_1(at)\\&=\frac{1}{a}\frac{\partial}{\partial t}[(at)\bar{\varphi}_0(at)]+t\bar{\varphi}_1(at)\\&=\frac{1}{4\pi a}\frac{\partial}{\partial t}\iint\limits_{S_{at}^M}at\cdot\frac{\varphi_0(\xi,\eta,\zeta)}{(at)^2}\mathrm{d}S+\frac{t}{4\pi}\iint\limits_{S_{at}^M}\frac{\varphi_1(\xi,\eta,\zeta)}{(at)^2}\mathrm{d}S,\end{aligned}$$

或简记为

$$\bar{u}(M,t)=\frac{1}{4\pi a}\frac{\partial}{\partial t}\iint\limits_{S_{at}^M}\frac{\varphi_0}{at}\mathrm{d}S+\frac{1}{4\pi a}\iint\limits_{S_{at}^M}\frac{\varphi_1}{at}\mathrm{d}S.\tag{3-31}$$

式(3-31)称为**三维波动方程的泊松公式**. 不难验证，当 $\varphi_0(x,y,z)$ 是三次连续可微的函数，$\varphi_1(x,y,z)$ 是两次连续可微的函数时，由式(3-31)所确定的函数确实是原定解问题的解.

下面举一个例子，说明泊松公式(3-31)的用法.

例 设已知 $\varphi_0(x,y,z)=x+y+z$，$\varphi_1(x,y,z)=0$，求方程(3-22)相应柯西问题的解.

三维波动方程的泊松公式的应用

解 将给定的初始条件 $\varphi_0(x,y,z)$ 与 $\varphi_1(x,y,z)$ 代入式(3-31)，并采用球面坐标系得到所要求的解为

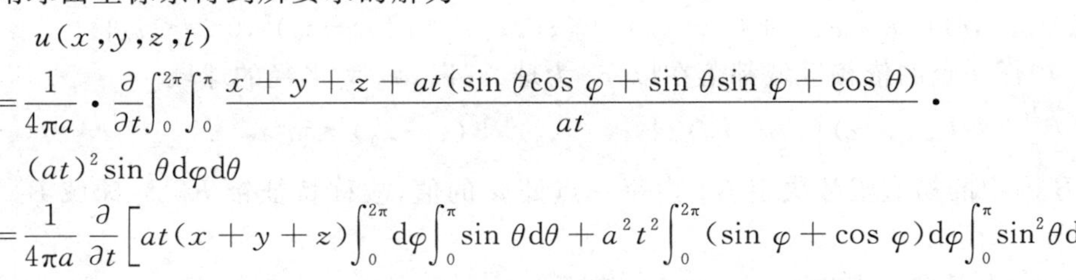

$$\begin{aligned}&u(x,y,z,t)\\&=\frac{1}{4\pi a}\cdot\frac{\partial}{\partial t}\int_0^{2\pi}\int_0^{\pi}\frac{x+y+z+at(\sin\theta\cos\varphi+\sin\theta\sin\varphi+\cos\theta)}{at}\cdot\\&\quad(at)^2\sin\theta\mathrm{d}\varphi\mathrm{d}\theta\\&=\frac{1}{4\pi a}\frac{\partial}{\partial t}\Big[at(x+y+z)\int_0^{2\pi}\mathrm{d}\varphi\int_0^{\pi}\sin\theta\mathrm{d}\theta+a^2t^2\int_0^{2\pi}(\sin\varphi+\cos\varphi)\mathrm{d}\varphi\int_0^{\pi}\sin^2\theta\mathrm{d}\theta+\\&\quad a^2t^2\int_0^{2\pi}\mathrm{d}\varphi\int_0^{\pi}\sin\theta\cos\theta\mathrm{d}\theta\Big]\\&=x+y+z.\end{aligned}$$

3.2.3 球面波

下面说明解(3-31)的物理意义. 由式(3-31)可以看出，为求出定解问题(3-22)～(3-24)的解在 (x,y,z,t) 处的值，只需要以 $M(x,y,z)$ 为球心、以 at 为半径作出球面 S_{at}^M，然后将初始扰动 φ_0，φ_1 代入式(3-31)进行积分. 因为积分只在球面上进行，所以只有与 M 相距为 at 的点上的初始扰动能够影响 $u(x,y,z,t)$ 的值. 或者，换一种说法，就是 $M_0(\xi,\eta,\zeta)$ 处的初始扰动在时刻 t 只影响以 M_0 为球心、以 at 为半径的球面 $S_{at}^{M_0}$ 上的各点. 这是因为以 S_{at}^M 上任意一点为球心、以 at 为半径所作的球面都必须经过点 M_0，这就表明扰动是以速度 a 传播的. 为了明确起见，设初始扰动只限于区域 T_0，任取一点 M，它与 T_0 的最

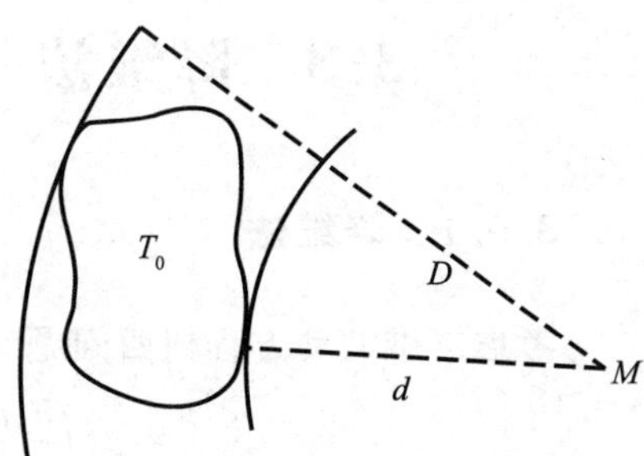

图 3-3

小距离为 d，最大距离为 D(图 3-3)，由泊松公式(3-31)可知：

当 $at<d$，即 $t<\dfrac{d}{a}$ 时，$u(x,y,z,t)=0$，这表明扰动的“前锋”还未到达；

当 $d\leqslant at<D$，即 $\dfrac{d}{a}\leqslant t<\dfrac{D}{a}$ 时，$u(x,y,z,t)\neq 0$，这表明扰动已经到达；

当 $at\geqslant D$，即 $t\geqslant\dfrac{D}{a}$ 时，$u(x,y,z,t)=0$，这表明扰动的“阵尾”已经过去并已恢复原来的状态.

因此，当初始扰动限制在空间某局部范围内时，扰动有清晰的“前锋”与“阵尾”，这种现象在物理学中称为**惠更斯(Huygens)原理**或**无后效现象**. 由于在点(ξ,η,ζ)的初始扰动是向各方向传播的，在时间 t 内它的影响是在以(ξ,η,ζ)为球心、以 at 为半径的一个球面上，因此解(3-31)称为球面波.

类似于一维情形的分析，对于三维波动方程，由式(3-31)可知，解 u 在任何一点 $M_0(x_0,y_0,z_0,t_0)$的依赖区域为球面

$$S_{at_0}^{M_0}=\{(x,y,z)\,|\,(x-x_0)^2+(y-y_0)^2+(z-z_0)^2=a^2t_0{}^2\},$$

它是锥面

$$K_1=\{(x,y,z,t)\,|\,(x-x_0)^2+(y-y_0)^2+(z-z_0)^2=a^2(t-t_0)^2,0\leqslant t\leqslant t_0\}$$

与超平面 $t=0$ 相交所截得到的球面. 这个锥面称为三维波动方程的特征锥面，特征锥面连同其内部称为特征锥，即

$$K_2=\{(x,y,z,t)\,|\,(x-x_0)^2+(y-y_0)^2+(z-z_0)^2\leqslant a^2(t-t_0)^2,0\leqslant t\leqslant t_0\}.$$

特征锥 K_2 中任一点的依赖区域都落在以 x_0 为球心、以 at_0 为半径的球域

$$B_{at_0}^{M_0}=\{(x,y,z)\,|\,(x-x_0)^2+(y-y_0)^2+(z-z_0)^2\leqslant a^2t_0{}^2\}$$

中. 因此，球域 $B_{at_0}^{M_0}$ 中的初值函数决定 K_2 内每一点处 u 的值，故称特征锥 K_2 为球域 $B_{at_0}^{M_0}$ 的决定区域.

在超平面 $t=0$ 上任取一点$(x_0,y_0,z_0,0)$，锥面

$$K_3=\{(x,y,z,t)\,|\,(x-x_0)^2+(y-y_0)^2+(z-z_0)^2=a^2(t-t_0)^2,t\geqslant 0\}$$

称为点$(x_0,y_0,z_0,0)$的影响区域，即初值函数在点$(x_0,y_0,z_0,0)$处的值只影响解 u 在锥面 K_3 上点的取值，而不影响 u 在 K_3 外的点的取值.

3.3 降维法——二维波动方程的泊松公式

3.3.1 降维法

考虑二维波动方程柯西问题

$$\begin{cases}\dfrac{\partial^2 u}{\partial t^2}=a^2\left(\dfrac{\partial^2 u}{\partial x^2}+\dfrac{\partial^2 u}{\partial y^2}\right), & -\infty<x,y<+\infty,t>0,\\ u|_{t=0}=\varphi_0(x,y), & -\infty<x,y<+\infty,\\ \dfrac{\partial u}{\partial t}\Big|_{t=0}=\varphi_1(x,y), & -\infty<x,y<+\infty.\end{cases}\tag{3-32}$$

利用上节所得式(3-31)，也可以得到二维波动方程初值问题的解. 事实上，如果 u 与 z 无关，则 $\frac{\partial u}{\partial z}=0$，此时三维波动方程的初值问题就变成二维波动方程的初值问题(3-32).

要想通过泊松公式(3-31)得到问题(3-32)解的表达式，就应将式(3-31)中两个沿球面 S_{at}^M 的积分转化成在圆域 $C_{at}^M:(\xi-x)^2+(\eta-y)^2\leqslant(at)^2$ 内的积分，下面以 $\frac{1}{4\pi a}\iint\limits_{S_{at}^M}\frac{\varphi_1}{at}\mathrm{d}S$ 为例说明转化方法.

先将沿球面 S_{at}^M 的积分拆成两个部分：

$$\frac{1}{4\pi a}\iint\limits_{S_{at}^M}\frac{\varphi_1}{at}\mathrm{d}S=\frac{1}{4\pi a}\iint\limits_{S_1}\frac{\varphi_1}{at}\mathrm{d}S+\frac{1}{4\pi a}\iint\limits_{S_2}\frac{\varphi_1}{at}\mathrm{d}S, \tag{3-33}$$

其中 S_1,S_2 分别表示球面 S_{at}^M 的上半球面和下半球面.

由于被积函数不依赖变量 z，所以式(3-33)等号右端的两个积分是相等的，即

$$\frac{1}{4\pi a}\iint\limits_{S_{at}^M}\frac{\varphi_1}{at}\mathrm{d}S=\frac{1}{2\pi a}\iint\limits_{S_1}\frac{\varphi_1}{at}\mathrm{d}S.$$

现在将上式等号右端的曲面积分化成二重积分. 由于上半球面上的面积元素 $\mathrm{d}S$ 和它到 $\xi\eta$ 平面上投影元素 $\mathrm{d}\xi\mathrm{d}\eta$ 之间有如下关系：

$$\mathrm{d}S=\frac{at}{\sqrt{a^2t^2-(\xi-x)^2-(\eta-y)^2}}\mathrm{d}\xi\mathrm{d}\eta,$$

所以有

$$\begin{aligned}\frac{1}{4\pi a}\iint\limits_{S_{at}^M}\frac{\varphi_1}{at}\mathrm{d}S&=\frac{1}{2\pi a}\iint\limits_{C_{at}^M}\frac{\varphi_1(\xi,\eta)}{at}\frac{at}{\sqrt{a^2t^2-(\xi-x)^2-(\eta-y)^2}}\mathrm{d}\xi\mathrm{d}\eta\\&=\frac{1}{2\pi a}\iint\limits_{C_{at}^M}\frac{\varphi_1(\xi,\eta)}{\sqrt{a^2t^2-(\xi-x)^2-(\eta-y)^2}}\mathrm{d}\xi\mathrm{d}\eta.\end{aligned}$$

同理有

$$\frac{1}{4\pi a}\iint\limits_{S_{at}^M}\frac{\varphi_0}{at}\mathrm{d}S=\frac{1}{2\pi a}\iint\limits_{C_{at}^M}\frac{\varphi_0(\xi,\eta)}{\sqrt{a^2t^2-(\xi-x)^2-(\eta-y)^2}}\mathrm{d}\xi\mathrm{d}\eta.$$

将这两个等式代入式(3-31)，即得问题(3-32)的解为

$$\begin{aligned}u(x,y,t)=\frac{1}{2\pi a}\Bigg[&\frac{\partial}{\partial t}\iint\limits_{C_{at}^M}\frac{\varphi_0(\xi,\eta)}{\sqrt{a^2t^2-(\xi-x)^2-(\eta-y)^2}}\mathrm{d}\xi\mathrm{d}\eta+\\&\iint\limits_{C_{at}^M}\frac{\varphi_1(\xi,\eta)}{\sqrt{a^2t^2-(\xi-x)^2-(\eta-y)^2}}\mathrm{d}\xi\mathrm{d}\eta\Bigg].\end{aligned} \tag{3-34}$$

式(3-34)称为二维波动方程柯西问题的泊松公式.

3.3.2　柱面波

二维波动方程柯西问题的泊松公式具有明确的物理意义. 由式(3-34)可以看出，要计

算这个解在(x,y,t)处的值，只要以$M(x,y)$为圆心、以at为半径作圆域C_{at}^{M}，然后将初始扰动代入式(3-34)进行积分. 为了清楚起见，设初始扰动仍限于区域T_0，并且d,D分别表示点$M(x,y)$与T_0的最小和最大距离，则

当$t<\dfrac{d}{a}$时，$u(x,y,t)=0$；

当$\dfrac{d}{a}\leqslant t<\dfrac{D}{a}$时，$u(x,y,t)\neq 0$；

当$t\geqslant\dfrac{D}{a}$时，由于圆域C_{at}^{M}包含区域T_0，所以$u(x,y,t)$仍不为零，这种现象称为**有后效**或**波的弥漫**，即在二维情形下，局部范围内的初始扰动具有长期的连续的后效特性，扰动有清晰的“前锋”，而无“阵尾”，这一点与球面波不同.

平面上以点(ξ,η)为圆心的圆周方程$(x-\xi)^2+(y-\eta)^2=r^2$在空间坐标系内表示母线平行于z轴的直圆柱面，所以在过点(ξ,η)平行于z轴的无限长的直线上的初始扰动在经过时间t后，其影响范围为以该直线为轴、以at为半径的圆柱面内，因此式(3-34)称为柱面波.

任取一点$M_0(x_0,y_0,t_0)$，由二维齐次波动方程的初值问题(3-32)的解的泊松公式(3-34)，得

$$u(x_0,y_0,t_0)=\frac{1}{2\pi a}\left[\frac{\partial}{\partial t}\iint\limits_{C_{at_0}^{M_0}}\frac{\varphi_0(\xi,\eta)}{\sqrt{(at_0)^2-(\xi-x_0)^2-(\eta-y_0)^2}}\mathrm{d}\xi\mathrm{d}\eta+\iint\limits_{C_{at_0}^{M_0}}\frac{\varphi_1(\xi,\eta)}{\sqrt{(at_0)^2-(\xi-x_0)^2-(\eta-y_0)^2}}\mathrm{d}\xi\mathrm{d}\eta\right].$$

由此可见，$u(x_0,y_0,t_0)$只依赖初值函数φ_0,φ_1在圆域(而不是圆周)

$$C_{at_0}^{M_0}=\{(x,y)\mid(x-x_0)^2+(y-y_0)^2\leqslant(at_0)^2\}$$

上的值，而与该圆域外初值函数的值无关，称圆域$C_{at_0}^{M_0}$为点$M_0(x_0,y_0,t_0)$的依赖区域. $C_{at_0}^{M_0}$是锥体

$$K_4=\{(x,y,t)\mid(x-x_0)^2+(y-y_0)^2\leqslant a^2(t-t_0)^2,0\leqslant t\leqslant t_0\}$$

与平面$t=0$相交截得的圆域(图 3-4).

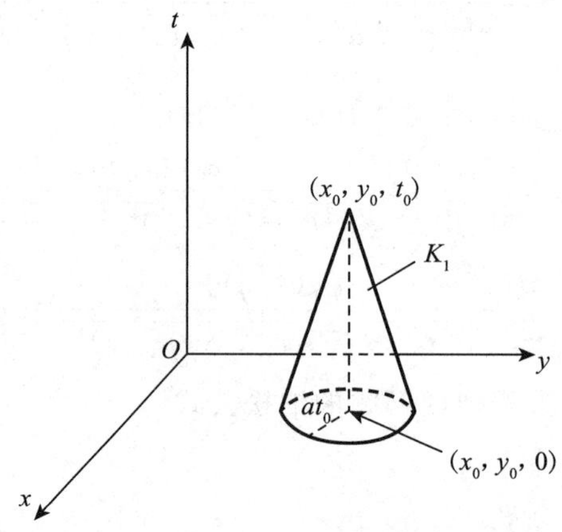

图 3-4　依赖区域

对于锥体 K_4 中的任一点 $M_1(x_1,y_1,t_1)$，它的依赖区域 $C_{at_1}^{M_1}$ 都包含在圆域 $C_{at_0}^{M_0}$ 内.因此，圆域 $C_{at_0}^{M_0}$ 内的初值函数决定 K_4 内每一点 u 处的值，故称锥 K_4 为圆域 $C_{at_0}^{M_0}$ 的决定区域.

在平面 $t=0$ 上对任一点 $(x_0,y_0,0)$ 作一锥体域(图 3-5)

$$K_5=\{(x,y,t)\,|\,(x-x_0)^2+(y-y_0)^2\leqslant a^2t^2,t\geqslant 0\}.$$

锥体 K_5 中任一点 (x,y,t) 的依赖区域都包含给定点 $(x_0,y_0,0)$，即解受到 $(x_0,y_0,0)$ 上定义的初值 $\varphi_0(x_0,y_0,0)$ 和 $\varphi_1(x_0,y_0,0)$ 的影响，而 K_5 外任一点的依赖区域都不包含点 $(x_0,y_0,0)$，称锥体 K_5 为点 $(x_0,y_0,0)$ 的影响区域.

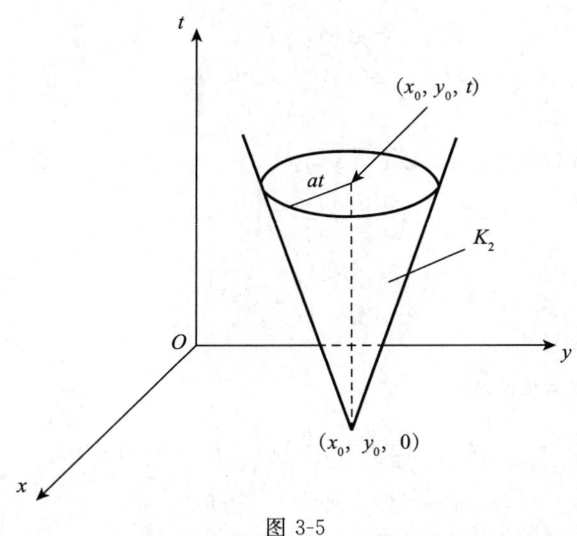

图 3-5

由上面的讨论可以看出，锥面

$$(x-x_0)^2+(y-y_0)^2\leqslant a^2(t-t_0)^2,\quad 0\leqslant t\leqslant t_0$$

起着重要作用，称为特征锥面.特征锥面连同其内部称为特征锥.

习题三

1. 试先求特征线，再作变换将方程 $\dfrac{\partial^2 u}{\partial x^2}+3\dfrac{\partial^2 u}{\partial x\partial y}+2\dfrac{\partial^2 u}{\partial y^2}=0$ 化简，最后求其通解.

2. 求解柯西问题 $\begin{cases}\dfrac{\partial^2 u}{\partial x^2}-2\dfrac{\partial^2 u}{\partial x\partial y}-3\dfrac{\partial^2 u}{\partial y^2}=0, & x>0,-\infty<y<+\infty,\\ u|_{x=0}=y^2,\dfrac{\partial u}{\partial x}|_{x=0}=0, & -\infty<y<+\infty.\end{cases}$

3. 求解定解问题 $\begin{cases}\dfrac{\partial^2 u}{\partial t^2}=\dfrac{\partial^2 u}{\partial x^2}+t\sin x, & t>0,-\infty<x<+\infty,\\ u|_{t=0}=0,\dfrac{\partial u}{\partial t}|_{t=0}=\sin x, & -\infty<x<+\infty.\end{cases}$

4. 求解半无限长杆的自由振动定解问题

$$\begin{cases}\dfrac{\partial^2 u}{\partial t^2}=\dfrac{\partial^2 u}{\partial x^2}, & t>0,0<x<+\infty,\\ u|_{t=0}=\varphi(x),u_t|_{t=0}=\psi(x), & 0\leqslant x<+\infty,\\ u_x|_{x=0}=0, & t\geqslant 0.\end{cases}$$

5. 古尔萨(Goursat)方程是一种用于描述流体动力学中非线性波动现象的数学方程,它由法国数学家约瑟夫·路易·古尔萨于1877年提出.古尔萨方程不仅在流体力学中有重要应用,还在其他领域中得到广泛应用.例如,在天文学中,古尔萨方程可以用来研究星际物质的运动和演化;在地球物理学中,古尔萨方程可以用来研究地震波的传播和地球内部的结构.试求古尔萨问题简化后的问题的解:

$$\begin{cases}\dfrac{\partial^2 u}{\partial t^2}=\dfrac{\partial^2 u}{\partial x^2}, & -t<x<t,t>0,\\ u|_{t=-x}=\varphi(x), & x\leqslant 0,\\ u|_{t=x}=\psi(x), & x\geqslant 0,\end{cases}$$

其中 $\varphi(0)=\psi(0)$.

6. 对于二维波动方程初值问题($\rho=\sqrt{x^2+y^2}$)

$$\begin{cases}\dfrac{\partial^2 u}{\partial t^2}=a^2\left(\dfrac{\partial^2 u}{\partial x^2}+\dfrac{\partial^2 u}{\partial y^2}\right), & -t<x<t,t>0\\ u|_{t=0}=\begin{cases}1, & \rho<1,\\ 0, & \rho>1,\end{cases} u_t|_{t=0}=0,\end{cases}$$

试用泊松公式求 $u(0,0,t)$.

7. 试解二维波动方程初值问题

$$\begin{cases}\dfrac{\partial^2 u}{\partial t^2}=a^2\left(\dfrac{\partial^2 u}{\partial x^2}+\dfrac{\partial^2 u}{\partial y^2}\right), & -t<x<t,t>0,\\ u|_{t=0}=x^2(x+y),u_t|_{t=0}=0.\end{cases}$$

8. 试用降维法导出一维波动方程初值问题的达朗贝尔公式.

综合训练题

1. 利用 MATLAB 软件将一维波动规律以图形的方式表示出来.
2. 利用 MATLAB 软件将二维波动规律以图形的方式表示出来.
3. 利用 MATLAB 软件将三维波动规律以图形的方式表示出来.
4. 谈谈自己对降维法的理解和认识.

人物小传

数理方程的开拓者——达朗贝尔

让·勒朗·达朗贝尔(Jean le Rond d'Alembert,1717—1783),法国著名物理学家、数学家和天文学家.达朗贝尔于1717年生于巴黎,出生即被遗弃,被一对制玻璃的工人夫妇收养.他自学成才,未受过正规大学教育,却凭借对科学的热情和才华,通过自学掌握了牛顿和当代著名数理科学家们的理论.1741年,达朗贝尔进入巴黎科学院,任天文学助理院士,1746年升为数学副院士,1754年被选为法兰西学院院士,1772年起任法兰西学院的终身秘书.

1741—1743年间，达朗贝尔对理论力学的大量课题进行了研究. 1743年，他出版了《动力学》，提出了达朗贝尔原理，为分析力学的创立打下了基础；1744年，他出版了《流体的平衡和运动》；1747年，他发表了两篇重要论文，其中关于喷流反射的论文首次在数学物理中使用了偏微分方程，另一篇论文是关于弦振动方程的，其引发了对数学物理偏微分方程的研究；1749年，他发表了有关春分点、岁差和章动的论文，对天体力学发展作出了重要贡献.

达朗贝尔是18世纪为建立微积分的严格基础而努力的代表人物之一，他提出的极限观点为微积分的严格表述提供了合理内核. 他也是少数几个将收敛级数和发散级数区分开的数学家之一，他给出了正项级数收敛的比值判别方法.

达朗贝尔还是复变函数论的先驱者之一. 1760年以后，达朗贝尔陆续出版了8卷《数学论丛》，这是他主要成果的选集.

达朗贝尔帮助过不少青年科学家，如拉格朗日和拉普拉斯在青年时代都曾得到过他的鼓励和支持，他推荐拉格朗日去普鲁士科学院，推荐拉普拉斯去巴黎科学院.

达朗贝尔终生未娶，但他有一个红颜知己——勒皮纳斯. 达朗贝尔与养父母感情很好，47岁前一直住在养父母家中，1765年因病住到勒皮纳斯处直至晚年. 1776年，勒皮纳斯小姐去世，加之在科学院内的工作不顺利，达朗贝尔的晚年在失望中度过. 1783年，达朗贝尔在巴黎逝世.

第4章

积分变换法

> 如果我们能够掌握足够多的知识和自然规律，以及精确的初始条件，我们就可以用数学物理定律来计算和预测宇宙中的一切现象和未来事件.
>
> ——拉普拉斯

积分变换法是求解数学物理方程的重要方法之一. 所谓积分变换，就是把函数 $f(t)$ 经过积分运算变为另一类函数 $F(\alpha)$，一般表示为

$$F(\alpha)=\int_a^b f(t)K(\alpha,t)\,\mathrm{d}t,$$

其中 α 为一个参变量；$K(\alpha,t)$ 为一个确定的二元函数，称为积分变换的核. 不同的核与不同的积分区间构成不同的积分变换.

本章主要介绍傅里叶变换与拉普拉斯变换这两种常用的积分变换. 这两种积分变换不仅在数学的许多分支中，而且在其他学科如力学、电学、光学，以及通信和人工智能领域中都有着广泛的应用. 下面首先扼要地介绍这两种积分变换的概念、基本性质以及 δ 函数的定义和性质，然后介绍如何利用这两种积分变换求解偏微分方程的定解问题.

4.1 傅里叶变换

4.1.1 傅里叶变换的定义

在高等数学或数学分析的课程中，已经介绍过如何将一个周期函数[或将一个非周期函数通过奇(偶)延拓变成周期函数]展开成三角函数的级数(称为傅里叶级数). 下面考虑一个问题：对于一个定义在无限区间 $(-\infty,+\infty)$ 内的函数，有没有类似的展开式？对于这个问题，有如下结论.

傅里叶变换的定义

若实函数 $f(x)$ 在 $(-\infty,+\infty)$ 上满足以下条件：

(1) $f(x)$ 在任一有限区间上连续或只有有限个第一类间断点；

(2) $f(x)$ 在任一有限区间上至多只有有限个极值点；

(3) $f(x)$在$(-\infty,+\infty)$上是绝对可积的，即$\int_{-\infty}^{+\infty}|f(x)|\mathrm{d}x$收敛.

则在$f(x)$的连续点处有**傅里叶积分公式**

$$f(x)=\frac{1}{2\pi}\int_{-\infty}^{+\infty}\left[\int_{-\infty}^{+\infty}f(x)\mathrm{e}^{-\mathrm{i}\omega x}\mathrm{d}x\right]\mathrm{e}^{\mathrm{i}\omega x}\mathrm{d}\omega,\quad -\infty<x<+\infty \tag{4-1}$$

成立. 在$f(x)$的间断点x_0处，式(4-1)等号左端应以$\dfrac{f(x_0+0)+f(x_0-0)}{2}$代替.

从式(4-1)出发，设

$$F(\omega)=\int_{-\infty}^{+\infty}f(x)\mathrm{e}^{-\mathrm{i}\omega x}\mathrm{d}x, \tag{4-2}$$

则

$$f(x)=\frac{1}{2\pi}\int_{-\infty}^{+\infty}F(\omega)\mathrm{e}^{\mathrm{i}\omega x}\mathrm{d}\omega. \tag{4-3}$$

称式(4-2)为函数$f(x)$的**傅里叶变换**(简称**傅氏变换**)，记为$F(\omega)=\mathscr{F}[f(x)]$；称式(4-3)为**傅里叶逆变换**(简称**傅氏逆变换**)，记为$f(x)=\mathscr{F}^{-1}[F(\omega)]$.

显然，式(4-2)和式(4-3)规定了一个傅里叶变换对$F(\omega)$和$f(x)$，也称$F(\omega)$为$f(x)$的**像函数**，$f(x)$为$F(\omega)$的**像原(或原像)函数**.

物理学上通常认为，$f(x)$代表一个"信号"，$F(\omega)$是信号$f(x)$的**频谱函数**，而频谱函数的模$|F(\omega)|$称为$f(x)$的**振幅频谱**，它的辐角$\arg F(\omega)$称为$f(x)$的**相角频谱**. 由$f(x)$求$F(\omega)$的过程称为傅里叶分析，而由$F(\omega)$求$f(x)$的过程称为"反演".

例 1　求函数$f(x)=\begin{cases}0, & x<0,\\ \mathrm{e}^{-\beta x}, & x\geqslant 0\end{cases}$的傅里叶变换，其中$\beta>0$为常数.

解　由式(4-2)得

$$\begin{aligned}F(\omega)&=\int_{-\infty}^{+\infty}f(x)\mathrm{e}^{-\mathrm{i}\omega x}\mathrm{d}x=\int_{0}^{+\infty}\mathrm{e}^{-\beta x}\mathrm{e}^{-\mathrm{i}\omega x}\mathrm{d}x\\&=\int_{0}^{+\infty}\mathrm{e}^{-(\beta+\mathrm{i}\omega)x}\mathrm{d}x=\frac{1}{\beta+\mathrm{i}\omega}=\frac{\beta-\mathrm{i}\omega}{\beta^2+\omega^2}.\end{aligned}$$

例 2　求矩形脉冲函数$f(x)=\begin{cases}1, & |x|<\delta,\\ 0, & |x|\geqslant\delta\end{cases}$$(\delta>0)$的傅里叶变换并作出频谱图.

解　由式(4-2)得

$$\begin{aligned}F(\omega)&=\int_{-\infty}^{+\infty}f(x)\mathrm{e}^{-\mathrm{i}\omega x}\mathrm{d}x=\int_{-\delta}^{\delta}\mathrm{e}^{-\mathrm{i}\omega x}\mathrm{d}x=\frac{1}{-\mathrm{i}\omega}\mathrm{e}^{-\mathrm{i}\omega x}\Big|_{-\delta}^{\delta}\\&=-\frac{1}{\mathrm{i}\omega}(\mathrm{e}^{-\mathrm{i}\omega\delta}-\mathrm{e}^{\mathrm{i}\omega\delta})=2\frac{\sin\delta\omega}{\omega}=2\delta\frac{\sin\delta\omega}{\delta\omega}.\end{aligned}$$

振幅频谱为

$$|F(\omega)|=2\delta\left|\frac{\sin\delta\omega}{\delta\omega}\right|.$$

相角频谱为

$$\arg F(\omega)=\begin{cases}0, & \dfrac{2n\pi}{\delta}\leqslant|\omega|\leqslant\dfrac{(2n+1)\pi}{\delta},\\ \pi, & \dfrac{(2n+1)\pi}{\delta}<|\omega|<\dfrac{(2n+2)\pi}{\delta}\end{cases}\quad(n=0,1,2,\cdots).$$

矩形脉冲函数 $f(x)$ 的图形及其频谱图如图 4-1 所示.

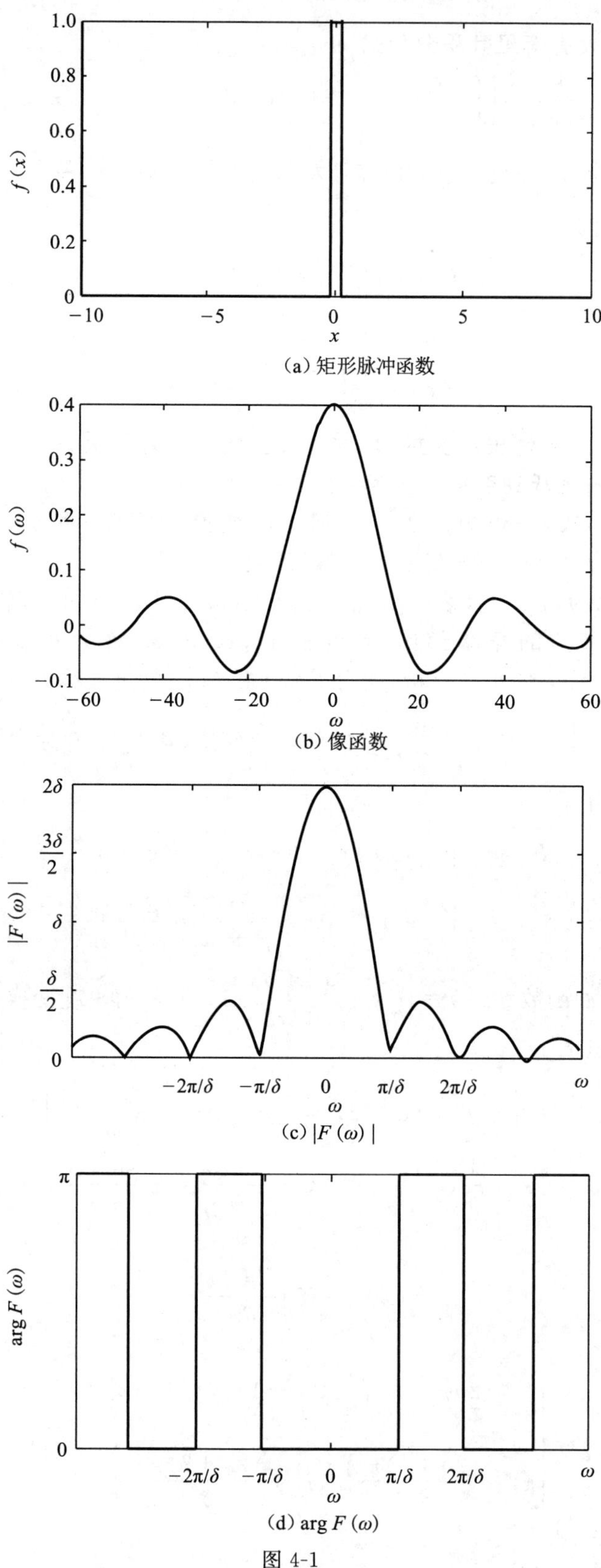

(a) 矩形脉冲函数

(b) 像函数

(c) $|F(\omega)|$

(d) $\arg F(\omega)$

图 4-1

注　根据以上所述，如果函数 $f(x)$ 满足使傅里叶积分公式成立的条件，则 $f(x)$ 的傅里叶变换存在，且此变换的逆变换等于 $f(x)$. 后面将傅里叶积分公式成立的条件称为函数满足傅里叶变换存在的条件.

4.1.2　傅里叶变换的性质

傅里叶变换具有一系列性质，掌握这些性质对于理解傅里叶变换理论及在实际中熟练运用傅里叶变换都是十分重要的. 为了叙述方便，这里假定凡是需要进行傅里叶变换的函数都满足傅里叶变换存在的条件. 下面只介绍傅里叶变换的几个主要性质.

傅里叶变换的性质

1）线性性质

设 $\mathscr{F}[f_1(x)]=F_1(\omega)$，$\mathscr{F}[f_2(x)]=F_2(\omega)$，$\alpha,\beta$ 为常数（实数或复数），则

$$\mathscr{F}[\alpha f_1(x)+\beta f_2(x)]=\alpha\mathscr{F}[f_1(x)]+\beta\mathscr{F}[f_2(x)]=\alpha F_1(\omega)+\beta F_2(\omega).$$

同样，傅里叶逆变换也具有类似的线性性质，即

$$\mathscr{F}^{-1}[\alpha F_1(\omega)+\beta F_2(\omega)]=\alpha\mathscr{F}^{-1}[F_1(\omega)]+\beta\mathscr{F}^{-1}[F_2(\omega)]=\alpha f_1(x)+\beta f_2(x).$$

2）位移性质

设 $\mathscr{F}[f(x)]=F(\omega)$，$a$ 为任意实常数，则

$$\mathscr{F}[f(x-a)]=\mathrm{e}^{-\mathrm{i}\omega a}F(\omega),\tag{4-4}$$

$$\mathscr{F}^{-1}[F(\omega-a)]=\mathrm{e}^{\mathrm{i}ax}f(x).\tag{4-5}$$

证　由定义，有

$$\mathscr{F}[f(x-a)]=\int_{-\infty}^{+\infty}f(x-a)\,\mathrm{e}^{-\mathrm{i}\omega x}\,\mathrm{d}x.$$

作变量代换 $u=x-a$，得

$$\mathscr{F}[f(x-a)]=\int_{-\infty}^{+\infty}f(u)\,\mathrm{e}^{-\mathrm{i}\omega(u+a)}\,\mathrm{d}u=\mathrm{e}^{-\mathrm{i}\omega a}\int_{-\infty}^{+\infty}f(u)\,\mathrm{e}^{-\mathrm{i}\omega u}\,\mathrm{d}u=\mathrm{e}^{-\mathrm{i}\omega a}F(\omega).$$

类似地，可以证明式(4-5)成立.

式(4-4)也称为傅里叶变换的时移性质，具有明确的物理意义. 该性质说明，当一个信号沿时间轴平移后，它的各频率成分的大小不发生改变，仅相位发生变化. 式(4-5)也称为频移性质，它表明频谱函数 $F(\omega)$ 沿 ω 轴向右或向左平移 a 的傅里叶逆变换等于原函数 $f(x)$ 乘以因子 $\mathrm{e}^{\mathrm{i}ax}$ 或 $\mathrm{e}^{-\mathrm{i}ax}$.

3）微分性质

设 $f(x)$ 在 $(-\infty,+\infty)$ 上连续或只有有限个可去间断点，并且当 $|x|\to+\infty$ 时，$f(x)\to0$，则

$$\mathscr{F}[f'(x)]=\mathrm{i}\omega\mathscr{F}[f(x)].\tag{4-6}$$

证　由傅里叶变换的定义，并利用分部积分法，有

$$\begin{aligned}\mathscr{F}[f'(x)]&=\int_{-\infty}^{+\infty}f'(x)\,\mathrm{e}^{-\mathrm{i}\omega x}\,\mathrm{d}x\\&=f(x)\,\mathrm{e}^{-\mathrm{i}\omega x}\Big|_{-\infty}^{+\infty}+\mathrm{i}\omega\int_{-\infty}^{+\infty}f(x)\,\mathrm{e}^{-\mathrm{i}\omega x}\,\mathrm{d}x=\mathrm{i}\omega\mathscr{F}[f(x)].\end{aligned}$$

推论　若 $f^{(k)}(x)\,(k=0,1,2,\cdots,n-1)$ 在 $(-\infty,+\infty)$ 上连续或只有有限个可去间断

点,并且当$|x|\to+\infty$时,$f^{(k)}(x)\to 0(k=0,1,2,\cdots,n-1)$,则

$$\mathscr{F}[f^{(n)}(x)]=(\mathrm{i}\omega)^n\mathscr{F}[f(x)]. \tag{4-7}$$

4)积分性质

设$g(x)=\int_{-\infty}^{x}f(x)\,\mathrm{d}x$,若$\lim\limits_{x\to+\infty}g(x)=0$,则

$$\mathscr{F}[g(x)]=\frac{1}{\mathrm{i}\omega}\mathscr{F}[f(x)]. \tag{4-8}$$

证 因为$g'(x)=f(x)$,根据微分性质

$$\mathscr{F}[f(x)]=\mathscr{F}[g'(x)]=\mathrm{i}\omega\mathscr{F}[g(x)],$$

所以

$$\mathscr{F}[g(x)]=\frac{1}{\mathrm{i}\omega}\mathscr{F}[f(x)].$$

例 3 求解微积分方程

$$ax'(t)+bx(t)+c\int_{-\infty}^{t}x(\tau)\,\mathrm{d}\tau=f(t),$$

其中a,b,c为常数,$-\infty<t<+\infty$且$\int_{-\infty}^{+\infty}x(\tau)\,\mathrm{d}\tau=0$.

解 设$X(\omega)=\mathscr{F}[x(t)]$,$F(\omega)=\mathscr{F}[f(t)]$,对上述方程等号两端取傅里叶变换,且由傅里叶变换的线性性质,得

$$a\mathscr{F}[x'(t)]+b\mathscr{F}[x(t)]+c\mathscr{F}\left[\int_{-\infty}^{t}x(\tau)\,\mathrm{d}\tau\right]=F(\omega).$$

再由傅里叶变换的微分性质和积分性质,得

$$a\mathrm{i}\omega X(\omega)+bX(\omega)+\frac{c}{\mathrm{i}\omega}X(\omega)=F(\omega),$$

解得

$$X(\omega)=\frac{F(\omega)}{b+\mathrm{i}\left(a\omega-\dfrac{c}{\omega}\right)}.$$

对上式取傅里叶逆变换,得

$$x(t)=\frac{1}{2\pi}\int_{-\infty}^{+\infty}X(\omega)\,\mathrm{e}^{\mathrm{i}\omega t}\,\mathrm{d}\omega.$$

5)卷积性质

下面介绍卷积性质,在讲这个性质之前先介绍什么叫卷积.

定义 设$f_1(x)$和$f_2(x)$都满足傅里叶积分变换存在的条件,则由积分

$$\int_{-\infty}^{+\infty}f_1(\xi)f_2(x-\xi)\,\mathrm{d}\xi$$

所确定的函数称为$f_1(x)$与$f_2(x)$的**卷积**,记作f_1*f_2,即

$$f_1(x)*f_2(x)=\int_{-\infty}^{+\infty}f_1(\xi)f_2(x-\xi)\,\mathrm{d}\xi. \tag{4-9}$$

根据卷积的定义,容易验证卷积满足交换律、结合律、分配律.

例 4 求下列函数的卷积.

$$f_1(t)=\begin{cases}0, & t<0,\\ 1, & t\geqslant 0;\end{cases}\quad f_2(t)=\begin{cases}0, & t<0,\\ e^{-t}, & t\geqslant 0.\end{cases}$$

解 由卷积的定义，$f_1(t)*f_2(t)=\int_{-\infty}^{+\infty}f_1(\tau)f_2(t-\tau)\,d\tau$.

由 $f_1(t)$，$f_2(t)$ 的定义式可知，$f_1(\tau)f_2(t-\tau)\neq 0$ 的区间为 $\tau\geqslant 0$ 且 $\tau\leqslant t$. 于是，当 $t\geqslant 0$ 时，

$$\begin{aligned}f_1(t)*f_2(t)&=\int_{-\infty}^{+\infty}f_1(\tau)f_2(t-\tau)\,d\tau=\int_0^t f_1(\tau)f_2(t-\tau)\,d\tau\\&=\int_0^t 1\cdot e^{-(t-\tau)}\,d\tau=1-e^{-t}.\end{aligned}$$

当 $t<0$ 时，由于 $f_1(\tau)f_2(t-\tau)=0$，故

$$f_1(t)*f_2(t)=0.$$

综上，得

$$f_1(t)*f_2(t)=\begin{cases}0, & t<0,\\ 1-e^{-t}, & t\geqslant 0.\end{cases}$$

定理(卷积定理) 设 $f_1(x)$ 和 $f_2(x)$ 都满足傅里叶积分变换存在的条件，且设 $\mathscr{F}[f_1(x)]=F_1(\omega)$，$\mathscr{F}[f_2(x)]=F_2(\omega)$，则

$$\mathscr{F}[f_1(x)*f_2(x)]=F_1(\omega)\cdot F_2(\omega) \tag{4-10}$$

或

$$\mathscr{F}^{-1}[F_1(\omega)\cdot F_2(\omega)]=f_1(x)*f_2(x). \tag{4-11}$$

证

$$\begin{aligned}\mathscr{F}[f_1(x)*f_2(x)]&=\int_{-\infty}^{+\infty}\left[\int_{-\infty}^{+\infty}f_1(\xi)f_2(x-\xi)\,d\xi\right]e^{-i\omega x}\,dx\\&=\int_{-\infty}^{+\infty}\int_{-\infty}^{+\infty}f_1(\xi)e^{-i\omega\xi}f_2(x-\xi)e^{-i\omega(x-\xi)}\,d\xi\,dx\\&=\int_{-\infty}^{+\infty}f_1(\xi)e^{-i\omega\xi}\,d\xi\int_{-\infty}^{+\infty}f_2(x-\xi)e^{-i\omega(x-\xi)}\,dx\\&=\mathscr{F}[f_1(x)]\cdot\mathscr{F}[f_2(x)]=F_1(\omega)\cdot F_2(\omega).\end{aligned}$$

卷积定理将函数的卷积运算与乘积运算联系起来，这一方面提供了卷积运算的简便方法，另一方面也使卷积在线性系统分析中有了十分重要的作用.

一元函数的傅里叶变换（或称为一维傅里叶变换）可以推广到多元函数，记 $\boldsymbol{x}=(x_1,x_2,\cdots,x_n)\in\mathbf{R}^n$，$f(\boldsymbol{x})$ 是 $\mathbf{R}^n$ 上分片光滑且绝对可积的函数，则 $f(\boldsymbol{x})$ 的傅里叶变换为

$$F(\boldsymbol{\omega})=\int_{\mathbf{R}^n}f(\boldsymbol{x})e^{-i\boldsymbol{\omega}\cdot\boldsymbol{x}}\,d\boldsymbol{x}, \tag{4-12}$$

其中 $\boldsymbol{\omega}=(\omega_1,\omega_2,\cdots,\omega_n)\in\mathbf{R}^n$，$\boldsymbol{\omega}\cdot\boldsymbol{x}=\sum\limits_{i=1}^{n}x_i\omega_i$.

$F(\boldsymbol{\omega})$ 的傅里叶逆变换为

$$\mathscr{F}^{-1}[F(\boldsymbol{\omega})]=\frac{1}{(2\pi)^n}\int_{\mathbf{R}^n}F(\boldsymbol{\omega})e^{i\boldsymbol{\omega}\cdot\boldsymbol{x}}\,d\boldsymbol{\omega}. \tag{4-13}$$

一维傅里叶变换的所有性质对多维情形都成立.

4.1.3 δ 函数及其傅里叶变换

前面定义的傅里叶变换要求被变换函数满足在整个实轴上绝对可积这个条件，那么对

一些很简单、很常用的函数，如单位阶跃函数，正、余弦函数等都无法确定其傅里叶变换. 这无疑限制了傅里叶变换的应用，所以引入广义傅里叶变换的概念，即 δ 函数及其傅里叶变换.

δ函数及其傅里叶变换

1) δ 函数的引入和定义

首先来看 δ 函数的引入. 设在 x 轴上有一细长的金属线，则在任一点 x 处该金属线的密度为 $\rho(x)=\lim\limits_{\mathrm{d}x\to 0}\dfrac{\mathrm{d}m}{\mathrm{d}x}$. 若金属线的总质量为 1，且质量集中在 $x=0$ 处，显然此时

$$\begin{cases}\rho(x)=0, & x\neq 0,\\ \rho(x)=+\infty, & x=0,\\ \int_{-\infty}^{+\infty}\rho(x)\,\mathrm{d}x=1.\end{cases}$$

满足以上关系式的量在物理学上有不少，如点电荷、点热源等. 在工程上，定义满足以上关系式的函数为 δ 函数，即

$$\begin{cases}\delta(x)=\begin{cases}0, & x\neq 0,\\ +\infty, & x=0,\end{cases}\\ \int_{-\infty}^{+\infty}\delta(x)\,\mathrm{d}x=1.\end{cases} \tag{4-14}$$

更一般地，有

$$\begin{cases}\delta(x-x_0)=\begin{cases}0, & x\neq x_0,\\ +\infty, & x=x_0,\end{cases}\\ \int_{-\infty}^{+\infty}\delta(x-x_0)\,\mathrm{d}x=1.\end{cases} \tag{4-15}$$

所以，δ 函数是一密度函数，由此定义不难看出：

(1) 若在 $x=a$ 处有一质量为 m 的质点，则 x 轴上任一点 x 的质量密度为 $\rho(x)=m\delta(x-a)$.

(2) δ 函数不是一个普通意义下的函数，它是一个广义函数. 所谓不是普通意义下的函数是指，它不是通过“值的对应关系”来定义的，它也没有普通意义下的“函数值”. 要讲清 δ 函数在数学上的定义，需要用到泛函分析的知识，下面给出一个既简单又相对严格的定义. 首先介绍“弱收敛”的概念.

设 $\{f_n(x)\}$ $(n=0,1,2,\cdots)$ 是区间 $[a,b]$（可能是无限的）上的一个函数列，如果存在函数 $f(x)$，使得对于任意一个在 $[a,b]$ 上连续的函数 $\varphi(x)$ 都有

$$\lim_{n\to+\infty}\int_a^b f_n(x)\varphi(x)\,\mathrm{d}x=\int_a^b f(x)\varphi(x)\,\mathrm{d}x, \tag{4-16}$$

则称 $\{f_n(x)\}$ 在 $[a,b]$ 上**弱收敛**于 $f(x)$，满足式(4-16)的函数 $f(x)$ 称为 $\{f_n(x)\}$ 的**弱极限**.

然后考虑一个矩形脉冲序列

$$\delta_n(x)=\begin{cases}0, & x<0,\\ n, & 0\leqslant x\leqslant\dfrac{1}{n},\\ 0, & x>\dfrac{1}{n},\end{cases} \tag{4-17}$$

它的图形如图 4-2 所示. 将$\{\delta_n(x)\}(n=1,2,3,\cdots)$在$(-\infty,+\infty)$内的弱极限称为 **δ 函数**, 记作 $\delta(x)$, 即

$$\int_{-\infty}^{+\infty}\delta(x)\varphi(x)\,\mathrm{d}x=\lim_{n\to+\infty}\int_{-\infty}^{+\infty}\delta_n(x)\varphi(x)\,\mathrm{d}x,\tag{4-18}$$

其中 $\varphi(x)$ 是$(-\infty,+\infty)$内的任意连续函数.

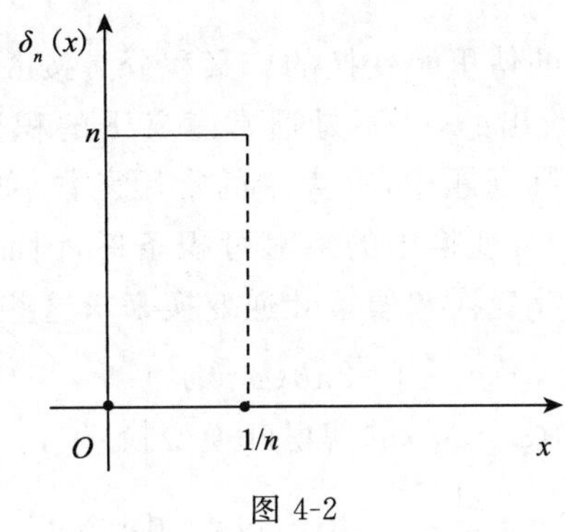

图 4-2

2) δ 函数的性质

(1) 积分性质.

$$\int_{-\infty}^{+\infty}\delta(x)\,\mathrm{d}x=1.\tag{4-19}$$

证　$$\int_{-\infty}^{+\infty}\delta(x)\,\mathrm{d}x=\lim_{n\to+\infty}\int_{-\infty}^{+\infty}\delta_n(x)\,\mathrm{d}x=\lim_{n\to+\infty}\int_0^{\frac{1}{n}}n\,\mathrm{d}x=n\cdot\frac{1}{n}=1.$$

(2) 筛选性质.

对于任意一个定义在$(-\infty,+\infty)$上的连续函数 $f(x)$, 有

$$\int_{-\infty}^{+\infty}\delta(x)f(x)\,\mathrm{d}x=f(0).\tag{4-20}$$

证
$$\begin{aligned}\int_{-\infty}^{+\infty}\delta(x)f(x)\,\mathrm{d}x&=\lim_{n\to+\infty}\int_{-\infty}^{+\infty}\delta_n(x)f(x)\,\mathrm{d}x\\&=\lim_{n\to+\infty}\int_0^{\frac{1}{n}}nf(x)\,\mathrm{d}x=\lim_{n\to+\infty}n\int_0^{\frac{1}{n}}f(x)\,\mathrm{d}x\\&=\lim_{n\to+\infty}n\cdot f\left(\theta_n\frac{1}{n}\right)\cdot\frac{1}{n}=f(0),\end{aligned}$$

其中 $0<\theta_n<1$.

实际上, 关于筛选性质, 更一般的表达式为

$$\int_{-\infty}^{+\infty}\delta(x-x_0)f(x)\,\mathrm{d}x=f(x_0).\tag{4-21}$$

证　$$\int_{-\infty}^{+\infty}\delta(x-x_0)f(x)\,\mathrm{d}x=\int_{-\infty}^{+\infty}\delta(x)f(x+x_0)\,\mathrm{d}x=f(x_0).$$

(3) δ 函数为偶函数, 即

$$\delta(-x)=\delta(x).\tag{4-22}$$

3) δ 函数的傅里叶变换

根据 δ 函数的筛选性质, 可以求出其傅里叶变换:

$$F(\omega)=\mathscr{F}[\delta(x)]=\int_{-\infty}^{+\infty}\delta(x)\mathrm{e}^{-\mathrm{i}\omega x}\mathrm{d}x=\mathrm{e}^{-\mathrm{i}\omega x}\big|_{x=0}=1.$$

由此可见,$\delta(x)$与常数 1 构成一个傅里叶变换对.

同理,$\delta(x-x_0)$与 $\mathrm{e}^{-\mathrm{i}\omega x_0}$ 也构成一个傅里叶变换对. 事实上,

$$\mathscr{F}[\delta(x-x_0)]=\int_{-\infty}^{+\infty}\delta(x-x_0)\mathrm{e}^{-\mathrm{i}\omega x}\mathrm{d}x=\mathrm{e}^{-\mathrm{i}\omega x}\big|_{x=x_0}=\mathrm{e}^{-\mathrm{i}\omega x_0}.$$

需要指出的是,这里 $\delta(x)$的傅里叶变换的广义积分是按 δ 函数的定义式(4-18)和筛选性质公式(4-20)及公式(4-21)给出的,并不是通常意义下的积分值,故称 $\delta(x)$的傅里叶变换为广义的傅里叶变换. 在实际问题中,有大量的常用函数,如单位阶跃函数以及正弦、余弦函数等,由于不满足傅里叶积分变换中的绝对可积条件,因而不能求正常的傅里叶变换,此时可以利用 δ 函数及其傅里叶变换和傅里叶逆变换来求这些函数的广义傅里叶变换.

例 5 证明 $\mathscr{F}[1]=2\pi\delta(\omega)$,$\mathscr{F}[\mathrm{e}^{\mathrm{i}\omega_0 x}]=2\pi\delta(\omega-\omega_0)$.

证 先计算 $2\pi\delta(\omega)$和 $2\pi\delta(\omega-\omega_0)$的傅里叶逆变换:

$$\mathscr{F}^{-1}[2\pi\delta(\omega)]=\frac{1}{2\pi}\int_{-\infty}^{+\infty}2\pi\delta(\omega)\mathrm{e}^{\mathrm{i}\omega x}\mathrm{d}\omega=\mathrm{e}^{\mathrm{i}\omega x}\big|_{\omega=0}=1,$$

$$\mathscr{F}^{-1}[2\pi\delta(\omega-\omega_0)]=\frac{1}{2\pi}\int_{-\infty}^{+\infty}2\pi\delta(\omega-\omega_0)\mathrm{e}^{\mathrm{i}\omega x}\mathrm{d}\omega=\mathrm{e}^{\mathrm{i}\omega x}\big|_{\omega=\omega_0}=\mathrm{e}^{\mathrm{i}\omega_0 x}.$$

由此可得

$$\mathscr{F}[1]=2\pi\delta(\omega),\quad \mathscr{F}[\mathrm{e}^{\mathrm{i}\omega_0 x}]=2\pi\delta(\omega-\omega_0).$$

例 6 求函数 $f(x)=\sin ax$ 的(广义)傅里叶变换.

解 由欧拉公式

$$\sin ax=\frac{\mathrm{e}^{\mathrm{i}ax}-\mathrm{e}^{-\mathrm{i}ax}}{2\mathrm{i}}$$

可得

$$\begin{aligned}\mathscr{F}[\sin ax]&=\frac{1}{2\mathrm{i}}\{\mathscr{F}[\mathrm{e}^{\mathrm{i}ax}]-\mathscr{F}[\mathrm{e}^{-\mathrm{i}ax}]\}\\&=\frac{1}{2\mathrm{i}}[2\pi\delta(\omega-a)-2\pi\delta(\omega+a)]\\&=\mathrm{i}\pi[\delta(\omega+a)-\delta(\omega-a)].\end{aligned}$$

4.2 拉普拉斯变换

前面介绍的傅里叶变换在许多实际应用领域发挥着重要的作用,但是有两方面的因素使傅里叶变换的实际应用受到限制:其一是傅里叶变换要求函数在$(-\infty,+\infty)$上有意义,而实际中通常用定义在$[0,+\infty)$上以时间 t 为变量的函数,像这样的函数无法取傅里叶变换;二是傅里叶变换要求函数在$(-\infty,+\infty)$上绝对可积,一些常用函数(如多项式函数、三角函数)都不满足此条件. 为此,不得不对这些函数引入广义的傅里叶变换,而广义的傅里叶变换无论从理论上还是从应用上都有许多不便之处. 为此,引入拉普拉斯变换,它对函数的要求相对傅里叶变换而言弱得多.

4.2.1　拉普拉斯变换的定义

拉普拉斯变换是在傅里叶变换的基础上引入的. 对于一个任意函数 $\varphi(t)$,对其进行适当改造后取傅里叶变换. 首先,用单位阶跃函数 $u(t)$ 乘以 $\varphi(t)$,从而使积分区间由 $(-\infty,+\infty)$ 变为 $[0,+\infty)$;其次,将变换后的函数 $\varphi(t)u(t)$ 乘以指数衰减函数 $e^{-\beta t}$ $(\beta>0)$,以保证积分的绝对可积性;最后,对改造后的函数 $\varphi(t)u(t)e^{-\beta t}$ 取傅里叶变换

$$\int_{-\infty}^{+\infty}\varphi(t)u(t)e^{-\beta t}e^{-i\omega t}dt=\int_0^{+\infty}f(t)e^{-pt}dt,$$

其中 $p=\beta+i\omega$, $f(t)=\varphi(t)u(t)$.

当上述积分收敛时,结果显然应是 p 的函数,于是记

$$F(p)=\int_0^{+\infty}f(t)e^{-pt}dt,$$

这实际上是得到了函数 $f(t)$ 的一种新的变换——拉普拉斯变换.

定义　设函数 $f(t)$ 在 $[0,+\infty)$ 上有定义,且对于复数 $p=\beta+i\omega$,积分

$$\int_0^{+\infty}f(t)e^{-pt}dt$$

在 p 的某一域内收敛,则此积分所确定的函数

$$F(p)=\int_0^{+\infty}f(t)e^{-pt}dt \tag{4-23}$$

称为函数 $f(t)$ 的**拉普拉斯变换**(简称**拉氏变换**). 记为

$$F(p)=\mathscr{L}[f(t)].$$

相应地,称 $f(t)$ 为 $F(p)$ 的**拉普拉斯逆变换**(简称**拉氏逆变换**),记为

$$f(t)=\mathscr{L}^{-1}[F(p)].$$

也分别称 $f(t)$ 和 $F(p)$ 为拉普拉斯变换的**像原函数**和**像函数**.

例 1　求单位阶跃函数 $u(t)=\begin{cases}0, & t<0,\\ 1, & t>0\end{cases}$ 的拉普拉斯变换.

解　根据拉普拉斯变换的定义式,有

$$\mathscr{L}[u(t)]=\int_0^{+\infty}u(t)e^{-pt}dt=\int_0^{+\infty}e^{-pt}dt.$$

等号右端积分在 $\mathrm{Re}\,p>0$ 时收敛,且有

$$\int_0^{+\infty}e^{-pt}dt=-\frac{1}{p}e^{-pt}\Big|_0^{+\infty}=\frac{1}{p}.$$

所以

$$\mathscr{L}[u(t)]=\frac{1}{p}\quad(\mathrm{Re}\,p>0).$$

例 2　求函数 $f(t)=e^{kt}$ 的拉普拉斯变换,其中 k 为实数.

解　由式(4-23)得

$$\mathscr{L}[e^{kt}]=\int_0^{+\infty}e^{kt}e^{-pt}dt=\int_0^{+\infty}e^{-(p-k)t}dt.$$

等号右端积分在 $\mathrm{Re}\,p>k$ 内是收敛的,且

$$\int_0^{+\infty} e^{-(p-k)t}dt = \frac{1}{p-k}.$$

所以

$$\mathscr{L}[e^{kt}] = \frac{1}{p-k} \quad (\mathrm{Re}\, p > k).$$

从上面的例题可以看出，拉普拉斯变换存在的条件要比傅里叶变换存在的条件弱得多，那么一个函数具备什么条件，它的拉普拉斯变换才存在呢？当拉普拉斯变换 $F(p)$ 存在时，$F(p)$ 又具有哪些性质？下面的拉普拉斯变换的存在定理给出了这些问题的答案.

定理 1 设函数 $f(t)$ 在 $[0,+\infty)$ 上有意义，且满足

(1) 在 $[0,+\infty)$ 的任一有限区间上分段连续；

(2) 当 $t\to+\infty$ 时，$f(t)$ 的增长速度不超过某一个指数函数，即存在常数 $M>0$ 及 $c\geqslant 0$，使得

$$|f(t)| \leqslant M e^{ct} \quad (0\leqslant t<+\infty)$$

成立[c 称为 $f(t)$ 的增长指数].

则 $f(t)$ 的拉普拉斯变换 $F(p)=\int_0^{+\infty} f(t)e^{-pt}dt$ 在半平面 $\mathrm{Re}\, p>c$ 上一定存在，并且是解析的.

4.2.2 拉普拉斯变换的性质

本节简单介绍一下拉普拉斯变换的基本性质，这里只介绍线性性质、位移性质、延迟性质、微分性质、积分性质和卷积性质. 此节假定要求拉普拉斯变换的函数都满足拉普拉斯变换存在定理中的条件，并将增长指数统一取为 c.

拉普拉斯变换的性质

1）线性性质

设 $\mathscr{L}[f_1(t)]=F_1(p)$，$\mathscr{L}[f_2(t)]=F_2(p)$，$\alpha,\beta$ 为常数，则有

$$\mathscr{L}[\alpha f_1(t)+\beta f_2(t)]=\alpha\mathscr{L}[f_1(t)]+\beta\mathscr{L}[f_2(t)]=\alpha F_1(p)+\beta F_2(p),$$

$$\mathscr{L}^{-1}[\alpha F_1(p)+\beta F_2(p)]=\alpha\mathscr{L}^{-1}[F_1(p)]+\beta\mathscr{L}^{-1}[F_2(p)]=\alpha f_1(t)+\beta f_2(t).$$

例 3 利用 e^{kt} 的拉普拉斯变换求 $f(t)=\cos kt$ 的拉普拉斯变换，其中 k 为实数.

解 由欧拉公式得

$$\cos kt = \frac{e^{ikt}+e^{-ikt}}{2}.$$

利用拉普拉斯变换的线性性质，得

$$\begin{aligned}\mathscr{L}[\cos kt] &= \mathscr{L}\left[\frac{e^{ikt}+e^{-ikt}}{2}\right] = \frac{1}{2}\mathscr{L}[e^{ikt}]+\frac{1}{2}\mathscr{L}[e^{-ikt}] \\ &= \frac{1}{2}\frac{1}{p-ik}+\frac{1}{2}\frac{1}{p+ik} = \frac{p}{p^2+k^2}.\end{aligned}$$

2）位移性质

设 $\mathscr{L}[f(t)]=F(p)$，则有

$$\mathscr{L}[e^{at}f(t)]=F(p-a) \quad [\mathrm{Re}(p-a)>c]. \tag{4-24}$$

证 $\mathscr{L}[\mathrm{e}^{at}f(t)]=\int_0^{+\infty}\mathrm{e}^{at}f(t)\mathrm{e}^{-pt}\mathrm{d}t$

$$=\int_0^{+\infty}f(t)\mathrm{e}^{-(p-a)t}\mathrm{d}t=F(p-a)\quad[\mathrm{Re}(p-a)>c].$$

例 4　求函数 $f(t)=\mathrm{e}^{-at}\cos kt$ 的拉普拉斯变换.

解　已知 $\mathscr{L}[\cos kt]=\dfrac{p}{p^2+k^2}$，由位移性质得

$$\mathscr{L}[\mathrm{e}^{-at}\cos kt]=\frac{p+a}{(p+a)^2+k^2}.$$

3）延迟性质

若 $\mathscr{L}[f(t)]=F(p)$，又 $t<0$ 时，$f(t)=0$，则对任一非负实数 t_0，有

$$\mathscr{L}[f(t-t_0)]=\mathrm{e}^{-t_0p}F(p)$$

或

$$\mathscr{L}^{-1}[\mathrm{e}^{-t_0p}F(p)]=f(t-t_0).$$

证 $\mathscr{L}[f(t-t_0)]=\int_0^{+\infty}f(t-t_0)\mathrm{e}^{-pt}\mathrm{d}t$

$$=\int_0^{t_0}f(t-t_0)\mathrm{e}^{-pt}\mathrm{d}t+\int_{t_0}^{+\infty}f(t-t_0)\mathrm{e}^{-pt}\mathrm{d}t$$

$$=\int_{-t_0}^{0}f(u)\mathrm{e}^{-p(u+t_0)}\mathrm{d}u+\int_0^{+\infty}f(u)\mathrm{e}^{-p(u+t_0)}\mathrm{d}u.$$

由条件可知，当 $u<0$ 时，$f(u)=0$，所以上式等号右端的第 1 个积分为零，第 2 个积分

$$\int_0^{+\infty}f(u)\mathrm{e}^{-p(u+t_0)}\mathrm{d}u=\mathrm{e}^{-t_0p}\int_0^{+\infty}f(u)\mathrm{e}^{-pu}\mathrm{d}u=\mathrm{e}^{-t_0p}F(p).$$

于是

$$\mathscr{L}[f(t-t_0)]=\mathrm{e}^{-t_0p}F(p).$$

从图形上来看，函数 $f(t-t_0)$ 的图形是由 $f(t)$ 的图形沿 t 轴向右平移距离 t_0 得到的. 当 t 为时间变量时，信号 $f(t-t_0)$ 是由信号 $f(t)$ 延迟时间 t_0 得到的，所以该性质称为延迟性质.

需要强调的是本性质对 $f(t)$ 的要求，即当 $t<0$ 时，$f(t)=0$. 此时函数 $f(t-t_0)$ 在 $t<t_0$ 时为零，故 $f(t-t_0)$ 的拉普拉斯变换实际上是 $f(t-t_0)u(t-t_0)$ 的拉普拉斯变换，因此延迟性质更准确的写法应是

$$\mathscr{L}[f(t-t_0)u(t-t_0)]=\mathrm{e}^{-t_0p}F(p). \tag{4-25}$$

相应地，有

$$\mathscr{L}^{-1}[\mathrm{e}^{-t_0p}F(p)]=f(t-t_0)u(t-t_0). \tag{4-26}$$

例 5　求 $\mathscr{L}^{-1}\left[\dfrac{p}{p^2+1}\mathrm{e}^{-2p}\right]$.

解　因为 $\mathscr{L}^{-1}\left[\dfrac{p}{p^2+1}\right]=\cos t$，由延迟性质得

$$\mathscr{L}^{-1}\left[\frac{p}{p^2+1}\mathrm{e}^{-2p}\right]=\cos(t-2)u(t-2)=\begin{cases}\cos(t-2), & t>2,\\ 0, & t<2.\end{cases}$$

4）微分性质

设 $f(t)$ 存在一阶导数 $f'(t)$，且 $f(t)$ 和 $f'(t)$ 都满足拉普拉斯变换存在的条件，则

$$\mathscr{L}[f'(t)]=p\mathscr{L}[f(t)]-f(0) \quad (\mathrm{Re}\ p>c). \tag{4-27}$$

这个性质表明，函数的微分运算对应于其拉普拉斯变换的代数运算.

证 利用分部积分，得

$$\mathscr{L}[f'(t)]=\int_0^{+\infty} f'(t)\,\mathrm{e}^{-pt}\,\mathrm{d}t=f(t)\,\mathrm{e}^{-pt}\Big|_0^{+\infty}+p\int_0^{+\infty} f(t)\,\mathrm{e}^{-pt}\,\mathrm{d}t.$$

当 $\mathrm{Re}\ p>c$ 时，上式等号右端的第 1 项为 $-f(0)$，故

$$\mathscr{L}[f'(t)]=p\mathscr{L}[f(t)]-f(0).$$

推论 若 $f(t)$ 存在 n 阶导数($n\geqslant1$)，且 $f(t),f'(t),f''(t),\cdots,f^{(n)}(t)$ 都满足拉普拉斯变换存在的条件，则

$$\mathscr{L}[f^{(n)}(t)]=p^nF(p)-p^{n-1}f(0)-p^{n-2}f'(0)-\cdots-f^{(n-1)}(0), \tag{4-28}$$

其中 $F(p)=\mathscr{L}[f(t)]$. 特别地，若 $f(0)=f'(0)=\cdots=f^{(n-1)}(0)=0$，则

$$\mathscr{L}[f^{(n)}(t)]=p^nF(p) \quad (\mathrm{Re}\ p>c).$$

例 6 利用 $\cos kt$ 的拉普拉斯变换求 $\sin kt$ 的拉普拉斯变换.

解 已知 $\mathscr{L}[\cos kt]=\dfrac{p}{p^2+k^2}$，而 $\sin kt=-\dfrac{1}{k}(\cos kt)'$，故

$$\mathscr{L}[\sin kt]=\mathscr{L}\left[-\frac{1}{k}(\cos kt)'\right]=-\frac{1}{k}\mathscr{L}[(\cos kt)'].$$

由微分性质得

$$\mathscr{L}[\sin kt]=-\frac{1}{k}\{p\mathscr{L}[\cos kt]-\cos 0\}=\frac{k}{p^2+k^2}.$$

5）积分性质

若 $\mathscr{L}[f(t)]=F(p)$，则

$$\mathscr{L}\left[\int_0^t f(t)\,\mathrm{d}t\right]=\frac{1}{p}F(p). \tag{4-29}$$

证 记 $h(t)=\int_0^t f(t)\,\mathrm{d}t$，则有

$$h(0)=0, \quad h'(t)=f(t).$$

由微分性质，有

$$\mathscr{L}[h'(t)]=p\mathscr{L}[h(t)]-h(0)=p\mathscr{L}[h(t)],$$

即

$$\mathscr{L}\left[\int_0^t f(t)\,\mathrm{d}t\right]=\frac{1}{p}\mathscr{L}[f(t)]=\frac{1}{p}F(p).$$

6）卷积性质

设 $f_1(t),f_2(t)$ 都满足拉普拉斯变换存在的条件，且当 $t<0$ 时，$f_1(t)=f_2(t)=0$，则 $f_1(t)$ 与 $f_2(t)$ 的卷积

$$f_1(t)*f_2(t)=\int_0^t f_1(\tau)f_2(t-\tau)\,\mathrm{d}\tau \tag{4-30}$$

也存在拉普拉斯变换，且

$$\mathscr{L}[f_1(t)*f_2(t)]=\mathscr{L}[f_1(t)]\cdot\mathscr{L}[f_2(t)]. \tag{4-31}$$

假设 $\mathscr{L}[f_1(t)]=F_1(p)$，$\mathscr{L}[f_2(t)]=F_2(p)$，则有

$$\mathscr{L}^{-1}[F_1(p)\cdot F_2(p)]=f_1(t)*f_2(t). \tag{4-32}$$

证 由定义有

$$\begin{aligned}\mathscr{L}[f_1(t)*f_2(t)]&=\int_0^{+\infty}[f_1(t)*f_2(t)]\mathrm{e}^{-pt}\mathrm{d}t\\&=\int_0^{+\infty}\left[\int_0^t f_1(\tau)f_2(t-\tau)\mathrm{d}\tau\right]\mathrm{e}^{-pt}\mathrm{d}t\\&=\int_0^{+\infty}f_1(\tau)\left[\int_\tau^{+\infty}f_2(t-\tau)\mathrm{e}^{-pt}\mathrm{d}t\right]\mathrm{d}\tau.\end{aligned}$$

对里层的积分作变量代换 $t-\tau=u$，则

$$\int_\tau^{+\infty}f_2(t-\tau)\mathrm{e}^{-pt}\mathrm{d}t=\int_0^{+\infty}f_2(u)\mathrm{e}^{-p(u+\tau)}\mathrm{d}u=\mathrm{e}^{-p\tau}\mathscr{L}[f_2(t)],$$

所以

$$\mathscr{L}[f_1(t)*f_2(t)]=\int_0^{+\infty}f_1(\tau)\mathrm{e}^{-p\tau}\mathrm{d}\tau\cdot\mathscr{L}[f_2(t)]=\mathscr{L}[f_1(t)]\cdot\mathscr{L}[f_2(t)].$$

例7 设 $F(p)=\dfrac{p^2}{(p^2+1)^2}$，求 $f(t)=\mathscr{L}^{-1}[F(p)]$.

解 由于 $F(p)=\dfrac{p}{p^2+1}\cdot\dfrac{p}{p^2+1}$，$\mathscr{L}^{-1}\left[\dfrac{p}{p^2+1}\right]=\cos t$，故有

$$\begin{aligned}f(t)=\mathscr{L}^{-1}[F(p)]&=\cos t*\cos t=\int_0^t\cos\tau\cos(t-\tau)\mathrm{d}\tau\\&=\frac{1}{2}\int_0^t[\cos t+\cos(2\tau-t)]\mathrm{d}\tau=\frac{1}{2}(t\cos t+\sin t).\end{aligned}$$

4.2.3 拉普拉斯逆变换

拉普拉斯逆变换

在利用拉普拉斯变换解决实际问题时，不仅需要对函数 $f(t)$ 求其拉普拉斯变换 $F(p)$，而且不可避免地要对像函数 $F(p)$ 求拉普拉斯逆变换. 当 $F(p)$ 比较简单时，可以通过拉普拉斯变换的性质或拉普拉斯变换表来解决这个问题. 但是，如果 $F(p)$ 比较复杂，则只用前面这些方法很不方便. 下面介绍一种更一般的方法，它直接利用像函数通过反演积分或留数方法求像原函数.

1) 反演积分公式

若函数 $f(t)$ 满足拉普拉斯变换存在定理的条件，且 $\mathscr{L}[f(t)]=F(p)$，c 为其增长指数，则当 $t>0$ 时，在 $f(t)$ 的任一连续点有

$$f(t)=\frac{1}{2\pi\mathrm{i}}\int_{\beta-\mathrm{i}\infty}^{\beta+\mathrm{i}\infty}F(p)\mathrm{e}^{pt}\mathrm{d}p. \tag{4-33}$$

式(4-33)是从像函数 $F(p)$ 求像原函数 $f(t)$ 的一般公式，称为**反演积分公式**. 等号右端的积分称为反演积分，其积分路径是 p 平面上的一条直线 $\mathrm{Re}\,p=\beta>c$，该直线位于 $F(p)$ 的存在域中. 由于 $F(p)$ 在其存在域中是解析的，因而此直线的右侧不包含 $F(p)$ 的

奇点.

2) 利用留数计算反演积分

要由式(4-33)求拉普拉斯逆变换，就要计算式(4-33)右端复变函数的积分，这通常是较困难的，但是当 $F(p)$ 满足一定条件时，可以用留数方法来计算这个反演积分.

定理 2 设 $F(p)$ 在复平面上只有有限个奇点 $p_1, p_2, \cdots, p_n$，它们全部位于直线 $\text{Re}\ p=\beta(>c)$ 的左侧，且当 $p\to\infty$ 时，$F(p)\to 0$，则有

$$\frac{1}{2\pi i}\int_{\beta-i\infty}^{\beta+i\infty} F(p)\,e^{pt}\,dp = \sum_{k=1}^{n}\text{Res}[F(p)\,e^{pt}, p_k],$$

即

$$f(t)=\mathscr{L}^{-1}[F(p)]=\sum_{k=1}^{n}\text{Res}[F(p)\,e^{pt}, p_k],\quad t>0. \tag{4-34}$$

证 作如图 4-3 所示的闭曲线 $C=L+C_R$. L 在平面 $\text{Re}\ p>c$ 内，C_R 为半径为 R 的圆弧，当 R 充分大时，可使 $F(p)$ 的所有奇点 $p_1, p_2, \cdots, p_n$ 全在闭曲线 C 内. 由于 e^{pt} 在整个平面上解析，所以 $F(p)e^{pt}$ 的奇点就是 $F(p)$ 的奇点.

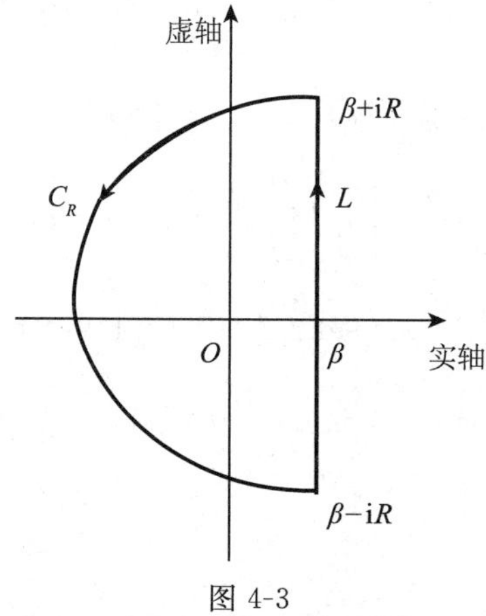

图 4-3

根据留数定理可得

$$\oint_C F(p)\,e^{pt}\,dp = 2\pi i\sum_{k=1}^{n}\text{Res}[F(p)\,e^{pt}, p_k],$$

即

$$\frac{1}{2\pi i}\left[\int_L F(p)\,e^{pt}\,dp + \int_{C_R} F(p)\,e^{pt}\,dp\right] = \sum_{k=1}^{n}\text{Res}[F(p)\,e^{pt}, p_k].$$

令 $R\to+\infty$ 取极限，可以证明，当 $t>0$ 时，有

$$\lim_{R\to+\infty}\int_{C_R} F(p)\,e^{pt}\,dp = 0,$$

因此

$$f(t)=\frac{1}{2\pi i}\int_{\beta-i\infty}^{\beta+i\infty} F(p)\,e^{pt}\,dp = \sum_{k=1}^{n}\text{Res}[F(p)\,e^{pt}, p_k],$$

定理即证.

注　当函数 $F(p)=\dfrac{A(p)}{B(p)}$ 是真有理分式[$A(p)$，$B(p)$ 为不可约的多项式，且 $A(p)$ 的次数小于 $B(p)$ 的次数]时，$F(p)$ 显然满足本节定理2中的条件，可直接利用式(4-34)求 $F(p)$ 的逆变换. 当函数 $F(p)$ 是非真有理分式时，往往先将 $F(p)$ 分解为多项式和真有理分式之和，然后求其逆变换.

例8　已知 $F(p)=\dfrac{1}{(p-2)(p-1)^2}$，求 $f(t)=\mathscr{L}^{-1}[F(p)]$.

解　$p_1=2$ 和 $p_2=1$ 分别是 $F(p)e^{pt}$ 的1级极点和2级极点，根据式(4-34)，有

$$f(t)=\mathscr{L}^{-1}[F(p)]=\mathrm{Res}[F(p)e^{pt},2]+\mathrm{Res}[F(p)e^{pt},1]$$
$$=\lim_{p\to 2}\frac{e^{pt}}{(p-1)^2}+\lim_{p\to 1}\left(\frac{e^{pt}}{p-2}\right)'=e^{2t}-e^t-te^t.$$

例9　已知 $F(p)=\dfrac{2p^2+7p+7}{(p+1)(p+2)}$，求 $f(t)=\mathscr{L}^{-1}[F(p)]$.

解　$F(p)$ 为非真有理分式，故先将其分解为多项式与真有理分式之和：

$$F(p)=2+\frac{p+3}{(p+1)(p+2)}=2+\frac{2}{p+1}-\frac{1}{p+2}$$
$$f(t)=\mathscr{L}^{-1}\left[2+\frac{2}{p+1}-\frac{1}{p+2}\right]$$
$$=2\delta(t)+2e^{-t}-e^{-2t}.$$

4.3　积分变换法应用举例

积分变换在数学物理方程(包括积分方程、差分方程等)中有广泛的用途. 经过积分变换以后，方程变得简单，例如，偏微分方程变成常微分方程，解出常微分方程，再进行反演，就得到原偏微分方程的解. 利用积分变换，有时还能得到有限形式的解，而这往往是用分离变量法所不能得到的. 本节主要介绍傅里叶变换、拉普拉斯变换在求解偏微分方程中的应用.

4.3.1　傅里叶变换的应用举例

例1　无限长细杆的热传导问题. 设有一根无限长细杆，杆上有强度为 $F(x,t)$ 的热源，杆的初始温度为 $\varphi(x)$，试求 $t>0$ 时杆上温度的分布规律.

傅里叶变换的应用举例

解　此问题可归结为求解定解问题

$$\begin{cases}\dfrac{\partial u}{\partial t}=a^2\dfrac{\partial^2 u}{\partial x^2}+f(x,t), & -\infty<x<+\infty,t>0,\\ u|_{t=0}=\varphi(x), & -\infty<x<+\infty,\end{cases}$$

其中 $f(x,t)=\dfrac{F(x,t)}{\rho c}$.

用傅里叶变换来求解此定解问题. 用记号 $U(\omega,t)$，$G(\omega,t)$，$\Phi(\omega)$ 分别表示函数 $u(x,t)$，$f(x,t)$，$\varphi(x)$ 关于变量 x 的傅里叶变换，即

$$U(\omega,t)=\int_{-\infty}^{+\infty}u(x,t)\mathrm{e}^{-\mathrm{i}\omega x}\mathrm{d}x,$$

$$G(\omega,t)=\int_{-\infty}^{+\infty}f(x,t)\mathrm{e}^{-\mathrm{i}\omega x}\mathrm{d}x,$$

$$\Phi(\omega)=\int_{-\infty}^{+\infty}\varphi(x)\mathrm{e}^{-\mathrm{i}\omega x}\mathrm{d}x.$$

对偏微分方程等号两端关于 x 作傅里叶变换，根据傅里叶变换的微分性质，得

$$\frac{\mathrm{d}U(\omega,t)}{\mathrm{d}t}=-a^2\omega^2U(\omega,t)+G(\omega,t). \tag{4-35}$$

这是一个含参量 ω 的常微分方程.

对初始条件$u|_{t=0}=\varphi(x)$关于 x 作傅里叶变换，得

$$U(\omega,t)|_{t=0}=\Phi(\omega). \tag{4-36}$$

方程(4-35)是一阶线性常系数非齐次常微分方程，它满足初始条件(4-36)的解为

$$U(\omega,t)=\Phi(\omega)\mathrm{e}^{-a^2\omega^2t}+\int_0^t G(\omega,\tau)\mathrm{e}^{-a^2\omega^2(t-\tau)}\mathrm{d}\tau. \tag{4-37}$$

为求出原定解问题的解 $u(x,t)$，需要对像函数 $U(\omega,t)$ 取傅里叶逆变换. 由傅里叶变换表可查得

$$\mathscr{F}^{-1}[\mathrm{e}^{-a^2\omega^2t}]=\frac{1}{2a\sqrt{\pi t}}\mathrm{e}^{-\frac{x^2}{4a^2t}},$$

再由傅里叶变换的卷积性质，可得原定解问题的解：

$$\begin{aligned}u(x,t)&=\mathscr{F}^{-1}[U(\omega,t)]\\&=\int_{-\infty}^{+\infty}\varphi(\xi)\frac{1}{2a\sqrt{\pi t}}\mathrm{e}^{-\frac{(x-\xi)^2}{4a^2t}}\mathrm{d}\xi+\int_0^t\mathrm{d}\tau\int_{-\infty}^{+\infty}f(\xi,\tau)\frac{1}{2a\sqrt{\pi(t-\tau)}}\mathrm{e}^{-\frac{(x-\xi)^2}{4a^2(t-\tau)}}\mathrm{d}\xi.\end{aligned} \tag{4-38}$$

注 从例 1 中解的表达式可以看出，函数$\frac{1}{2a\sqrt{\pi t}}\mathrm{e}^{-\frac{x^2}{4a^2t}}$对热传导方程的初值问题起着重要作用. 令

$$K(x,t)=\begin{cases}\frac{1}{2a\sqrt{\pi t}}\mathrm{e}^{-\frac{x^2}{4a^2t}}, & t>0,\\0, & t\leqslant 0,\end{cases} \tag{4-39}$$

则 $K(x,t)$ 即**高斯核**，它是应用数学和统计学中最重要的函数之一.

分析高斯核的物理含义. 在上面问题中，如果初始温度分布为 $\varphi(x)=\delta(x)$，源项 $f(x,t)=0$，则由式(4-38)得到

$$u(x,t)=\int_{-\infty}^{+\infty}\delta(\xi)\frac{1}{2a\sqrt{\pi t}}\mathrm{e}^{-\frac{(x-\xi)^2}{4a^2t}}\mathrm{d}\xi=\frac{1}{2a\sqrt{\pi t}}\mathrm{e}^{-\frac{x^2}{4a^2t}},$$

可见高斯核是初始 $t=0$ 时刻位于 $x=0$ 的单位点源在任意时刻 t 引起的温度分布.

高斯核[式(4-39)]的曲线如图 4-4 所示. 由图 4-4 可以看出，当 t 增大时，高斯核的峰值 $K(0,t)=1/(2a\sqrt{\pi t})$下降，分布变宽；当 t 逐渐变小时，它的峰值不断升高，分布变窄，当 $t\to 0$ 时，峰值趋于无穷大. 因此，高斯核的极限形式就是 δ 函数，即

$$\lim_{t\to 0}\frac{1}{2a\sqrt{\pi t}}\mathrm{e}^{-\frac{x^2}{4a^2 t}}=\delta(x).$$

因此，图 4-4 即初始点源 $\delta(x)$ 在任意时刻 t 引起的温度分布. $x=0$ 处温度随时间下降的物理机制是由于系统的热扩散作用所致.

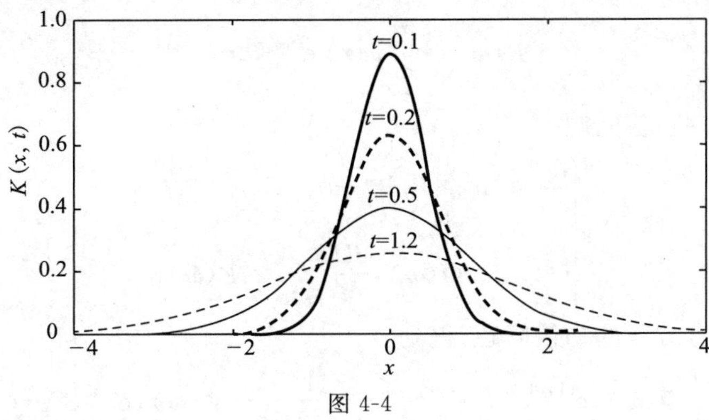

图 4-4

利用高斯核，例 1 的解(4-38)可以表示为

$$u(x,t)=\int_{-\infty}^{+\infty}\varphi(\xi)K(x-\xi,t)\,\mathrm{d}\xi+\int_0^t\int_{-\infty}^{+\infty}f(\xi,\tau)K(x-\xi,t-\tau)\,\mathrm{d}\xi\mathrm{d}\tau. \tag{4-40}$$

通常称式(4-40)为**泊松公式**，称函数 $\Gamma(x,t;\xi,\tau)=K(x-\xi,t-\tau)$ 为热传导方程的**基本解**. 通过上面的分析可知，基本解具有明确的物理意义，它表示杆上 ξ 处时刻 τ 的一个瞬时单位点热源所引起的杆上的温度分布. 有时也将基本解称为瞬时单位点热源的**影响函数**.

对高维热传导方程也可以引入基本解的概念，以三维热传导问题为例：

$$\begin{cases}\dfrac{\partial u}{\partial t}=a^2\left(\dfrac{\partial^2 u}{\partial x^2}+\dfrac{\partial^2 u}{\partial y^2}+\dfrac{\partial^2 u}{\partial z^2}\right)+f(x,y,z,t), & (x,y,z)\in\mathbf{R}^3,t>0,\\ u|_{t=0}=\varphi(x,y,z), & (x,y,z)\in\mathbf{R}^3.\end{cases} \tag{4-41}$$

令

$$K(x,y,z,t)=\begin{cases}\dfrac{1}{(4\pi a^2 t)^{3/2}}\mathrm{e}^{-\frac{x^2+y^2+z^2}{4a^2 t}}, & t>0,\\ 0, & t\leqslant 0,\end{cases}$$

则三维热传导方程的基本解为 $\Gamma(x,y,z,t;\xi,\eta,\zeta,\tau)=K(x-\xi,y-\eta,z-\zeta,t-\tau)$. 利用 $K(x,y,z,t)$ 可以将定解问题(4-41)的解表示成

$$\begin{aligned}u(x,y,z,t)=&\iiint_{\mathbf{R}^3}\varphi(\xi,\eta,\zeta)K(x-\xi,y-\eta,z-\zeta,t)\,\mathrm{d}\xi\mathrm{d}\eta\mathrm{d}\zeta+\\&\int_0^t\mathrm{d}\tau\iiint_{\mathbf{R}^3}f(\xi,\eta,\zeta,\tau)K(x-\xi,y-\eta,z-\zeta,t-\tau)\,\mathrm{d}\xi\mathrm{d}\eta\mathrm{d}\zeta.\end{aligned}$$

例 2　求解三维无界空间中的波动问题

$$\begin{cases}\dfrac{\partial^2 u}{\partial t^2}=a^2\Delta_3 u,\\ u|_{t=0}=\varphi(\boldsymbol{r}),\left.\dfrac{\partial u}{\partial t}\right|_{t=0}=\psi(\boldsymbol{r}).\end{cases}$$

解 作三重傅里叶变换,记

$$U(\boldsymbol{\omega},t)=\iiint\limits_{\mathbf{R}^3}u(\boldsymbol{r},t)\,\mathrm{e}^{-\mathrm{i}\boldsymbol{\omega}\cdot\boldsymbol{r}}\,\mathrm{d}\boldsymbol{r},$$

$$\Phi(\boldsymbol{\omega})=\iiint\limits_{\mathbf{R}^3}\varphi(\boldsymbol{r})\,\mathrm{e}^{-\mathrm{i}\boldsymbol{\omega}\cdot\boldsymbol{r}}\,\mathrm{d}\boldsymbol{r},$$

$$\Psi(\boldsymbol{\omega})=\iiint\limits_{\mathbf{R}^3}\psi(\boldsymbol{r})\,\mathrm{e}^{-\mathrm{i}\boldsymbol{\omega}\cdot\boldsymbol{r}}\,\mathrm{d}\boldsymbol{r},$$

则得到常微分方程的初值问题

$$\begin{cases}\dfrac{\mathrm{d}^2U}{\mathrm{d}t^2}+|\boldsymbol{\omega}|^2a^2U=0,\\ U\big|_{t=0}=\Phi(\boldsymbol{\omega}),\dfrac{\mathrm{d}U}{\mathrm{d}t}\Big|_{t=0}=\Psi(\boldsymbol{\omega}).\end{cases}$$

求解上述常微分方程的初值问题,得到

$$U(\boldsymbol{\omega},t)=\frac{1}{2}\Phi(\boldsymbol{\omega})(\mathrm{e}^{\mathrm{i}|\boldsymbol{\omega}|at}+\mathrm{e}^{-\mathrm{i}|\boldsymbol{\omega}|at})+\frac{1}{2a}\frac{1}{\mathrm{i}|\boldsymbol{\omega}|}\Psi(\boldsymbol{\omega})(\mathrm{e}^{\mathrm{i}|\boldsymbol{\omega}|at}-\mathrm{e}^{-\mathrm{i}|\boldsymbol{\omega}|at}).$$

对上式等号两端作傅里叶逆变换,得到

$$\begin{aligned}u(\boldsymbol{r},t)&=\frac{1}{(2\pi)^3}\iiint\limits_{\mathbf{R}^3}U(\boldsymbol{\omega},t)\,\mathrm{e}^{\mathrm{i}\boldsymbol{\omega}\cdot\boldsymbol{r}}\,\mathrm{d}\boldsymbol{\omega}\\&=\frac{1}{4\pi a}\iiint\limits_{\mathbf{R}^3}\varphi(\boldsymbol{r}')\left[\iiint\limits_{\mathbf{R}^3}\frac{a}{4\pi^2}(\mathrm{e}^{\mathrm{i}|\boldsymbol{\omega}|at}+\mathrm{e}^{-\mathrm{i}|\boldsymbol{\omega}|at})\,\mathrm{e}^{\mathrm{i}\boldsymbol{\omega}\cdot(\boldsymbol{r}-\boldsymbol{r}')}\,\mathrm{d}\boldsymbol{\omega}\right]\mathrm{d}V'+\\&\quad\frac{1}{4\pi a}\iiint\limits_{\mathbf{R}^3}\psi(\boldsymbol{r}')\left[\iiint\limits_{\mathbf{R}^3}\frac{1}{4\pi^2}\frac{1}{\mathrm{i}|\boldsymbol{\omega}|}(\mathrm{e}^{\mathrm{i}|\boldsymbol{\omega}|at}-\mathrm{e}^{-\mathrm{i}|\boldsymbol{\omega}|at})\,\mathrm{e}^{\mathrm{i}\boldsymbol{\omega}\cdot(\boldsymbol{r}-\boldsymbol{r}')}\,\mathrm{d}\boldsymbol{\omega}\right]\mathrm{d}V'\\&=\frac{1}{4\pi a}\frac{\partial}{\partial t}\iiint\limits_{\mathbf{R}^3}\varphi(\boldsymbol{r}')\left[\iiint\limits_{\mathbf{R}^3}\frac{1}{4\pi^2}\frac{1}{\mathrm{i}|\boldsymbol{\omega}|}(\mathrm{e}^{\mathrm{i}|\boldsymbol{\omega}|at}-\mathrm{e}^{-\mathrm{i}|\boldsymbol{\omega}|at})\,\mathrm{e}^{\mathrm{i}\boldsymbol{\omega}\cdot(\boldsymbol{r}-\boldsymbol{r}')}\,\mathrm{d}\boldsymbol{\omega}\right]\mathrm{d}V'+\\&\quad\frac{1}{4\pi a}\iiint\limits_{\mathbf{R}^3}\psi(\boldsymbol{r}')\left[\iiint\limits_{\mathbf{R}^3}\frac{1}{4\pi^2}\frac{1}{\mathrm{i}|\boldsymbol{\omega}|}(\mathrm{e}^{\mathrm{i}|\boldsymbol{\omega}|at}-\mathrm{e}^{-\mathrm{i}|\boldsymbol{\omega}|at})\,\mathrm{e}^{\mathrm{i}\boldsymbol{\omega}\cdot(\boldsymbol{r}-\boldsymbol{r}')}\,\mathrm{d}\boldsymbol{\omega}\right]\mathrm{d}V'.\end{aligned}$$

由 $\mathscr{F}\left[\dfrac{1}{r}\delta(r-at)\right]=\dfrac{1}{4\pi^2}\dfrac{1}{\mathrm{i}|\boldsymbol{\omega}|}(\mathrm{e}^{\mathrm{i}|\boldsymbol{\omega}|at}-\mathrm{e}^{-\mathrm{i}|\boldsymbol{\omega}|at})$,得

$$\begin{aligned}u(\boldsymbol{r},t)=&\frac{1}{4\pi a}\frac{\partial}{\partial t}\iiint\limits_{\mathbf{R}^3}\varphi(\boldsymbol{r}')\iiint\limits_{\mathbf{R}^3}\mathscr{F}\left[\frac{1}{r}\delta(r-at)\,\mathrm{e}^{-\mathrm{i}\boldsymbol{\omega}\cdot\boldsymbol{r}'}\right]\mathrm{e}^{\mathrm{i}\boldsymbol{\omega}\cdot\boldsymbol{r}}\,\mathrm{d}\boldsymbol{\omega}\,\mathrm{d}V'+\\&\frac{1}{4\pi a}\iiint\limits_{\mathbf{R}^3}\psi(\boldsymbol{r}')\iiint\limits_{\mathbf{R}^3}\mathscr{F}\left[\frac{1}{r}\delta(r-at)\,\mathrm{e}^{-\mathrm{i}\boldsymbol{\omega}\cdot\boldsymbol{r}'}\right]\mathrm{e}^{\mathrm{i}\boldsymbol{\omega}\cdot\boldsymbol{r}}\,\mathrm{d}\boldsymbol{\omega}\,\mathrm{d}V'.\end{aligned}$$

利用延迟性质,得

$$\begin{aligned}u(\boldsymbol{r},t)=&\frac{1}{4\pi a}\frac{\partial}{\partial t}\iiint\limits_{\mathbf{R}^3}\frac{\varphi(\boldsymbol{r}')}{|\boldsymbol{r}-\boldsymbol{r}'|}\delta(|\boldsymbol{r}-\boldsymbol{r}'|-at)\,\mathrm{d}V'+\\&\frac{1}{4\pi a}\iiint\limits_{\mathbf{R}^3}\frac{\psi(\boldsymbol{r}')}{|\boldsymbol{r}-\boldsymbol{r}'|}\delta(|\boldsymbol{r}-\boldsymbol{r}'|-at)\,\mathrm{d}V'.\end{aligned}$$

由于被积函数中出现 $\delta(|\boldsymbol{r}-\boldsymbol{r}'|-at)$,故对 $\boldsymbol{r}'$ 的积分只需在球面 S_{at}^{r} 上进行,其中 S_{at}^{r} 是以 $\boldsymbol{r}$ 为球心、以 at 为半径的球面. 故有

$$u(\boldsymbol{r},t)=\frac{1}{4\pi a}\frac{\partial}{\partial t}\iint\limits_{S_{at}^{r}}\frac{\varphi(\boldsymbol{r}')}{at}\mathrm{d}S'+\frac{1}{4\pi a}\iint\limits_{S_{at}^{r}}\frac{\psi(\boldsymbol{r}')}{at}\mathrm{d}S'.$$

4.3.2　拉普拉斯变换的应用举例

拉普拉斯变换的应用举例

例 3　半无限长杆上的热传导问题. 设有一半无限长的均匀杆，端点温度变化情况已知，杆的初始温度为 0 ℃，求杆上温度的分布规律.

解　这个问题可以归结为求解定解问题

$$\begin{cases}\dfrac{\partial u}{\partial t}=a^2\dfrac{\partial^2 u}{\partial x^2}, & x>0,t>0,\\ u\big|_{t=0}=0, & x>0,\\ u\big|_{x=0}=f(t), & t>0.\end{cases}$$

用积分变换法求解此定解问题. 首先需要确定对哪个自变量取什么积分变换. 从自变量的变化范围来看，由于 x,t 的变换范围都是 $(0,+\infty)$，故此定解问题不能用傅里叶变换求解，对 x 与 t 都可取拉普拉斯变换. 然后考虑拉普拉斯变换的微分性质. 偏微分方程中包含 $\dfrac{\partial^2 u}{\partial x^2}$，若对 x 取拉普拉斯变换，则需要给出 u 和 $\dfrac{\partial u}{\partial x}$ 在 $x=0$ 处的值，由于未给出 $\dfrac{\partial u}{\partial x}$ 在 $x=0$ 处的值，故不能对 x 取拉普拉斯变换；而对 t 来说，由于偏微分中只出现关于 t 的一阶偏导数，且已知 $t=0$ 处 u 的值，故采用关于 t 的拉普拉斯变换.

用 $U(x,p)$，$F(p)$ 分别表示函数 $u(x,t)$，$f(t)$ 关于 t 的拉普拉斯变换，即

$$U(x,p)=\int_0^{+\infty}u(x,t)\mathrm{e}^{-pt}\mathrm{d}t,$$

$$F(p)=\int_0^{+\infty}f(t)\mathrm{e}^{-pt}\mathrm{d}t.$$

首先对偏微分方程等号两端取关于 t 的拉普拉斯变换，并利用初始条件 $u\big|_{t=0}=0$，得到常微分方程

$$\frac{\mathrm{d}^2U(x,p)}{\mathrm{d}x^2}-\frac{p}{a^2}U(x,p)=0. \tag{4-42}$$

然后对边界条件 $u\big|_{x=0}=f(t)$ 取关于 t 的拉普拉斯变换，得

$$U(x,p)\big|_{x=0}=F(p). \tag{4-43}$$

方程(4-42)是关于 $U(x,p)$ 的线性二阶常系数常微分方程，它的通解为

$$U(x,p)=C_1\mathrm{e}^{-\frac{\sqrt{p}}{a}x}+C_2\mathrm{e}^{\frac{\sqrt{p}}{a}x}.$$

由于当 $x\to+\infty$ 时，$u(x,t)$ 有限，所以 $U(x,p)$ 也有限，故 $C_2=0$. 由条件(4-43)得 $C_1=F(p)$，从而得

$$U(x,p)=F(p)\mathrm{e}^{-\frac{\sqrt{p}}{a}x}. \tag{4-44}$$

最后对式(4-44)等号两端取拉普拉斯逆变换，来求定解问题的解 $u(x,t)$. 由拉普拉斯变换表查得

$$\mathscr{L}^{-1}\left[\frac{1}{p}\mathrm{e}^{-\frac{x}{a}\sqrt{p}}\right]=\frac{2}{\sqrt{\pi}}\int_{\frac{x}{2a\sqrt{t}}}^{+\infty}\mathrm{e}^{-y^2}\mathrm{d}y.$$

根据拉普拉斯变换的微分性质可得

$$\mathscr{L}^{-1}\left[\mathrm{e}^{-\frac{x}{a}\sqrt{p}}\right]=\mathscr{L}^{-1}\left[p\cdot\frac{1}{p}\mathrm{e}^{-\frac{x}{a}\sqrt{p}}\right]$$

$$=\frac{\mathrm{d}}{\mathrm{d}t}\left(\frac{2}{\sqrt{\pi}}\int_{\frac{x}{2a\sqrt{t}}}^{+\infty}\mathrm{e}^{-y^2}\mathrm{d}y\right)=\frac{x}{2a\sqrt{\pi}\,t^{\frac{3}{2}}}\mathrm{e}^{-\frac{x^2}{4a^2t}}.$$

由拉普拉斯变换的卷积性质得定解问题的解

$$u(x,t)=\mathscr{L}^{-1}\left[F(p)\,\mathrm{e}^{-\frac{\sqrt{p}}{a}x}\right]=\frac{x}{2a\sqrt{\pi}}\int_0^t f(\tau)\frac{1}{(t-\tau)^{\frac{3}{2}}}\mathrm{e}^{-\frac{x^2}{4a^2(t-\tau)}}\mathrm{d}\tau. \tag{4-45}$$

结合上面两个例子，总结用积分变换法解偏微分定解问题的大体步骤及注意事项如下：

(1) 选择恰当的积分变换. 对这个问题应从两方面来考虑，一是要注意自变量的变化范围，傅里叶变换要求作变换的自变量在$(-\infty,+\infty)$内变化，拉普拉斯变换要求作变换的自变量在$[0,+\infty)$内变化；二是要注意结合定解条件来考虑，由拉普拉斯变换的微分性质

$$\mathscr{L}[f^{(n)}(t)]=p^n\mathscr{L}[f(t)]-p^{n-1}f(0)-p^{n-2}f'(0)\quad\cdots-f^{(n-1)}(0)$$

可以看出，要对某自变量取拉普拉斯变换，就必须在定解条件中给出当该自变量等于零时的函数值和有关导数值.

(2) 对偏微分方程等号两端取积分变换，从而将偏微分方程化为含参量的常微分方程.

(3) 对定解条件取相应的变换，得到新方程的定解条件. 这里要注意定解条件中哪些需要取变换，哪些不需要取变换. 在拉普拉斯变换中，凡是对方程取变换时没有用到的条件都要取变换，使它转化为新方程的定解条件.

(4) 求解所得的常微分方程的定解问题，得到原定解问题解的像函数.

(5) 对像函数取相应的逆变换，得到原定解问题的解. 如何顺利地求出逆变换是重点和难点. 解决这个问题主要依靠积分变换表，并运用积分变换的有关性质，拉普拉斯逆变换有时还要用到计算反演积分的留数定理.

例 4 半无限长杆的自由振动问题. 设有一半无限长的均匀细杆，其端点处由静止状态开始受力 $F=A\sin\omega t$ 的作用，力 F 的方向与杆的轴线方向一致，杆的初始位移与初始速度均为零. 求杆作纵振动的规律.

解 这个问题可归结为定解问题

$$\begin{cases}\dfrac{\partial^2u}{\partial t^2}=a^2\dfrac{\partial^2u}{\partial x^2}, & x>0,t>0,\\ u\big|_{t=0}=0,\dfrac{\partial u}{\partial t}\Big|_{t=0}=0, & x>0,\\ \dfrac{\partial u}{\partial x}\Big|_{x=0}=-\dfrac{A}{E}\sin\omega t, & t\geqslant 0,\end{cases}$$

其中 E 为杨氏模量.

用拉普拉斯变换法求解此定解问题. 记

$$U(x,p)=\int_0^{+\infty}u(x,t)\,\mathrm{e}^{-pt}\mathrm{d}t.$$

对偏微分方程取关于 t 的拉普拉斯变换，并利用初始条件 $u\big|_{t=0}=0,\dfrac{\partial u}{\partial t}\Big|_{t=0}=0$，得

$$a^2\frac{\mathrm{d}^2U(x,p)}{\mathrm{d}x^2}=p^2U(x,p),\tag{4-46}$$

解得

$$U(x,p)=C\mathrm{e}^{\frac{p}{a}x}+D\mathrm{e}^{-\frac{p}{a}x}.$$

考虑到 $\lim\limits_{x\to+\infty}u(x,t)$ 有界，故 $\lim\limits_{x\to+\infty}U(x,p)$ 有界，因此上式中的 $C=0$，则上式可写为

$$U(x,p)=D\mathrm{e}^{-\frac{p}{a}x}.\tag{4-47}$$

对边界条件 $\left.\frac{\partial u}{\partial x}\right|_{x=0}=\frac{A}{E}\sin\omega t$ 取关于 t 的拉普拉斯变换，得

$$\left.\frac{\mathrm{d}U(x,p)}{\mathrm{d}x}\right|_{x=0}=-\frac{A}{E}\frac{\omega}{p^2+\omega^2}.\tag{4-48}$$

由式(4-47)和式(4-48)，得

$$D=\frac{Aa}{E}\frac{\omega}{p(p^2+\omega^2)},$$

从而得到像函数

$$U(x,p)=\frac{Aa\omega}{E}\frac{1}{p(p^2+\omega^2)}\mathrm{e}^{-\frac{p}{a}x}.\tag{4-49}$$

对式(4-49)取拉普拉斯逆变换，得

$$u(x,t)=\mathscr{L}^{-1}\left[\frac{Aa\omega}{E}\frac{1}{p(p^2+\omega^2)}\mathrm{e}^{-\frac{p}{a}x}\right].$$

用留数定理计算 $\mathscr{L}^{-1}\left[\frac{Aa\omega}{E}\frac{1}{p(p^2+\omega^2)}\right]$:

$$\mathscr{L}^{-1}\left[\frac{Aa\omega}{E}\frac{1}{p(p^2+\omega^2)}\right]=\frac{Aa\omega}{E}\sum_{i=1}^{3}\mathrm{Res}\left[\frac{\mathrm{e}^{pt}}{p(p^2+\omega^2)},p_i\right],$$

其中 $p_1=0,p_2=\mathrm{i}\omega,p_3=-\mathrm{i}\omega$. 而

$$\mathrm{Res}\left[\frac{\mathrm{e}^{pt}}{p(p^2+\omega^2)},0\right]=\frac{1}{\omega^2},$$

$$\mathrm{Res}\left[\frac{\mathrm{e}^{pt}}{p(p^2+\omega^2)},\mathrm{i}\omega\right]=-\frac{\mathrm{e}^{\mathrm{i}\omega t}}{2\omega^2},$$

$$\mathrm{Res}\left[\frac{\mathrm{e}^{pt}}{p(p^2+\omega^2)},-\mathrm{i}\omega\right]=-\frac{\mathrm{e}^{-\mathrm{i}\omega t}}{2\omega^2}.$$

故

$$\begin{aligned}\mathscr{L}^{-1}\left[\frac{Aa\omega}{E}\frac{1}{p(p^2+\omega^2)}\right]&=\frac{Aa\omega}{E}\sum_{i=1}^{3}\mathrm{Res}\left[\frac{\mathrm{e}^{pt}}{p(p^2+\omega^2)},p_i\right]\\&=\frac{Aa}{E\omega}(1-\cos\omega t).\end{aligned}$$

利用拉普拉斯变换的延迟性质，得定解问题的解为

$$u(x,t)=\mathscr{L}^{-1}\left[\frac{Aa\omega}{E}\frac{1}{p(p^2+\omega^2)}\mathrm{e}^{-\frac{p}{a}x}\right]$$

$$
=\begin{cases}0, & t<\dfrac{x}{a}, \\ \dfrac{Aa}{E\omega}\left[1-\cos\omega\left(t-\dfrac{x}{a}\right)\right], & t\geqslant\dfrac{x}{a}.\end{cases} \tag{4-50}
$$

对式(4-50)进行物理解释. 随着时间的推移,式(4-50)描述点 $x=0$ 处的外力所引起的波动信号以速率 a 向右传播. 式(4-50)的第 1 个式子表示当 $at<x$ 时,即波动信号还未传递到 x 处时,杆静止不动;第 2 个式子表示当 $at\geqslant x$ 时,即波动信号经过了 x 处时,弦已开始波动. 因此,波动信号在 x 处有延迟,延迟时间为$\dfrac{x}{a}$,即波动信号经过时间$\dfrac{x}{a}$传递到 x 处.

4.3.3 联合变换法

使用傅里叶变换和拉普拉斯变换求解定解问题的条件是变量的变化范围分别为$(-\infty,+\infty)$和$[0,+\infty)$. 实际上,在许多二阶偏微分方程问题中,当位置变量 $x\in(-\infty,+\infty)$,而时间变量 $t\in[0,+\infty)$时,为了求出结果 $u(x,t)$,可以联合使用这两个变换,得到双重像函数 $U(\omega,p)$,然后进行两次逆变换求解. 该处理过程完全消去了对自变量求导数的运算,只需要求解一个代数方程.

联合变换法

例 5 考虑无界杆热传导的定解问题

$$
\begin{cases}\dfrac{\partial u}{\partial t}=a^2\dfrac{\partial^2 u}{\partial x^2}-k\dfrac{\partial u}{\partial x}, & -\infty<x<+\infty, t>0, \\ u|_{t=0}=\varphi(x), & -\infty<x<+\infty.\end{cases}
$$

该系统含有对流机制,借此与外界交换热量,它表现在函数 u 对空间变量的一阶导数项中,k 是一个常数,称为对流系数,a 为扩散系数. 该问题包含热量的扩散与迁移两重作用.

解 此问题中,变量 $x\in(-\infty,+\infty)$,$t\in[0,+\infty)$,故采用傅里叶变换和拉普拉斯变换的联合变换法求解.

对偏微分方程等号两端取关于变量 t 的拉普拉斯变换,以 $U(x,p)$表示函数 $u(x,t)$关于 t 的拉普拉斯变换,并利用初始条件$u|_{t=0}=\varphi(x)$,得

$$
pU(x,p)-\varphi(x)=a^2\frac{\mathrm{d}^2U(x,p)}{\mathrm{d}x^2}-k\frac{\mathrm{d}U(x,p)}{\mathrm{d}x}. \tag{4-51}
$$

对式(4-51)等号两端取关于变量 x 的傅里叶变换,得到

$$
pU(\omega,p)-\Phi(\omega)=-a^2\omega^2U(\omega,p)-\mathrm{i}k\omega U(\omega,p), \tag{4-52}
$$

其中

$$
\Phi(\omega)=\int_{-\infty}^{+\infty}\varphi(x)\mathrm{e}^{-\mathrm{i}\omega x}\mathrm{d}x. \tag{4-53}
$$

由式(4-52)解得双重像函数

$$
U(\omega,p)=\Phi(\omega)\frac{1}{p+(a^2\omega^2+\mathrm{i}k\omega)}. \tag{4-54}
$$

对 $U(\omega,p)$先作拉普拉斯逆变换,得到

$$
U(\omega,t)=\Phi(\omega)\mathrm{e}^{-(a^2\omega^2+\mathrm{i}k\omega)t}, \tag{4-55}
$$

再对 $U(\omega,t)$ 作傅里叶逆变换，即可得到定解问题的解 $u(x,t)$. 由傅里叶变换的卷积性质，得到

$$
\begin{aligned}
u(x,t) &= \mathscr{F}^{-1}\left[\Phi(\omega)\mathrm{e}^{-(a^2\omega^2+\mathrm{i}k\omega)t}\right] \\
&= \mathscr{F}^{-1}\left[\Phi(\omega)\right] * \mathscr{F}^{-1}\left[\mathrm{e}^{-(a^2\omega^2+\mathrm{i}k\omega)t}\right] \\
&= \varphi(x) * \{\mathscr{F}^{-1}\left[\mathrm{e}^{-a^2\omega^2 t}\right] * \mathscr{F}^{-1}\left[\mathrm{e}^{-\mathrm{i}k\omega t}\right]\} \\
&= \varphi(x) * \left[\frac{1}{2a\sqrt{\pi t}}\mathrm{e}^{-\frac{x^2}{4a^2 t}} * \delta(x-kt)\right] \\
&= \frac{1}{2a\sqrt{\pi t}}\int_{-\infty}^{+\infty}\varphi(\xi)\,\mathrm{e}^{-\frac{(x-kt-\xi)^2}{4a^2 t}}\,\mathrm{d}\xi.
\end{aligned}
\tag{4-56}
$$

此即原定解问题的解. 其中函数

$$
K(x,t,k) = \frac{1}{2a\sqrt{\pi t}}\mathrm{e}^{-\frac{(x-kt)^2}{4a^2 t}}
\tag{4-57}
$$

是对流热传导问题的高斯核. 它表示初始位于 $x=0$ 的单位点源在任意时刻 t 引起的温度分布. 注意到，在任意时刻 t，温度分布不但有展宽，而且出现了迁移. 当 $k>0$ 时，峰值向 x 轴正向迁移；当 $k<0$ 时，峰值向 x 轴负向迁移，如图 4-5 所示. 该系统具有扩散和迁移双重作用的演化行为.

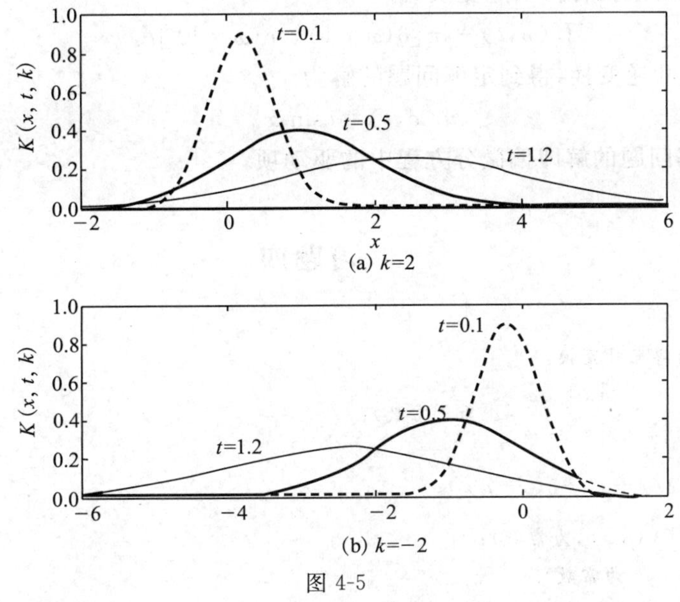

图 4-5

例 6　求解定解问题

$$
\begin{cases}
\dfrac{\partial^2 u}{\partial t^2} = \dfrac{\partial^2 u}{\partial x^2} + t\sin x, & -\infty<x<+\infty, t>0, \\
u\big|_{t=0} = 0, & -\infty<x<+\infty, \\
\dfrac{\partial u}{\partial t}\Big|_{t=0} = \sin x, & -\infty<x<+\infty.
\end{cases}
$$

解　用傅里叶变换和拉普拉斯变换的联合变换法求解此定解问题.

首先对偏微分方程等号两端关于 t 作拉普拉斯变换，以 $U(x,p)$ 表示函数 $u(x,t)$ 关于

t 的拉普拉斯变换,并利用初始条件$u\big|_{t=0}=0,\dfrac{\partial u}{\partial t}\Big|_{t=0}=\sin x$,得

$$p^2U(x,p)-\sin x=\frac{\mathrm{d}^2U(x,p)}{\mathrm{d}x^2}+\frac{1}{p^2}\sin x. \tag{4-58}$$

然后对式(4-58)作关于 x 的傅里叶变换,由

$$\mathscr{F}[\sin x]=\mathrm{i}\pi[\delta(\omega+1)-\delta(\omega-1)]$$

得到

$$p^2U(\omega,p)=-\omega^2U(\omega,p)+\left(1+\frac{1}{p^2}\right)\mathrm{i}\pi[\delta(\omega+1)-\delta(\omega-1)],$$

因此

$$U(\omega,p)=\frac{\left(1+\frac{1}{p^2}\right)\mathrm{i}\pi[\delta(\omega+1)-\delta(\omega-1)]}{p^2+\omega^2}. \tag{4-59}$$

当 $\omega=\pm1$ 时,式(4-59)取非零值. 此时得

$$U(\omega,p)=\frac{\left(1+\frac{1}{p^2}\right)\mathrm{i}\pi[\delta(\omega+1)-\delta(\omega-1)]}{p^2+1}=\frac{\mathrm{i}\pi[\delta(\omega+1)-\delta(\omega-1)]}{p^2}. \tag{4-60}$$

最后对式(4-60)取拉普拉斯逆变换,得

$$U(\omega,t)=\mathrm{i}\pi[\delta(\omega+1)-\delta(\omega-1)]t, \tag{4-61}$$

对式(4-61)取傅里叶逆变换,得到定解问题的解为

$$u(x,t)=t\sin x. \tag{4-62}$$

注意到此定解问题的解即偏微分方程中的驱动项.

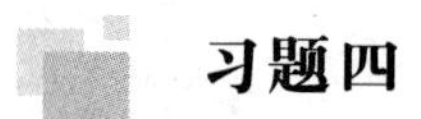

习题四

1. 求下列函数的傅里叶变换:

(1) $f(x)=\begin{cases}0, & |x|>a,\\ |x|, & |x|\leqslant a\end{cases}$($a$ 为正常数);

(2) $f(x)=\dfrac{1}{2}[\delta(x+a)+\delta(x-a)]$;

(3) $f(x)=\mathrm{e}^{-\beta|x|}$($\beta>0$,为常数);

(4) $f(x)=\sin kx$(k 为常数).

2. 证明帕塞瓦尔(Parseval)等式. 若 $\mathscr{F}[f(t)]=F(\omega)$,则有

$$\int_{-\infty}^{+\infty}f^2(t)\,\mathrm{d}t=\frac{1}{2\pi}\int_{-\infty}^{+\infty}|F(\omega)|^2\mathrm{d}\omega.$$

3. 已知 $f(t)=t^2u(t)$,$g(t)=\begin{cases}1, & |t|\leqslant1,\\ 0, & |t|>1,\end{cases}$ 求 $f(t)$ 与 $g(t)$ 的卷积.

4. 求下列函数的拉普拉斯变换:

(1) $f(t)=\sinh kt$(k 为实数);

(2) $f(t)=\mathrm{e}^{-\lambda t}\cosh kt$($\lambda,k$ 为实数);

(3) $f(t)=\sin^2t$;

(4) $f(t)=t^n e^{kt}$(k 为实数,n 为正整数).

5. 求下列函数的拉普拉斯逆变换:

(1) $F(p)=\dfrac{p}{p^2+1}$;

(2) $F(p)=\dfrac{1}{p^2(p+1)}$;

(3) $F(p)=\dfrac{p^2}{(p^2+1)^2}$;

(4) $F(p)=\dfrac{2p+1}{p(p+1)(p+2)}$.

6. 用积分变换法求解问题

$$\begin{cases}\dfrac{\partial^2 u}{\partial x\partial y}=1, & x>0,y>1,\\ u\big|_{x=0}=y+1, & y\geqslant 1,\\ u\big|_{y=1}=x+2, & x\geqslant 0.\end{cases}$$

7. 利用傅里叶变换法求解定解问题

$$\begin{cases}\dfrac{\partial u}{\partial t}+a\dfrac{\partial u}{\partial x}=f(x,t), & -\infty<x<+\infty,t>0,\\ u(x,0)=\varphi(x), & -\infty<x<+\infty.\end{cases}$$

8. 求上半平面内静电场的电位,即求解定解问题

$$\begin{cases}\Delta u=0, & -\infty<x<+\infty,y>0,\\ u\big|_{y=0}=f(x), & -\infty<x<+\infty,\\ \lim\limits_{x^2+y^2\to+\infty}u=0.\end{cases}$$

9. 求解定解问题

$$\begin{cases}\dfrac{\partial^2 u}{\partial t^2}=-a^2\dfrac{\partial^4 u}{\partial x^4}, & -\infty<x<+\infty,t>0,\\ u\big|_{t=0}=\varphi(x), & -\infty<x<+\infty,\\ \dfrac{\partial u}{\partial t}\Big|_{t=0}=0.\end{cases}$$

10. 在沟通大西洋电缆(海底电缆)时,开尔文首先发现了长线效应,即当传输线长与电报信号的波长可比拟或者超过波长时,就必须计算其波动性,此时传输线也称为长线,此时电报信号的反射、传输都与低频有很大不同. 与普通传输线不同,当高频电流通过传输线时,不仅有导线电阻和电路电漏的存在,而且分布电容、电感更是不可避免的,故高频传输线上的电压和电流不但随空间变化,而且随时间变换. 求解无限长高频传输线上的电报方程的定解问题

$$\begin{cases}\dfrac{\partial^2 u}{\partial t^2}-a^2\dfrac{\partial^2 u}{\partial x^2}+2b\dfrac{\partial u}{\partial t}+c^2u=0, & -\infty<x<+\infty,t>0,\\ u\big|_{t=0}=0, & -\infty<x<+\infty,\\ \dfrac{\partial u}{\partial t}\Big|_{t=0}=A, & -\infty<x<+\infty,\end{cases}$$

其中 $b>0,c>0,A$ 为常数.

综合训练题

1. 讨论半导体物理中载流子的输运方程. 载流子的浓度分布 $u(x,t)$ 满足定解问题

$$\begin{cases}\dfrac{\partial u}{\partial t}=D\dfrac{\partial^2 u}{\partial x^2}-\mu E\dfrac{\partial u}{\partial x}-\dfrac{u}{T}, & -\infty<x<+\infty,t>0,\\ u\big|_{t=0}=\delta(x),\end{cases}$$

其中 D,μ,T 分别为载流子的扩散系数、迁移率和寿命;E 为外加的恒定电场. 求解上述定解问题,并编写 MATLAB 程序,作出不同时刻的空穴浓度分布图形,进一步观察峰值浓度和峰的位置.

2. 请谈谈自己对积分变换法的认识和理解.

人物小传

数学与宇宙的探索者——拉普拉斯

皮埃尔-西蒙·拉普拉斯(Pierre-Simon marquis de Laplace,1749—1827),法国著名数学家和天文学家,天体力学的主要奠基人,天体演化学的创立者之一,分析概率学的创始人. 拉普拉斯于 1749 年生于法国西北部卡尔瓦多斯的博蒙昂诺日,1795 年任巴黎综合工科学校教授,后又在高等师范学校任教授,1799 年担任法国经度局局长,并在拿破仑政府中担任过 6 个星期的内政部长,1816 年被选为法兰西学院院士,次年任该院院长.

拉普拉斯的研究领域是多方面的,有天体力学、概率论、微分方程、复变函数、势函数理论、代数、测地学、毛细现象理论等,并有卓越的创见. 他是一位分析学的大师,将分析学应用到力学,特别是天体力学中,获得了划时代的成果. 拉普拉斯的代表作有《宇宙体系论》《概率的分析理论》《天体力学》.

拉普拉斯对天体物理学有着巨大的贡献. 他将牛顿的万有引力定律应用到整个太阳系,并在 1773 年解决了一个当时著名的难题:解释木星轨道为什么在不断地收缩,而同时土星的轨道又在不断地膨胀. 拉普拉斯用数学方法证明行星平均运动的不变性,即行星的轨道大小只有周期性变化,且为偏心率和倾角的 3 次幂,此即著名的拉普拉斯定理. 1784—1785 年,拉普拉斯求得天体对其外任一质点的引力分量可以用一个势函数来表示,这个势函数满足一个偏微分方程,即著名的拉普拉斯方程. 1786 年,他证明行星轨道的偏心率和倾角总保持很小和恒定,能自动调整,即摄动效应是守恒和周期性的. 1787 年,他发现月球的加速度与地球轨道的偏心率有关,从理论上解决了太阳系动态中观测到的最后一个反常问题. 1796 年,他的著作《宇宙体系论》问世,书中提出了对后世有重大影响的第 1 个科学的太阳系起源理论——星云假说.

拉普拉斯长期从事大行星运动理论和月球运动理论方面的研究,尤其是太阳系天体摄动、太阳系的普遍稳定性问题以及太阳系稳定性的动力学问题. 他在总结前人研究的基础上取得了大量重要成果,这些成果集中发表在 1799—1825 年出版的 5 卷 16 册巨著《天体力学》中. 该著作第 1 次提出了"天体力学"这一名词,是经典天体力学的代表作. 因此,拉普拉斯被誉为法国的"牛顿"和天体力学之父. 1814 年,拉普拉斯提出科学假设,假定如果有一个智能生物能确定从最大天体到最小原子的运动的现时状态,就能按照力学规律推算出整个宇宙的过去状态和未来状态,后人把他所假定的智能生物称为"拉普拉斯妖".

在研究天体问题的过程中,拉普拉斯创造和发展了许多数学方法,以他名字命名的拉普拉斯变换、拉普拉斯定理和拉普拉斯方程在科学技术的各个领域有着广泛的应用.

1812 年,拉普拉斯在《概率的分析理论》中总结了当时整个概率论的研究,论述了概率在选举、审判调查、气象等方面的应用,并导入了"拉普拉斯变换"的概念. 拉普拉斯变换在许多工程技术和科学研究领域中有着广泛的应用,特别是在力学系统、电学系统、自动控制系统、可靠性系统以及随机服务系统等系统科学中起着重要作用.

第5章 格林函数法

经验和抽象是同一种知识所必需的、真正的、实际可行的两个阶段.

——赫尔岑

本章介绍求解偏微分方程的另一种重要方法——格林函数法. 以拉普拉斯方程为例，首先讨论拉普拉斯方程边值问题的定义，然后引入格林函数的概念，最后运用镜像法求解一些特殊区域上的格林函数及拉普拉斯方程狄利克雷(Dirichlet)边值问题的解.

拉普拉斯方程的引出

5.1 拉普拉斯方程边值问题的定义

考虑由无源静电场的电位分布及稳恒温度场的温度分布两个问题导出的三维拉普拉斯方程

拉普拉斯方程边值问题的定义

$$\Delta u=\frac{\partial^2 u}{\partial x^2}+\frac{\partial^2 u}{\partial y^2}+\frac{\partial^2 u}{\partial z^2}=0,\quad (x,y,z)\in\Omega. \tag{5-1}$$

设 Ω 为 $\mathbf{R}^3$ 中的给定区域,其边界为 Γ. 拉普拉斯方程的连续解即在 Ω 内具有二阶连续偏导数且满足拉普拉斯方程的连续函数,称为**调和函数**. 作为描述稳定和平衡等物理现象的拉普拉斯方程,它没有初始条件,至于边界条件,应用得较多的是如下两种边值问题.

(1) 第一边值问题. 在空间 (x,y,z) 中某一区域 Ω 的边界 Γ 上给定连续函数 f,要求这样一个函数 $u(x,y,z)$,它在闭区域 $\Omega+\Gamma$(或记作 $\overline{\Omega}$)上连续,在 Ω 内有二阶连续偏导数且满足拉普拉斯方程,在 Γ 上与已知函数 f 重合,即

$$u\big|_{\Gamma}=f. \tag{5-2}$$

第一边值问题也称为**狄利克雷问题**.

应用调和函数的概念,狄利克雷问题也可以换一种说法:在区域 Ω 内找一个调和函数,它在边界 Γ 上的值为已知函数.

(2) 第二边值问题. 在某光滑的闭曲面 Γ 上给出连续函数 f, 要求寻找这样一个函数

$u(x,y,z)$，它在 Γ 内部的区域 Ω 中为调和函数，在 $\Omega+\Gamma$ 上连续，在 Γ 上任一点处的法向导数 $\frac{\partial u}{\partial \boldsymbol{n}}$ 存在，并且等于已知函数 f 在该点的值：

$$\frac{\partial u}{\partial \boldsymbol{n}}\Big|_{\Gamma}=f, \tag{5-3}$$

其中 $\boldsymbol{n}$ 为边界 Γ 的外法向量．第二边值问题也称为**诺伊曼(Neumann)问题**．

以上两个边值问题都是在边界 Γ 上给定某些边界条件，在区域内部求拉普拉斯方程的解，这样的问题称为**内问题**．

在应用中还会遇到狄利克雷问题和诺伊曼问题的另一种提法．例如，确定某物体外部的稳恒温度场可归结为在区域 Ω 的外部求调和函数 u，使其满足边界条件 $u|_{\Gamma}=f$，这里 Γ 是 Ω 的边界，f 表示物体表面的温度分布．像这样的定解问题称为拉普拉斯方程的外问题．

由于拉普拉斯方程的外问题是在无穷区域上给出的，定解问题的解应加以一定的限制．基于在电学上总是假定无穷远处的电位为零，所以外问题中常常要求附加如下条件：

$$\lim_{r\to+\infty} u(x,y,z)=0 \quad (r=\sqrt{x^2+y^2+z^2}). \tag{5-4}$$

(1) 狄利克雷外问题．在空间 (x,y,z) 的某一闭曲面 Γ 上给定连续函数 f，要求这样一个函数 $u(x,y,z)$，它在 Γ 的外部区域 Ω' 内调和，在 $\Omega'+\Gamma$ 上连续，当点 (x,y,z) 趋于无穷远时，$u(x,y,z)$ 满足条件(5-4)，并且它在边界 Γ 上满足

$$u|_{\Gamma}=f. \tag{5-5}$$

(2) 诺伊曼外问题．在光滑的闭曲面 Γ 上给定连续函数 f，要求这样一个函数 $u(x,y,z)$，它在 Γ 的外部区域 Ω' 内调和，在 $\Omega'+\Gamma$ 上连续，在无穷远处满足条件(5-4)，且它在 Γ 上任一点的法向导数 $\frac{\partial u}{\partial \boldsymbol{n}'}$ 存在，并满足

$$\frac{\partial u}{\partial \boldsymbol{n}'}\Big|_{\Gamma}=f, \tag{5-6}$$

其中 $\boldsymbol{n}'$ 为边界 Γ 的内法向量．

本章重点讨论内问题，所用的方法也可以用于外问题．

5.2 格林公式及其应用

为了建立拉普拉斯方程解的积分表达式，需要先推导出格林公式，而格林公式是曲面积分中高斯公式的直接推论．

5.2.1 格林公式

格林公式

1) 三维情形

(1) 高斯公式回顾．

设 Ω 是以足够光滑的曲面 Γ 为边界的有界区域，$P(x,y,z)$，$Q(x,y,$

$z)$，$R(x,y,z)$是在 $\Omega+\Gamma$ 上连续的，在 Ω 内具有一阶连续偏导数的任意函数，则有如下高斯公式成立：

$$\iiint_{\Omega}\left(\frac{\partial P}{\partial x}+\frac{\partial Q}{\partial y}+\frac{\partial R}{\partial z}\right)\mathrm{d}V=\iint_{\Gamma}[P\cos(\boldsymbol{n},x)+Q\cos(\boldsymbol{n},y)+R\cos(\boldsymbol{n},z)]\mathrm{d}S, \tag{5-7}$$

其中 $\mathrm{d}V$ 为体积元素；$\boldsymbol{n}$ 为 Γ 的外法向量；$\cos(\boldsymbol{n},x)$，$\cos(\boldsymbol{n},y)$，$\cos(\boldsymbol{n},z)$为 $\boldsymbol{n}$ 的方向余弦；$\mathrm{d}S$ 为 Γ 上的面积元素.

高斯公式反映了三重积分与曲面积分之间的内在联系. 下面来推导式(5-7)的两个推论.

(2) 第一格林(Green)公式.

设函数 $u(x,y,z)$和 $v(x,y,z)$在 $\Omega+\Gamma$ 上具有一阶连续偏导数，在 Ω 内具有连续的所有二阶偏导数，在式(5-7)中令

$$P=u\frac{\partial v}{\partial x},\quad Q=u\frac{\partial v}{\partial y},\quad R=u\frac{\partial v}{\partial z},$$

则有

$$\begin{aligned}&\iiint_{\Omega}\left[\frac{\partial}{\partial x}\left(u\frac{\partial v}{\partial x}\right)+\frac{\partial}{\partial y}\left(u\frac{\partial v}{\partial y}\right)+\frac{\partial}{\partial z}\left(u\frac{\partial v}{\partial z}\right)\right]\mathrm{d}V\\ =&\iint_{\Gamma}\left[u\frac{\partial v}{\partial x}\cos(\boldsymbol{n},x)+u\frac{\partial v}{\partial y}\cos(\boldsymbol{n},y)+u\frac{\partial v}{\partial z}\cos(\boldsymbol{n},z)\right]\mathrm{d}S.\end{aligned}$$

利用

$$\frac{\partial v}{\partial \boldsymbol{n}}=\frac{\partial v}{\partial x}\cos(\boldsymbol{n},x)+\frac{\partial v}{\partial y}\cos(\boldsymbol{n},y)+\frac{\partial v}{\partial z}\cos(\boldsymbol{n},z),$$

得

$$\iiint_{\Omega}(u\Delta v)\mathrm{d}V+\iiint_{\Omega}\left(\frac{\partial u}{\partial x}\frac{\partial v}{\partial x}+\frac{\partial u}{\partial y}\frac{\partial v}{\partial y}+\frac{\partial u}{\partial z}\frac{\partial v}{\partial z}\right)\mathrm{d}V=\iint_{\Gamma}u\frac{\partial v}{\partial \boldsymbol{n}}\mathrm{d}S$$

或

$$\iiint_{\Omega}(u\Delta v)\mathrm{d}V=\iint_{\Gamma}u\frac{\partial v}{\partial \boldsymbol{n}}\mathrm{d}S-\iiint_{\Omega}\nabla u\cdot\nabla v\mathrm{d}V, \tag{5-8}$$

其中$\frac{\partial v}{\partial \boldsymbol{n}}$为 v 沿方向 $\boldsymbol{n}$ 的方向导数；∇u 为 u 的梯度，$\nabla u=\left(\frac{\partial u}{\partial x},\frac{\partial u}{\partial y},\frac{\partial u}{\partial z}\right)$.

式(5-8)称为第一格林公式.

(3) 第二格林公式.

在式(5-8)中交换 u，v 位置，得

$$\iiint_{\Omega}(v\Delta u)\mathrm{d}V=\iint_{\Gamma}v\frac{\partial u}{\partial \boldsymbol{n}}\mathrm{d}S-\iiint_{\Omega}\nabla v\cdot\nabla u\mathrm{d}V. \tag{5-9}$$

将式(5-8)与式(5-9)相减，得到

$$\iiint_{\Omega}(u\Delta v-v\Delta u)\mathrm{d}V=\iint_{\Gamma}\left(u\frac{\partial v}{\partial \boldsymbol{n}}-v\frac{\partial u}{\partial \boldsymbol{n}}\right)\mathrm{d}S. \tag{5-10}$$

式(5-10)称为第二格林公式.

根据格林公式可推出调和函数的一些基本性质.

(4) 调和函数的积分表达式.

调和函数的积分表达式是指用调和函数及其所在区域边界 Γ 上的法向导数沿 Γ 的积分来表达调和函数在 Ω 内任一点的值.

设 Ω 为 $\mathbf{R}^3$ 中的给定区域，$M_0(x_0,y_0,z_0)$ 为 Ω 内某一固定点，$M(x,y,z)$ 为 Ω 内的动点，记 $r_{MM_0}=\sqrt{(x-x_0)^2+(y-y_0)^2+(z-z_0)^2}$ 为 M_0 与 M 两点间的距离. 易证，当 $M\neq M_0$ 时，函数 $w=-\dfrac{1}{4\pi r_{MM_0}}$ 满足三维拉普拉斯方程，即

$$\Delta w=0,\quad M\neq M_0,$$

称 w 为三维拉普拉斯方程的基本解. 下面从第二格林公式和基本解出发，推导调和函数的积分表达式. 为简便起见，记 $r=r_{MM_0}$.

由于 $\dfrac{1}{r_{MM_0}}$ 在 Ω 内有奇异点 M_0，作一个以 M_0 为球心、以充分小的正数 ε 为半径的球面 Γ_ε，在 Ω 内挖去 Γ_ε 所包围的球域 K_ε，得到区域 $\Omega-K_\varepsilon$（图 5-1），在 $\Omega-K_\varepsilon$ 内直至边界上，$\dfrac{1}{r_{MM_0}}$ 是任意次连续可微的. 在式(5-10)中取 u 为调和函数，并假定它在 $\Omega+\Gamma$ 上有一阶连续偏导数，取 $v=\dfrac{1}{r_{MM_0}}$，并以 $\Omega-K_\varepsilon$ 代替该公式中的 Ω，得

$$\iiint\limits_{\Omega-K_\varepsilon}\left(u\Delta\frac{1}{r_{MM_0}}-\frac{1}{r_{MM_0}}\Delta u\right)\mathrm{d}V=\iint\limits_{\Gamma+\Gamma_\varepsilon}\left[u\frac{\partial\left(\frac{1}{r_{MM_0}}\right)}{\partial\boldsymbol{n}}-\frac{1}{r_{MM_0}}\frac{\partial u}{\partial\boldsymbol{n}}\right]\mathrm{d}S. \tag{5-11}$$

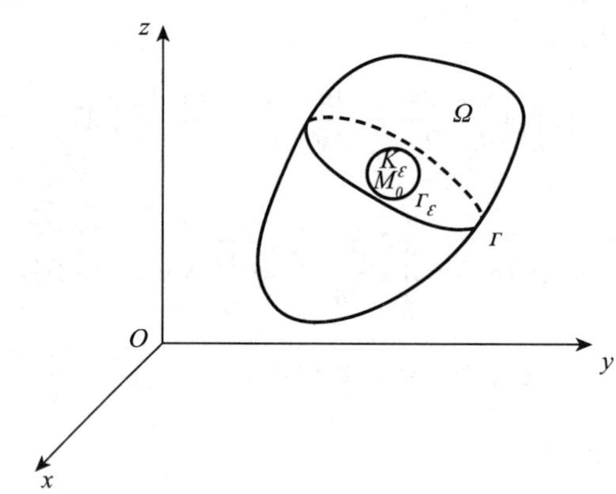

图 5-1

因为在 $\Omega-K_\varepsilon$ 内，$\Delta u=0$，$\Delta\dfrac{1}{r_{MM_0}}=0$，从而式(5-11)等号左端为零. 而在球面 Γ_ε 上

$$\left.\frac{\partial\left(\frac{1}{r_{MM_0}}\right)}{\partial\boldsymbol{n}}\right|_{M\in\Gamma_\varepsilon}=-\left.\frac{\partial\left(\frac{1}{r_{MM_0}}\right)}{\partial r}\right|_{M\in\Gamma_\varepsilon}=\left.\frac{1}{r_{MM_0}^2}\right|_{M\in\Gamma_\varepsilon}=\frac{1}{\varepsilon^2},$$

因此

$$\iint_{\Gamma_\varepsilon} u \frac{\partial\left(\frac{1}{r_{MM_0}}\right)}{\partial \boldsymbol{n}} \mathrm{d}S = \frac{1}{\varepsilon^2}\iint_{\Gamma_\varepsilon} u \,\mathrm{d}S = \frac{1}{\varepsilon^2}\bar{u} \cdot 4\pi\varepsilon^2 = 4\pi\bar{u},$$

其中 $\bar{u}$ 为函数 u 在球面 Γ_ε 上的平均值.

同理,可得

$$\iint_{\Gamma_\varepsilon} \frac{1}{r_{MM_0}} \frac{\partial u}{\partial \boldsymbol{n}} \mathrm{d}S = \frac{1}{\varepsilon}\iint_{\Gamma_\varepsilon} \frac{\partial u}{\partial \boldsymbol{n}} \mathrm{d}S = 4\pi\varepsilon \overline{\frac{\partial u}{\partial \boldsymbol{n}}},$$

其中$\overline{\frac{\partial u}{\partial \boldsymbol{n}}}$为$\frac{\partial u}{\partial \boldsymbol{n}}$在球面 Γ_ε 上的平均值.

将以上两式代入式(5-11),可得

$$\iint_{\Gamma}\left[u \frac{\partial}{\partial \boldsymbol{n}}\left(\frac{1}{r_{MM_0}}\right) - \frac{1}{r_{MM_0}} \frac{\partial u}{\partial \boldsymbol{n}}\right] \mathrm{d}S + 4\pi\bar{u} - 4\pi\varepsilon \overline{\frac{\partial u}{\partial \boldsymbol{n}}} = 0.$$

因为 $u(x,y,z)$是一阶连续可微的,故$\frac{\partial u}{\partial \boldsymbol{n}}$有界. 令 $\varepsilon \to 0$,得$\lim\limits_{\varepsilon\to 0}\bar{u} = u(M_0)$,从而 $\lim\limits_{\varepsilon\to 0} 4\pi\varepsilon \overline{\frac{\partial u}{\partial \boldsymbol{n}}} = 0$,代入上式得

$$u(M_0) = -\frac{1}{4\pi}\iint_{\Gamma}\left[u(M) \frac{\partial}{\partial \boldsymbol{n}}\left(\frac{1}{r_{MM_0}}\right) - \frac{1}{r_{MM_0}} \frac{\partial u(M)}{\partial \boldsymbol{n}}\right] \mathrm{d}S. \tag{5-12}$$

式(5-12)说明,对于在 $\Omega+\Gamma$ 上有连续一阶偏导数的调和函数 u,它在区域 Ω 内任一点 M_0 的值可通过 u 在区域边界 Γ 上的值及其在 Γ 上的法向导数来表示.

2) 二维情形

设闭区域 $D\subseteq \mathbf{R}^2$ 由分段光滑的正向边界曲线 L 围成,函数 $P(x,y)$及 $Q(x,y)$在 D 上具有一阶连续偏导数,则有平面上的格林公式

$$\iint_D \left(\frac{\partial Q}{\partial x} - \frac{\partial P}{\partial y}\right) \mathrm{d}x\,\mathrm{d}y = \oint_L P\,\mathrm{d}x + Q\,\mathrm{d}y,$$

其中 L 为平面区域 D 的正向边界曲线,其反映了二重积分与曲线积分之间的内在联系.

设函数 $u,v \in C^2(D)\cap C^1(\bar{D})$,即 u,v 是区域 D 上的二阶连续函数,且是 $\bar{D}=D+L$ 上的一阶连续函数. 取 $P=-u\frac{\partial v}{\partial y}$,$Q=u\frac{\partial v}{\partial x}$,类似于三维情形,可推得平面情形的第二格林公式为

$$\iint_D (u\Delta v - v\Delta u)\, \mathrm{d}x\,\mathrm{d}y = \oint_L \left(u \frac{\partial v}{\partial \boldsymbol{n}} - v \frac{\partial u}{\partial \boldsymbol{n}}\right) \mathrm{d}S.$$

设 D 为 $\mathbf{R}^2$ 中给定区域,$M_0(x_0,y_0)$是 D 内某一固定点,$M(x,y)$是 D 内的动点,记 $r_{MM_0}=\sqrt{(x-x_0)^2+(y-y_0)^2}$ 为 M_0 与 M 两点间的距离. 易证,当 $M\neq M_0$ 时,函数 $w(M)=\ln\frac{1}{r_{MM_0}}$满足二维拉普拉斯方程,即

$$\Delta w = 0,\quad M\neq M_0,$$

称 w 为二维拉普拉斯方程的基本解.

利用平面的格林公式和二维拉普拉斯方程的基本解可得二维调和函数的积分表达式为

$$u(M_0)=-\frac{1}{2\pi}\int_L\left[u(M)\frac{\partial}{\partial \boldsymbol{n}}\left(\ln\frac{1}{r_{MM_0}}\right)-\ln\frac{1}{r_{MM_0}}\frac{\partial u(M)}{\partial \boldsymbol{n}}\right]\mathrm{d}S.$$

5.2.2 调和函数的基本性质

拉普拉斯方程边值问题解的性质

1）诺伊曼内问题有解的必要条件

设 u 是在以 Γ 为边界的区域 Ω 内的调和函数，在 $\Omega+\Gamma$ 上有一阶连续偏导数，则在式(5-10)中取 u 为所给的调和函数，$v\equiv 1$，得到

$$\iint_\Gamma \frac{\partial u}{\partial \boldsymbol{n}}\mathrm{d}S=0. \tag{5-13}$$

由式(5-13)可得诺伊曼问题$\left(\left.\frac{\partial u}{\partial \boldsymbol{n}}\right|_\Gamma=f\right)$有解的必要条件为函数 f 满足

$$\iint_\Gamma f\,\mathrm{d}S=0. \tag{5-14}$$

事实上，这个条件也是诺伊曼内问题有解的充分条件，这里不再深究.

2）平均值公式

设函数 $u(M)$ 在某区域 Ω 内是调和的，M_0 是 Ω 内任一点，K_a 表示以 M_0 为球心、以 a 为半径且完全落在区域 Ω 内部的球面，则有如下平均值公式成立：

$$u(M_0)=\frac{1}{4\pi a^2}\iint_{K_a}u\,\mathrm{d}S. \tag{5-15}$$

要证明这个公式，只要将式(5-12)应用于球面 K_a，并注意在 K_a 上 $\frac{1}{r}=\frac{1}{a}$，$\frac{\partial}{\partial \boldsymbol{n}}\left(\frac{1}{r}\right)=\frac{\partial}{\partial r}\left(\frac{1}{r}\right)=-\frac{1}{a^2}$，以及

$$\iint_{K_a}\frac{1}{r}\frac{\partial u}{\partial \boldsymbol{n}}\mathrm{d}S=\frac{1}{a}\iint_{K_a}\frac{\partial u}{\partial \boldsymbol{n}}\mathrm{d}S=0$$

即可.

3）拉普拉斯方程解的唯一性问题

下面利用格林公式讨论拉普拉斯方程解的唯一性问题，证明狄利克雷问题在 $C^1(\overline{\Omega})\cap C^2(\Omega)$内的解是唯一确定的，诺伊曼问题的解除了相差一常数外也是唯一确定的.

以 u_1,u_2 表示定解问题的两个解，则它们的差 $w=u_1-u_2$ 必是原问题满足零边界条件的解. 对于狄利克雷问题，w 满足

$$\begin{cases}\Delta w=0, & \text{在 } \Omega \text{ 内},\\ w|_\Gamma=0;\end{cases} \tag{5-16}$$

对于诺伊曼问题，w 满足

$$\begin{cases}\Delta w=0, & \text{在 } \Omega \text{ 内},\\ \left.\frac{\partial w}{\partial \boldsymbol{n}}\right|_\Gamma=0.\end{cases} \tag{5-17}$$

假设 $w\in C^1(\overline{\Omega})$，下面证若 w 满足条件(5-16)，则 w 在 Ω 内恒为零；若 w 满足条件

(5-17)，则 w 在 Ω 内为一常数.

事实上，在式(5-8)中取 $u=v=w=u_1-u_2$，则得

$$0=\iint\limits_{\Gamma} w\frac{\partial v}{\partial \boldsymbol{n}}\mathrm{d}S-\frac{1}{a}\iiint\limits_{\Omega}(\nabla w)^2\mathrm{d}V.$$

由条件(5-16)或条件(5-17)得

$$\iiint\limits_{\Omega}(\nabla w)^2\mathrm{d}V=0,$$

故在 Ω 内必有

$$\nabla w\equiv 0,$$

即

$$\frac{\partial w}{\partial x}=\frac{\partial w}{\partial y}=\frac{\partial w}{\partial z}\equiv 0$$

或

$$w\equiv C.$$

对于狄利克雷问题，由 $w|_{\Gamma}=0$，得 $C=0$，故 $w\equiv 0$，从而 $u_1=u_2$；对于诺伊曼问题，由 $w=C$，从而 $u_1-u_2=C$，即 u_1 与 u_2 之间相差一个常数.

5.3　格林函数

5.3.1　格林函数的引出

式(5-12)说明，对于在区域 Ω 内调和，在 $\overline{\Omega}$ 上有一阶连续偏导数的函数 u，有

格林函数的引出

$$u(M_0)=-\frac{1}{4\pi}\iint\limits_{\Gamma}\left[u(M)\frac{\partial}{\partial \boldsymbol{n}}\left(\frac{1}{r_{MM_0}}\right)-\frac{1}{r_{MM_0}}\frac{\partial u(M)}{\partial \boldsymbol{n}}\right]\mathrm{d}S.$$

这个公式用函数 u 及其外法向导数 $\frac{\partial u}{\partial \boldsymbol{n}}$ 在边界 Γ 上的值将函数 u 在区域 Ω 内任一点 M_0 的值表示出来. 但这个公式无法直接提供狄利克雷问题或诺伊曼问题的解，因为对于狄利克雷问题而言，$u|_{\Gamma}$ 是已知的，但 $\frac{\partial u}{\partial \boldsymbol{n}}\Big|_{\Gamma}$ 未知，并且由解的唯一性可知，在给定 $u|_{\Gamma}$ 后就不能再任意给定 $\frac{\partial u}{\partial \boldsymbol{n}}\Big|_{\Gamma}$. 所以要想通过式(5-12)得到狄利克雷问题的解，就必须消去 $\frac{\partial u}{\partial \boldsymbol{n}}\Big|_{\Gamma}$，这就需要引入格林函数.

以三维情形为例，即 $\Omega\subseteq\mathbf{R}^3$. 在第二格林公式(5-10)中取 u,v 均为 Ω 内的调和函数，且在 $\overline{\Omega}$ 上有连续的一阶偏导数，则得

$$0=\iint\limits_{\Gamma}\left(v\frac{\partial u}{\partial \boldsymbol{n}}-u\frac{\partial v}{\partial \boldsymbol{n}}\right)\mathrm{d}S. \tag{5-18}$$

将式(5-12)与式(5-18)相减，得

$$u(M_0)=\iint_{\Gamma}\left\{u\left[\frac{\partial v}{\partial \boldsymbol{n}}-\frac{1}{4\pi}\frac{\partial}{\partial \boldsymbol{n}}\left(\frac{1}{r_{MM_0}}\right)\right]+\left(\frac{1}{4\pi r_{MM_0}}-v\right)\frac{\partial u}{\partial \boldsymbol{n}}\right\}\mathrm{d}S. \tag{5-19}$$

如果能选取调和函数 v，使其满足

$$v|_{\Gamma}=\frac{1}{4\pi r_{MM_0}}|_{\Gamma}, \tag{5-20}$$

则式(5-19)中的$\frac{\partial u}{\partial \boldsymbol{n}}|_{\Gamma}$项就消失了，于是有

$$u(M_0)=-\iint_{\Gamma}u\frac{\partial}{\partial \boldsymbol{n}}\left(\frac{1}{4\pi r_{MM_0}}-v\right)\mathrm{d}S. \tag{5-21}$$

令

$$G(M,M_0)=\frac{1}{4\pi r_{MM_0}}-v,$$

则式(5-21)可表示为

$$u(M_0)=-\iint_{\Gamma}u\frac{\partial G}{\partial \boldsymbol{n}}\mathrm{d}S. \tag{5-22}$$

$G(M,M_0)$称为拉普拉斯方程的格林函数.格林函数$G(M,M_0)$表达式中的调和函数 v 一经求得，并且它在闭区域 $\overline{\Omega}$ 上存在连续的一阶偏导数，则狄利克雷问题

$$\begin{cases}\Delta u=0, & 在\ \Omega\ 内,\\ u|_{\Gamma}=f(M)\end{cases}$$

的解可表示为

$$u(M_0)=-\iint_{\Gamma}f(M)\frac{\partial G}{\partial \boldsymbol{n}}\mathrm{d}S.$$

对于泊松方程的狄利克雷问题

$$\begin{cases}\Delta u=F, & 在\ \Omega\ 内,\\ u|_{\Gamma}=f(M),\end{cases}$$

而言，若存在 $\overline{\Omega}$ 上一次连续可微的解，这个解必然能表示为

$$u(M_0)=-\iint_{\Gamma}f(M)\frac{\partial G}{\partial \boldsymbol{n}}\mathrm{d}S-\iiint_{\Omega}GF\,\mathrm{d}V. \tag{5-23}$$

这样一来，对任意函数 f 求解拉普拉斯方程或泊松方程的狄利克雷问题就转化为求此区域内的格林函数.由式(5-22)和式(5-23)可知，确定格林函数必须解如下特殊的狄利克雷问题

$$\begin{cases}\Delta v=0, & 在\ \Omega\ 内,\\ v|_{\Gamma}=\dfrac{1}{4\pi r_{MM_0}}\Big|_{\Gamma}.\end{cases} \tag{5-24}$$

虽然对于一般区域，求解问题(5-24)不是一件容易的事，但式(5-23)还是有重要意义的，因为：① 格林函数仅依赖于区域，而与原定解问题中所给的边界条件无关，只要求得某个区域的格林函数，就能一劳永逸地解决这个区域上一切边界条件的狄利克雷问题；② 对于某些特殊区域，如球、半空间等，格林函数可以用初等方法求得，而这些特殊区域上的狄利克雷问题在椭圆型偏微分方程的研究中起重要作用.下一节将具体介绍这一方面.

5.3.2　格林函数的性质

下面不加证明地叙述格林函数的几个重要性质.

性质 1　除 $M=M_0$ 外,格林函数 $G(M,M_0)$ 处处满足方程 $\Delta G(M,M_0)=0$;当 $M\to M_0$ 时,$G(M,M_0)$ 趋于无穷大,其阶数与 $\frac{1}{r_{MM_0}}$ 相等.

性质 2　在 Ω 的边界 Γ 上,格林函数 $G(M,M_0)=0$.

性质 3　格林函数 G 满足 $\iint\limits_{\Gamma}\frac{\partial G(M,M_0)}{\partial \boldsymbol{n}}\mathrm{d}S=-1$.

性质 4　格林函数 G 具有对称性,即对 $\forall M_1,M_2\in\Omega$,有 $G(M_1,M_2)=G(M_2,M_1)$.

5.3.3　格林函数的物理意义

格林函数的物理意义

格林函数在静电学中有明显的物理意义.设在闭曲面 Γ 内空间区域 Ω(导体)中一点 M_0 处放一单位正电荷,由静电感应性质,它在 Γ 面内侧感应分布出一定密度的负电荷,而在 Γ 外侧分布有相应的正电荷.如果将曲面 Γ 接地,则外侧正电荷消失,且电位为零.此时 Γ 内任意一点 M 的电位是由两种电荷产生的,一是点 M_0 处单位正电荷产生的电位 $\frac{1}{4\pi r_{MM_0}}$,在有理化单位制中,这个电位应为 $\frac{1}{4\pi\varepsilon r_{MM_0}}$,此处为了方便,取介质的介电系数 $\varepsilon=1$;二是在 Γ 内感应的负电荷产生的电位 $-v$.此时 M 处的电位和为

$$G(M,M_0)=\frac{1}{4\pi r_{MM_0}}-v.$$

当 M 处于 Γ 上时,电位和为零,即当 $M\in\Gamma$ 时,$G(M,M_0)=0$.

格林函数的物理意义是:某导体 Ω 表面接地,在内部点 M_0 处放置一单位正电荷,导体内部所产生的电位分布即格林函数.因此,格林函数又称为源函数或影响函数.

5.4　特殊区域下的格林函数及拉普拉斯方程狄利克雷问题的解

5.4.1　格林函数的求解

由格林函数的物理意义得到启发,某些特殊区域的格林函数可以用镜像法求得.由静电学可知,若点 $M_0\in\Omega$ 处放置一单位正电荷[称为源点(source point)],则它对另一点 M 处产生的正电位为 $\frac{1}{4\pi r_{MM_0}}$,格林函数 $G(M,M_0)$ 需要满足在边界 Γ 上电位和为零.

所谓镜像法,就是在区域 Ω 外找出 M_0 关于边界 Γ 的镜像点 M_1,然后在这个镜像点放置适当的负电荷,由它产生的负电位与点 M_0 单位正电荷所产生的正电位在曲面 Γ 上互相抵消,即实现物理意义上的接地效应.

设在点 $M_0\in\Omega$ 关于边界 Γ 的镜像点 M_1 放置 q 电量的负电荷,它在点 M 处产生的电位为 $-\frac{q}{4\pi}\frac{1}{r_{MM_1}}$. 在边界 Γ 上,镜像点 M_1 满足与点 M_0 所产生的电位相互抵消,即

$$\frac{1}{4\pi r_{MM_0}}-\frac{q}{4\pi}\frac{1}{r_{MM_1}}=0,\quad M\in\Gamma.$$

因此,可取 Ω 内的格林函数为

$$G(M,M_0)=\frac{1}{4\pi r_{MM_0}}-\frac{q}{4\pi}\frac{1}{r_{MM_1}}.\tag{5-25}$$

故在 M_0 与 M_1 点处两个点电荷所形成电场在 Γ 内的电位和就是所要求的格林函数. 由式(5-25)可知,格林函数 $G(M,M_0)$ 依赖于镜像点 M_1 的位置及点 M_1 处的电荷 q. 对于一般区域来说,要同时决定这两点是比较困难的,但对于一些特殊区域,如半空间、球域等可利用镜像法求得格林函数.

5.4.2 三维特殊区域上定解问题的求解

如果能用镜像法求出格林函数 $G(M,M_0)$,那么狄利克雷问题可直接运用式(5-22)来求解. 下面考虑对半空间、球域的格林函数和狄利克雷问题进行求解.

例 1 用格林函数法求解拉普拉斯方程在半空间 $z\geqslant 0$ 内的狄利克雷问题,即求函数 $u(x,y,z)$,使其适合

半空间格林函数及拉普拉斯方程的解

$$\begin{cases}\dfrac{\partial^2 u}{\partial x^2}+\dfrac{\partial^2 u}{\partial y^2}+\dfrac{\partial^2 u}{\partial z^2}=0, & z>0,\\ u\big|_{z=0}=f(x,y), & -\infty<x,y<+\infty.\end{cases}\tag{5-26}$$

解 在半空间 $z>0$ 上任取一点 $M_0(x_0,y_0,z_0)$ 放置一单位正电荷,它在全空间内形成电场.

第 1 步:确定点 M_0 的对称点位置. 找出 M_0 关于 $z=0$ 平面的对称点 $M_1(x_0,y_0,-z_0)$(图 5-2).

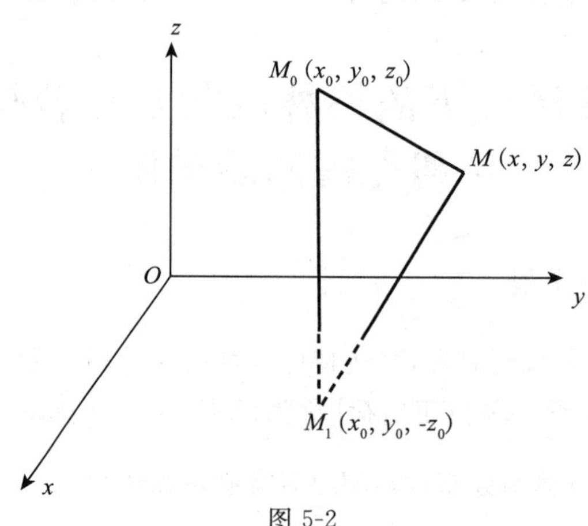

图 5-2

第 2 步:确定点 M_1 处负电荷的电量. 在点 M_1 处放置 $q=1$ 的单位负电荷,则点

M_1 处负电荷产生的电位 $-\frac{1}{4\pi r_{MM_1}}$ 与点 M_0 处正电荷产生的电位 $\frac{1}{4\pi r_{MM_0}}$ 在平面 $z=0$ 上互相抵消. 其中 $r_{MM_0}=\sqrt{(x-x_0)^2+(y-y_0)^2+(z-z_0)^2}$，$r_{MM_1}=\sqrt{(x-x_0)^2+(y-y_0)^2+(z+z_0)^2}$.

第 3 步：格林函数 $G(M,M_0)$ 的求解. 由于 $\frac{1}{4\pi r_{MM_1}}$ 在上半空间 $z>0$ 内为调和函数，在闭区域 $z\geqslant 0$ 上具有连续的一阶偏导数，因此

$$G(M,M_0)=\frac{1}{4\pi}\left(\frac{1}{r_{MM_0}}-\frac{1}{r_{MM_1}}\right) \tag{5-27}$$

即半空间 $z>0$ 的格林函数.

第 4 步：平面 $z=0$ 上外法向导数 $\left.\frac{\partial G}{\partial \boldsymbol{n}}\right|_{z=0}$ 的计算. 为了求得式(5-25)的解，计算 $\left.\frac{\partial G}{\partial \boldsymbol{n}}\right|_{z=0}$. 由于在平面 $z=0$ 上的外法线方向是 Oz 轴的负向，所以有

$$\begin{aligned}\left.\frac{\partial G}{\partial \boldsymbol{n}}\right|_{z=0}&=-\left.\frac{\partial G}{\partial z}\right|_{z=0}\\&=\frac{1}{4\pi}\left\{\frac{z-z_0}{[(x-x_0)^2+(y-y_0)^2+(z-z_0)^2]^{\frac{3}{2}}}-\frac{z+z_0}{[(x-x_0)^2+(y-y_0)^2+(z+z_0)^2]^{\frac{3}{2}}}\right\}_{z=0}\\&=-\frac{1}{2\pi}\frac{z_0}{[(x-x_0)^2+(y-y_0)^2+z_0{}^2]^{\frac{3}{2}}}.\end{aligned} \tag{5-28}$$

第 5 步：u 的求解. 将式(5-28)代入式(5-22)中，得到问题(5-25)的解为

$$u(x_0,y_0,z_0)=\frac{z_0}{2\pi}\int_{-\infty}^{+\infty}\int_{-\infty}^{+\infty}\frac{f(x,y)}{[(x-x_0)^2+(y-y_0)^2+z_0{}^2]^{\frac{3}{2}}}\mathrm{d}x\,\mathrm{d}y. \tag{5-29}$$

例 2　用格林函数法求解球域内的拉普拉斯方程狄利克雷问题

$$\begin{cases}\Delta u=0, & x^2+y^2+z^2\leqslant R^2,\\ u|_{\Gamma}=f.\end{cases}$$

其中 $\Gamma=\{(x,y,z),x^2+y^2+z^2=R^2\}$.

球域上格林函数及拉普拉斯方程的解

解　在球内任取一点 $M_0(r_{OM_0}=\rho_0)$，连接 OM_0 并延长至 M_1 使 $r_{OM_0}\cdot r_{OM_1}=R^2$，点 M_1 称为 M_0 关于球面 Γ 的反演点(图 5-3). 以 ρ_1 表示 r_{OM_1}，则 $\rho_0\rho_1=R^2$.

在 M_0 处放置一单位正电荷，在 M_1 处放置 q 单位的负电荷，需适当选择 q 的值，使这两个电荷所产生的电位在球面 Γ 上相互抵消，即

$\frac{1}{4\pi r_{M_0P}}=\frac{q}{4\pi r_{M_1P}}$ 或 $q=\frac{r_{M_1P}}{r_{M_0P}}$，其中 P 是球面 Γ 上任一点. 由于 ΔOM_1P 与 ΔOM_0P 在点 O 有公共角，且夹角的两边成比例，$\frac{\rho_0}{R}=\frac{R}{\rho_1}$，因此这两个三角形是相似的，从而有 $\frac{r_{M_1P}}{r_{M_0P}}=\frac{R}{\rho_0}$，故 $q=\frac{R}{\rho_0}$. 即只

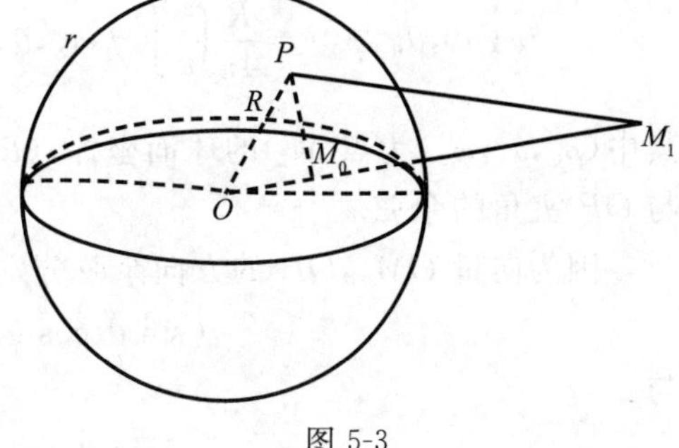

图 5-3

要在点 M_1 处放置 R/ρ_0 单位的负电荷，由它所形成电场的电位 $v=\dfrac{R}{4\pi\rho_0 r_{M_1M}}$不仅在 Γ 所围成的球域 Ω 内部是调和函数，在 $\Omega+\Gamma$ 上一次连续可微，而且在 Γ 上满足

$$\left.\frac{1}{4\pi r_{M_0M}}\right|_\Gamma=\left.\frac{R}{4\pi\rho_0 r_{M_1M}}\right|_\Gamma,$$

即

$$\frac{1}{4\pi}\left(\frac{1}{r_{M_0P}}-\frac{R}{\rho_0 r_{M_1P}}\right)=0. \tag{5-30}$$

所以，球域的格林函数为

$$G(M,M_0)=\frac{1}{4\pi}\left(\frac{1}{r_{M_0M}}-\frac{R}{\rho_0 r_{M_1M}}\right). \tag{5-31}$$

现在利用格林函数求球域内的狄利克雷问题的解. 为此要算出$\dfrac{\partial G}{\partial \boldsymbol{n}}\Big|_\Gamma$，注意到

$$\frac{1}{r_{MM_0}}=\frac{1}{\sqrt{{\rho_0}^2+\rho^2-2\rho\rho_0\cos\gamma}},\quad \frac{1}{r_{MM_1}}=\frac{1}{\sqrt{{\rho_1}^2+\rho^2-2\rho_1\rho\cos\gamma}},$$

其中 $\rho=r_{OM}$，γ 是 OM_0 与 OM 的夹角(当然也是 OM_1 与 OM 的夹角). 于是

$$G(M,M_0)=\frac{1}{4\pi}\left(\frac{1}{\sqrt{{\rho_0}^2+\rho^2-2\rho\rho_0\cos\gamma}}-\frac{R}{\sqrt{{\rho_0}^2\rho^2-2\rho\rho_0R^2\cos\gamma+R^4}}\right)$$
$$(\rho_0\rho_1=R^2).$$

在球面 Γ 上，

$$\begin{aligned}\frac{\partial G}{\partial \boldsymbol{n}}&=\frac{\partial G}{\partial \rho}\Big|_{\rho=R}\\&=-\frac{1}{4\pi}\left[\frac{\rho-\rho_0\cos\gamma}{(\rho^2+{\rho_0}^2-2\rho_0\rho\cos\gamma)^{\frac{3}{2}}}-\frac{({\rho_0}^2\rho-R^2\rho_0\cos\gamma)R}{({\rho_0}^2\rho^2-2R^2\rho\rho_0\cos\gamma+R^4)^{\frac{3}{2}}}\right]_{\rho=R}\\&=-\frac{1}{4\pi R}\frac{R^2-{\rho_0}^2}{(R+{\rho_0}^2-2R\rho_0\cos\gamma)^{\frac{3}{2}}},\end{aligned}$$

代入式(5-22)可得球内狄利克雷问题的解为

$$u(M_0)=\frac{1}{4\pi R}\iint_\Gamma\frac{R^2-{\rho_0}^2}{(R+{\rho_0}^2-2R\rho_0\cos\gamma)^{\frac{3}{2}}}f\,\mathrm{d}S, \tag{5-32}$$

或写成球坐标的形式

$$u(\rho_0,\theta_0,\varphi_0)=\frac{R}{4\pi}\int_0^{2\pi}\int_0^{\pi}f(R,\theta,\varphi)\frac{R^2-{\rho_0}^2}{(R+{\rho_0}^2-2R\rho_0\cos\gamma)^{\frac{3}{2}}}\sin\theta\,\mathrm{d}\theta\,\mathrm{d}\varphi, \tag{5-33}$$

其中$(\rho_0,\theta_0,\varphi_0)$为点 M_0 的球面坐标，(R,θ,φ)为球面 Γ 上点 P 的球面坐标，$\cos\gamma$ 为 OM_0 与 OP 夹角的余弦.

因为向量 OM_0，OP 的方向余弦分别为

$$(\sin\theta_0\cos\varphi_0,\sin\varphi_0\sin\theta_0,\cos\theta_0)$$

与

$$(\sin\theta\cos\varphi,\sin\varphi\sin\theta,\cos\theta),$$

所以

$$\begin{aligned}\cos\gamma &= \cos\theta\cos\theta_0 + \sin\theta\sin\theta_0(\sin\varphi\sin\varphi_0 + \cos\varphi\cos\varphi_0)\\ &= \cos\theta\cos\theta_0 + \sin\theta\sin\theta_0\cos(\varphi-\varphi_0).\end{aligned}$$

式(5-32)或式(5-33)称为球域上拉普拉斯方程的狄利克雷问题解的泊松公式.

以上两例的推导都是形式上的,即在假定定解问题有解的条件下得到解的表达式,至于式(5- 29)与式(5-33)是否就是相应定解问题的解,还应加以验证. 这个验证过程这里省略,有兴趣的读者可查阅其他书籍.

5.4.3　二维特殊区域上定解问题的求解

拉普拉斯方程的狄利克雷问题

$$\begin{cases}\Delta u = u_{xx} + u_{yy} = 0, & (x,y)\in D,\\ u(x,y) = f(x,y), & (x,y)\in L,\end{cases}$$

的解可以表示为

$$u(M_0) = -\int_L f(M)\frac{\partial G(M,M_0)}{\partial \boldsymbol{n}}\mathrm{d}s. \tag{5-34}$$

下面利用式(5-34)和第 5. 4. 2 节中的方法,研究平面上几类特殊区域的格林函数和二维拉普拉斯方程狄利克雷问题解的积分表达式.

例 3　求上半平面内二维拉普拉斯方程的狄利克雷问题

$$\begin{cases}\Delta u = u_{xx} + u_{yy} = 0, & -\infty < x < +\infty, y > 0,\\ u(x,0) = f(x), & -\infty < x < +\infty\end{cases} \tag{5-35}$$

解的表达式,其中 $f(x)$为有界连续函数.

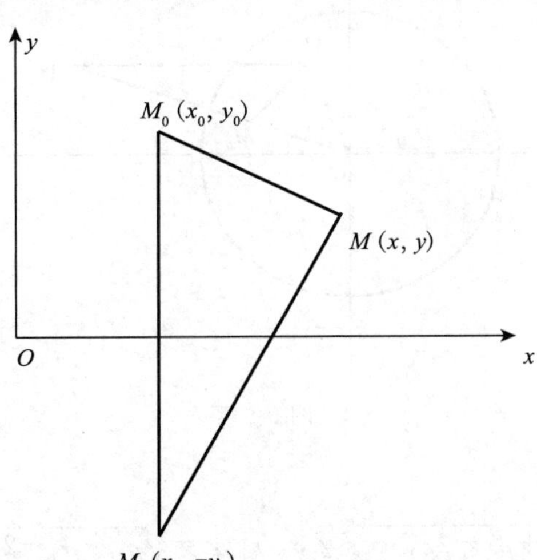

图 5-4

解　设 $M_0(x_0, y_0)$是上半平面内一点,关于直线 $y=0$ 的对称点为 $M_1(x_0, -y_0)$,在点 M_0 和 M_1 处分别放置一单位正电荷和一单位负电荷,于是可得到格林函数

$$G(M,M_0) = \frac{1}{2\pi}\left(\ln\frac{1}{r_{MM_0}} - \ln\frac{1}{r_{MM_1}}\right).$$

经计算可得

$$\frac{\partial G}{\partial \boldsymbol{n}}\Big|_{y=0}=-\frac{\partial G}{\partial y}\Big|_{y=0}=-\frac{1}{\pi}\frac{y_0}{(x-x_0)^2+y_0^2}.$$

由式(5-34)可得定解问题(5-35)的解为

$$u(x_0,y_0)=\frac{y_0}{\pi}\int_{-\infty}^{+\infty}\frac{f(x)}{(x-x_0)^2+y_0^2}\mathrm{d}x.$$

习惯上,将其写为

$$u(x,y)=\frac{y_0}{\pi}\int_{-\infty}^{+\infty}\frac{f(\xi)}{(\xi-x)^2+y^2}\mathrm{d}\xi. \tag{5-36}$$

例 4 求圆域上二维拉普拉斯方程的狄利克雷问题

圆域上的格林函数及拉普拉斯方程的解

$$\begin{cases}\Delta u=u_{xx}+u_{yy}=0, & (x,y)\in D,\\ u(x,y)=f(x,y), & (x,y)\in L,\end{cases} \tag{5-37}$$

其中 $D=\{(x,y)\mid x^2+y^2<a^2\}$,$L=\{(x,y)\mid x^2+y^2=a^2\}$.

解 采用本节例 2 中的方法,可得圆域上的格林函数为

$$G(M,M_0)=\frac{1}{2\pi}\left(\ln\frac{1}{r_{MM_0}}-\ln\frac{a}{\rho_0 r_{MM_1}}\right),$$

其中 M_1 为点 M_0 关于圆周 L 的对称点,即 $\rho_0=r_{OM_0}$,$\rho_1=r_{OM_1}$,$\rho_0\rho_1=a^2$.

设 θ,θ_0 分别是 OM 和 OM_0 与 x 轴的夹角,γ 是 OM_0 和 OM 的夹角.

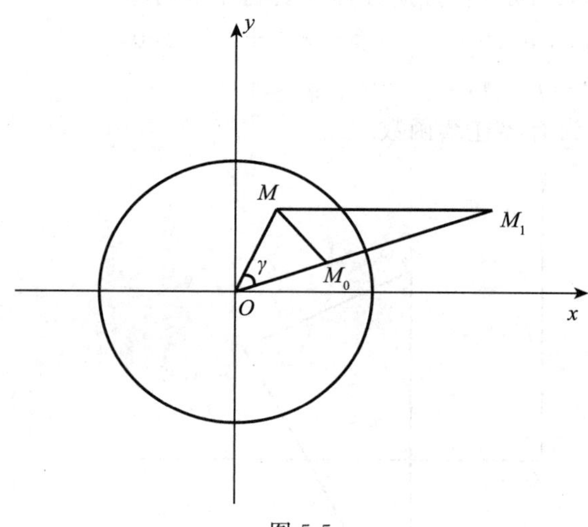

图 5-5

经计算可得

$$r_{MM_0}=\sqrt{\rho_0^2+\rho^2-2\rho_0\rho\cos\gamma},\quad r_{MM_1}=\sqrt{\rho_1^2+\rho^2-2\rho_1\rho\cos\gamma},$$
$$\cos\gamma=\cos(\theta-\theta_0).$$

其中 $\rho=r_{OM}$.

因此,在极坐标(ρ,θ)下,圆域上的格林函数为

$$G(M,M_0)=\frac{1}{2\pi}\left(\ln\frac{1}{\sqrt{\rho_0^2+\rho^2-2\rho_0\rho\cos\gamma}}-\ln\frac{a}{\rho_0\sqrt{\rho_1^2+\rho^2-2\rho_1\rho\cos\gamma}}\right).$$

经计算可得

$$\frac{\partial G}{\partial \boldsymbol{n}}\Big|_{\rho=a}=\frac{\partial G}{\partial \rho}\Big|_{\rho=a}=-\frac{1}{2\pi a}\frac{a^2-\rho_0^2}{a^2-2a\rho_0\cos(\theta-\theta_0)+\rho_0^2}.$$

由式(5-34)可得定解问题(5-37)的解为

$$\begin{aligned}u(\rho_0,\theta_0)&=\frac{1}{2\pi a}\int_L\frac{(a^2-\rho_0^2)f(M)}{a^2-2a\rho_0\cos(\theta-\theta_0)+\rho_0^2}\mathrm{d}s\\&=\frac{1}{2\pi}\int_0^{2\pi}\frac{(a^2-\rho_0^2)f(a\cos\theta,a\sin\theta)}{a^2-2a\rho_0\cos(\theta-\theta_0)+\rho_0^2}\mathrm{d}\theta\,.\end{aligned}\tag{5-38}$$

式(5-38)称为圆域内狄利克雷问题解的泊松公式.

5.4.4　求解半球域和四分之一平面上的格林函数

例 5　求半球域的格林函数.

解　设球的中心坐标为原点 O,半径为 R,点 M_0 为上半球域内的任一点(与球心不重合),点 M_1 是点 M_0 关于球面的对称点,点 M_0'和点 M_1'分别是点 M_0 和点 M_1 关于坐标面 $z=0$ 的对称点,如图 5-6 所示.

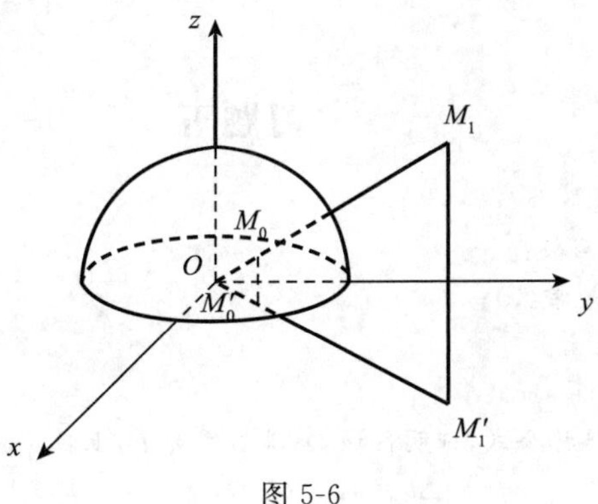

图 5-6

在点 M_0 处放置一单位正电荷,在点 M_1 处放置$\dfrac{R}{\rho_0}$单位负电荷(其中 $\rho_0=r_{OM_0}$),在点 M_0'处放置一单位负电荷,在点 M_1'处放置$\dfrac{R}{\rho_0}$单位正电荷. 这 4 个点所产生的电位在上半球域表面(包含半球面以及球与平面 $z=0$ 相交的部分)相互抵消,所以上半球域的格林函数为

$$G(M,M_0)=\frac{1}{4\pi}\left(\frac{1}{r_{MM_0}}-\frac{1}{r'_{MM_0}}\right)+\frac{R}{4\pi\rho_0}\left(\frac{1}{r'_{MM_1}}-\frac{1}{r_{MM_1}}\right).$$

例 6　求四分之一平面区域 $D=\{(x,y)\,|\,x>0,y>0\}$ 上的格林函数.

解　在 D 上取一点 $M_0(x_0,y_0)$,得到 3 个对称点 $M_1(x_0,-y_0)$,$M_2(-x_0,y_0)$,$M_3(-x_0,-y_0)$,如图 5-7 所示.

应用镜像法,容易得到区域 D 上的格林函数为

$$\begin{aligned}G(M,M_0)&=\frac{1}{2\pi}\left(\ln\frac{1}{r_{MM_0}}-\ln\frac{1}{r_{MM_1}}-\ln\frac{1}{r_{MM_2}}+\ln\frac{1}{r_{MM_3}}\right)\\&=\frac{1}{4\pi}\ln\frac{[(x-x_0)^2+(y+y_0)^2][(x+x_0)^2+(y-y_0)^2]}{[(x-x_0)^2+(y-y_0)^2][(x+x_0)^2+(y+y_0)^2]}.\end{aligned}$$

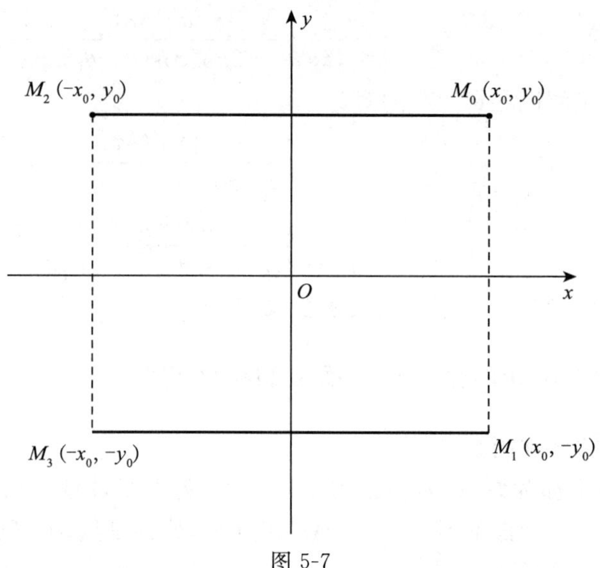

图 5-7

习题五

1. 证明下列函数都是调和函数：

(1) $ax+by+c$ (a,b,c 都是常数)；

(2) x^2-y^2；

(3) $3x^2y-y^3$.

2. 设常数 $\sigma>0$,利用第一格林公式,证明区域 Ω(其边界为 Γ)上拉普拉斯方程的罗宾边值问题

$$\begin{cases}\Delta u=0, & x\in\Omega,\\ \dfrac{\partial u}{\partial \boldsymbol{n}}+\sigma u=f, & x\in\Gamma,\end{cases}$$

解的唯一性.

3. 验证 $u=\ln\dfrac{1}{\rho}$是二维拉普拉斯方程的解(称为基本解),其中

$$\rho=\sqrt{(x-x_0)^2+(y-y_0)^2}.$$

4. 利用调和函数的积分表达式证明:如果 $u=u(x,y,z)$是 Ω 内的调和函数,且不恒等于常数,则它不能在 Ω 内达到其最大值和最小值.

5. 若 $u(r,\theta)$ 是单位圆上的格林函数,且 $u(1,\theta)=\sin^2\theta$. 求函数在原点的值.

6. 求出上半圆区域的格林函数.

7. 求三维拉普拉斯方程在半空间 $y\leqslant a$ (a 为常数)上狄利克雷问题的解：

$$\begin{cases}\dfrac{\partial^2 u}{\partial x^2}+\dfrac{\partial^2 u}{\partial y^2}+\dfrac{\partial^2 u}{\partial z^2}=0, & -\infty<x,z<+\infty, y<a,\\ u(x,a,z)\big|_{y=0}=f(x,z), & -\infty<x,z<+\infty.\end{cases}$$

8. 用二维问题的格林函数法求下列半平面 $x\leqslant a$(a 为常数)上狄利克雷问题的解：

$$\begin{cases}\dfrac{\partial^2 u}{\partial x^2}+\dfrac{\partial^2 u}{\partial y^2}=0, & -\infty<y<+\infty, x<a,\\ u(a,y)=f(y), & -\infty<y<+\infty.\end{cases}$$

9. 用二维问题的格林函数法求下列圆域 $\rho\leqslant a$(a 为常数)上狄利克雷问题的解(A,a 为常数):

$$\begin{cases}\dfrac{\partial^2 u}{\partial x^2}+\dfrac{\partial^2 u}{\partial y^2}=0, & \rho<a,\\ u\big|_{\rho=a}=A\cos\varphi, & \rho=a.\end{cases}$$

10. 利用球域上的泊松公式求解

$$\begin{cases}\dfrac{\partial^2 u}{\partial x^2}+\dfrac{\partial^2 u}{\partial y^2}+\dfrac{\partial^2 u}{\partial z^2}=0, & x^2+y^2+z^2<1,\\ u=2\cos 2\theta+1, & x^2+y^2+z^2=1,\end{cases}$$

其中 (r,θ,ϕ) 为球坐标.

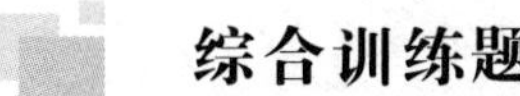

综合训练题

1. 上半平面内二维拉普拉斯方程的狄利克雷问题定义如下:

$$\begin{cases}\Delta u=u_{xx}+u_{yy}=0, & -\infty<x<+\infty, y>0,\\ u(x,0)=f(x), & -\infty<x<+\infty\end{cases}$$

(1) 求定解问题的解的表达式,其中 $f(x)=\begin{cases}1, & x\in[a,b],\\ 0, & x\notin[a,b].\end{cases}$

(2) 给定 $a=-1,b=1$,利用 MATLAB 软件将解以图形的方式表示出来.

2. 谈谈自己对格林函数法的理解和认识.

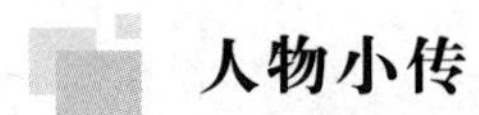

人物小传

开创性的数学家、物理学家——乔治·格林

乔治·格林(George Green, 1793—1841),英国科学家.格林在 1828 年首次引入格林定理、物理上的势函数和格林函数的概念,为电磁学、静电学和许多其他科学领域奠定了基石.

1793 年 7 月,格林出生于英国诺丁汉郡.他的家庭贫困,父亲是一位面包师傅,经营一座风车磨坊.格林在 8 岁上学时便表现出非凡的数学才能,可惜这段学习只维持了一年.格林长大后在父亲的风车磨坊工作时坚持自学数学,攻读从图书馆借来的数学书籍.对格林影响最大的是法国数学家拉普拉斯、拉格朗日、泊松等人的著作.通过钻研,格林不仅掌握了纯熟的分析方法,而且创造性地发展、应用,并于 1828 年完成了他的第一篇也是最重要的论文——An Essay on the Applications of Mathematical Analysis to the Theories of Electricity and Magnetism.该论文得到林肯郡的贵族、皇家学会会员勃隆黑德爵士的欣赏.格林随后由勃隆黑德爵士推荐发表了 3 篇论文——《关于与电流相似的流体平衡定律的数学研究及其他类似研究》《论变密度椭圆体外部与内部引力的计算》《流体介质中摆的振动研究》.勃隆黑德爵士是剑桥分析学会的创始人之一,他建议格林到剑桥大学深造.1933 年,近 40 岁的格林进入剑桥大学学习,并于 4 年后获得剑桥大学学士学位。1937 年,格林毕业后留在剑桥大学冈维尔与凯斯学院工作,并在光学、声学、流体力学等方面发表了学术著作.正当更加宽广的科学道路在格林面前展现时,这位磨坊工出身的数学家却积劳成疾,不得不回家乡休养,于 1941 年在诺丁汉病故。

格林是英国近代物理数学的先驱者,其精神影响了斯托克斯、麦克斯韦、开尔文等英国数学家、物理学家.为了纪念数学家乔治·格林,诺丁汉大学乔治·格林图书馆便是以他的名字命名的.1986 年,乔治·格林的风车磨坊修复至可以运作,用来展示 19 世纪风车磨坊的实际运作,并成为乔治·格林纪念馆和科学中心.

第6章 数学物理方程的数值方法

虽然我们不被允许看透自然界本质的秘密,从而认识现象的真实原因,但仍可能发生这样的情形:一定的虚构假设足以解释许多现象.

——欧拉

本章介绍偏微分方程的有限差分方法和有限元方法.由于计算机只能存储有限个数据和做有限次运算,所以任何一种用计算机解题的方法都必须把连续问题(微分方程的边值问题、初值问题等)离散化,最终化成有限形式的线性代数方程组.

6.1 有限差分方法基础

有限差分方法需要对求解区域做网格剖分,用有限个网格节点代替连续区域,然后将微分算子离散化,从而把微分方程的定解问题化为线性代数方程组的求解问题.通过求解线性代数方程组,得到微分方程的解函数在网格节点处的近似值.

两点边值问题的数值求解方法

6.1.1 导数差分格式

以常微分方程问题为例,假定方程的自变量 x 定义在有界区域 $I=[0,L]$上,取 N 为正整数,将区域 I 等分为 N 份,则分点为

$$x_i=ih,\quad i=0,1,\cdots,N,$$

其中 $h=\frac{L}{N}$为步长,x_i 为节点,如图 6-1 所示.

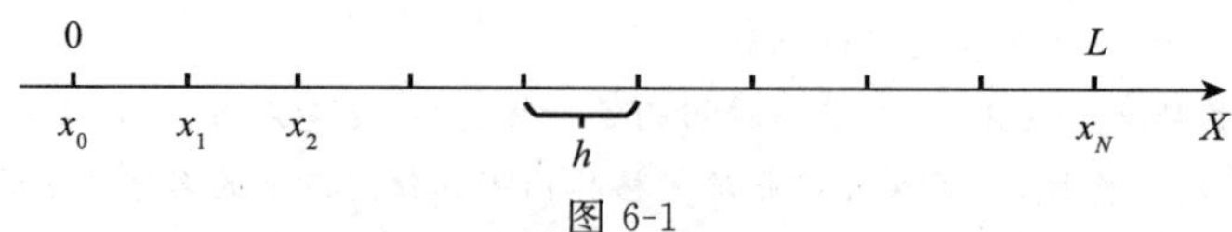

图 6-1

微分方程中通常包含未知函数及其导数.将微分方程转化成定义在节点上的差分方程

时，需要将微分方程中的各导数项离散化. 根据函数导数的定义，函数的导数可近似表示为函数的增量与自变量增量的比值. 从几何意义上讲，一条光滑曲线上某点处的切线的斜率可以用该点与旁边某一点之间的弦的斜率近似代替，即

$$\left[\frac{\mathrm{d}u}{\mathrm{d}x}\right]_i \approx \frac{u(x_{i+1})-u(x_i)}{h} \quad 或 \quad \left[\frac{\mathrm{d}u}{\mathrm{d}x}\right]_i \approx \frac{u(x_i)-u(x_{i-1})}{h}, \tag{6-1}$$

$$\begin{aligned}\left[\frac{\mathrm{d}^2u}{\mathrm{d}x^2}\right]_i &\approx \frac{1}{h}\left(\left[\frac{\mathrm{d}u}{\mathrm{d}x}\right]_{i+\frac{1}{2}}-\left[\frac{\mathrm{d}u}{\mathrm{d}x}\right]_{i-\frac{1}{2}}\right)\approx\frac{1}{h}\left[\frac{u(x_{i+1})-u(x_i)}{h}-\frac{u(x_i)-u(x_{i-1})}{h}\right]\\ &=\frac{u(x_{i+1})-2u(x_i)+u(x_{i-1})}{h^2},\end{aligned} \tag{6-2}$$

其中 $[\cdot]_i$ 表示括号内的函数在 x_i 处的值.

式(6-1)中的第 1 个近似公式称为一阶导数的向前差分公式，如图 6-2 所示，第 2 个近似公式称为一阶导数的向后差分公式；式(6-2)中的近似公式称为二阶导数的中心差分公式.

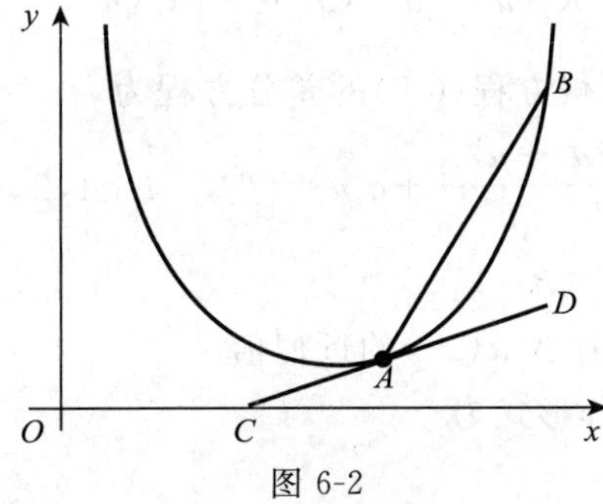

图 6-2

为了衡量这种近似产生的误差，假定方程的解充分光滑，考虑泰勒展开式：

$$\frac{1}{h}[u(x_{i+1})-u(x_i)]=\frac{1}{h}\left[u'(x_i)h+u''(x_i)\frac{1}{2}h^2+\cdots\right]=u'(x_i)+\frac{1}{2}u''(x_i)h+O(h^2), \tag{6-3}$$

舍去等号右端最后两项，可知式(6-1)中的向前差分公式具有一阶精度. 同理，向后差分公式也具有一阶精度.

对于式(6-2)中的差分公式，考虑如下的泰勒展开式：

$$\begin{aligned}\frac{1}{h^2}[u(x_{i+1})-2u(x_i)+u(x_{i-1})]&=\frac{1}{h^2}\left[u''(x_i)h^2+u^{(4)}(x_i)\frac{h^4}{12}+O(h^6)\right]\\ &=u''(x_i)+u^{(4)}(x_i)\frac{h^2}{12}+O(h^4),\end{aligned} \tag{6-4}$$

舍去等号右端最后两项，可知式(6-2)的中心差分公式具有二阶精度.

为方便起见，定义一阶向前、向后差分算子

$$\delta_{x+}u(x_i):=\frac{u(x_{i+1})-u(x_i)}{h},\quad \delta_{x-}u(x_i):=\frac{u(x_i)-u(x_{i-1})}{h},$$

以及二阶中心差分算子

$$\delta_x^2u(x_i):=\frac{u(x_{i+1})-2u(x_i)+u(x_{i-1})}{h^2}.$$

6.1.2 两点边值问题的数值求解

考虑常微分方程边值问题：

$$\begin{cases}-\dfrac{\mathrm{d}^2u}{\mathrm{d}x^2}+qu=f, & 0<x<L,\\ u(0)=\alpha,u(L)=\beta,\end{cases}\tag{6-5}$$

其中 $q,f\in C[0,L],q\geqslant 0;\alpha,\beta$ 为给定的常数.

将求解区域$[0,L]$等分为 N 份，由式(6-4)可知，在节点 x_i 处，方程(6-5)等价于

$$-\frac{1}{h^2}[u(x_{i+1})-2u(x_i)+u(x_{i-1})]+q(x_i)u(x_i)=f(x_i)+R_i(u),\quad i=1,2,\cdots,N-1,\tag{6-6}$$

其中余项

$$R_i(u)=u^{(4)}(x_i)\frac{h^2}{12}+O(h^4).$$

舍去式(6-6)中的余项，可得方程(6-5)的差分方程为

$$\begin{cases}-\dfrac{u_{i+1}-2u_i+u_{i-1}}{h^2}+q_iu_i=f_i, & i=1,2,\cdots,N-1,\\ u_0=\alpha,u_N=\beta,\end{cases}\tag{6-7}$$

其中 $q_i=q(x_i),f_i=f(x_i),u_i$ 为 $u(x_i)$的近似值.

差分方程(6-7)对应的矩阵形式为

$$-\frac{1}{h^2}\begin{pmatrix}-2 & 1 & & & \\ 1 & -2 & 1 & & \\ & \ddots & \ddots & \ddots & \\ & & 1 & -2 & 1\\ & & & 1 & -2\end{pmatrix}\begin{pmatrix}u_1\\ u_2\\ \vdots\\ u_{N-2}\\ u_{N-1}\end{pmatrix}+\begin{pmatrix}q_1 & & & \\ & q_2 & & \\ & & \ddots & \\ & & & \ddots & \\ & & & & q_{N-1}\end{pmatrix}\begin{pmatrix}u_1\\ u_2\\ \vdots\\ u_{N-2}\\ u_{N-1}\end{pmatrix}=\begin{pmatrix}f_1+\dfrac{\alpha}{h^2}\\ f_2\\ \vdots\\ f_{N-2}\\ f_{N-1}+\dfrac{\beta}{h^2}\end{pmatrix}.$$

该矩阵形式是一个线性方程组，其解向量 $\boldsymbol{u}=(u_1,u_2,\cdots,u_{N-1})$即微分方程(6-5)的数值解.

可以看出，上述线性方程组的系数矩阵具有三对角结构，在求解时可以采用追赶法(也称为托马斯算法)实现，具有线性计算复杂度. 特别地，在用 MATLAB 软件求解此线性方程组时，可以使用 diag 命令构建三对角矩阵结构，再利用 MATLAB 中的除法(即反斜杠)实现线性代数方程组的快速求解.

例 用有限差分方法求解定义在有界区间$[0,\pi]$上的两点边值问题：

$$\begin{cases}-\dfrac{\mathrm{d}^2u}{\mathrm{d}x^2}+xu=(1+x)\sin x, & 0<x<\pi,\\ u(0)=0,u(\pi)=0.\end{cases}$$

利用方程的真解 $u(x)=\sin x$，展示数值方法的误差.

解 取正整数 $N=100$，将有界区间$[0,\pi]$等分为 N 份，步长 $h=\dfrac{\pi}{N}$，分点记为 $x_i=ih$，

$i=0,1,\cdots,N$. 该两点边值问题对应的差分格式为

$$\begin{cases}-\dfrac{u_{i+1}-2u_i+u_{i-1}}{h^2}+x_iu_i=(1+x_i)\sin x_i, & i=1,2,\cdots,N-1,\\ u_0=0,u_N=0.\end{cases}$$

使用 MATLAB 进行编程,有限差分方法得到的数值解和相应的误差如图 6-3 所示.

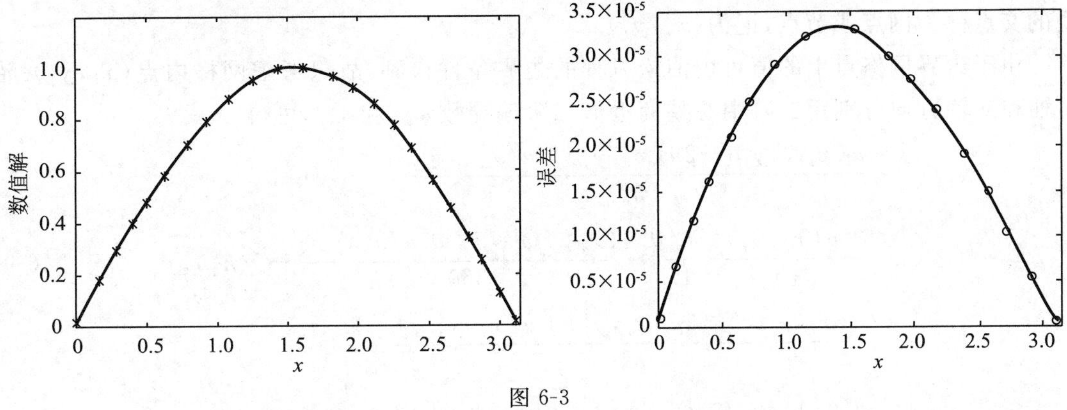

图 6-3

为验证有限差分方法的精度,对网格进行循环加密,计算相应的误差,并利用收敛阶计算公式

$$\gamma=\log_2\frac{误差_1/误差_2}{h_1/h_2}$$

得到该方程的有限差分方法的收敛阶 γ,见表 6-1. 由表可以看出,计算得到的收敛阶与理论上的二阶精度非常匹配.

表 6-1

N	误　差	收敛阶
100	3.3166×10^{-5}	—
200	8.2916×10^{-6}	2.00
400	2.0729×10^{-6}	2.00
800	5.1823×10^{-7}	2.00

6.2　泊松方程的差分方法

定义矩形区域 $G=[x_a,x_b]\times[y_a,y_b]$,其中 $[x_a,x_b]$ 是自变量 x 的范围,$[y_a,y_b]$ 是自变量 y 的范围,矩形区域 G 的边界记为 Γ. 定义在矩形区域 G 上的泊松方程为

$$\begin{cases}-\Delta u=f(x,y), & (x,y)\in G,\\ u(x,y)=\alpha(x,y), & (x,y)\in\Gamma,\end{cases}\tag{6-8}$$

其中 f 和 α 为已知的光滑函数. 下面考虑方程(6-8)的数值解法.

6.2.1 五点差分格式

首先对网格进行离散，取沿 x 轴和 y 轴的步长 h_1 和 h_2，作两族与坐标轴平行的直线 $x_i=ih_1, i=0,1,\cdots,N_1$ 和 $y_j=jh_2, j=0,1,\cdots,N_2$，其中步长满足 $x_b-x_a=N_1h_1, y_b-y_a=N_2h_2$. 进一步定义 $h=\sqrt{h_1^2+h_2^2}$，两组直线的交点称为网点或节点，记为(x_i,y_j).

由于边界网格点上的值可由泊松方程的边界条件得到，故只考虑网格内点(x_i,y_j). 沿 x 轴和 y 轴方向分别用二阶中心差商近似二阶偏导数 u_{xx} 和 u_{yy}，可得

$$\frac{u(x_{i+1},y_j)-2u(x_i,y_j)+u(x_{i-1},y_j)}{h_1^2}$$

$$=\frac{\partial^2 u(x_i,y_j)}{\partial x^2}+\frac{h_1^2}{12}\frac{\partial^4 u(x_i,y_j)}{\partial x^4}+\frac{h_1^4}{360}\frac{\partial^6 u(x_i,y_j)}{\partial x^6}+O(h_1^6), \tag{6-9}$$

$$\frac{u(x_i,y_{j+1})-2u(x_i,y_j)+u(x_i,y_{j-1})}{h_2^2}$$

$$=\frac{\partial^2 u(x_i,y_j)}{\partial y^2}+\frac{h_2^2}{12}\frac{\partial^4 u(x_i,y_j)}{\partial y^4}+\frac{h_2^4}{360}\frac{\partial^6 u(x_i,y_j)}{\partial y^6}+O(h_2^6). \tag{6-9$'$}$$

式(6-9)和式(6-9)$'$相加，并利用泊松方程(6-8)，可得

$$-\frac{u(x_{i+1},y_j)-2u(x_i,y_j)+u(x_{i-1},y_j)}{h_1^2}-\frac{u(x_i,y_{j+1})-2u(x_i,y_j)+u(x_i,y_{j-1})}{h_2^2}$$

$$=f_{ij}+R_{i,j}(u), \tag{6-10}$$

其中 $f_{ij}=f(x_i,y_j)$，

$$R_{i,j}(u)=-\frac{h_1^2}{12}\frac{\partial^4 u(x_i,y_j)}{\partial x^4}-\frac{h_2^2}{12}\frac{\partial^4 u(x_i,y_j)}{\partial y^4}+O(h^4)=O(h^2). \tag{6-11}$$

舍去式(6-10)中的余项 $R_{i,j}(u)$，可得泊松方程(6-8)的差分格式为

$$-\Delta_h u_{i,j}:=-\frac{u_{i+1,j}-2u_{i,j}+u_{i-1,j}}{h_1^2}-\frac{u_{i,j+1}-2u_{i,j}+u_{i,j-1}}{h_2^2}=f_{ij}. \tag{6-12}$$

在差分格式(6-12)中，只出现 $u_{i,j}$ 以及(x_i,y_j)的 4 个邻点处的值，如图 6-4 所示，故差分格式(6-12)也称为泊松方程的**五点差分格式**. 由截断误差 $R_{i,j}(u)$可以看出，五点差分格式具有二阶精度.

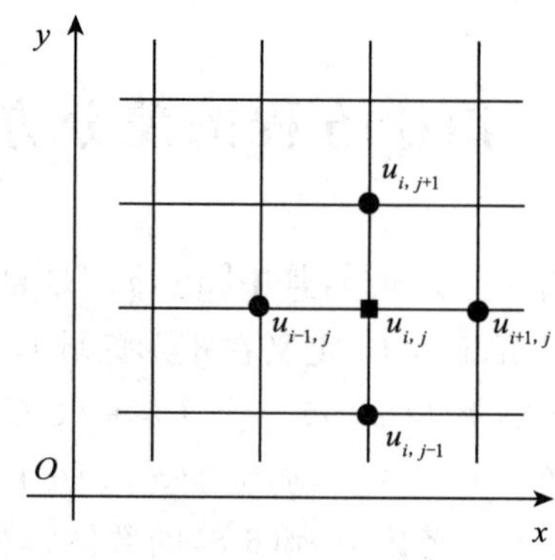

图 6-4

在用 MATLAB 编程时，所有网格内点上的值都是未知量. 由差分格式(6-12)可以看出，这些未知量是彼此耦合的，因此需要构造相应的代数方程组. 为此，对网格内点进行编号，这里采用先 y 方向后 x 方向的排序方式，定义

$$\boldsymbol{u}=(u_{11},u_{12},\cdots,u_{1,N_2-1},u_{21},\cdots,u_{2,N_2-1},\cdots,u_{N_1-1,1},\cdots,u_{N_1-1,N_2-1})^{\mathrm{T}},$$

则五点差分格式(6-12)对应的矩阵形式为

$$-\frac{1}{h_1^2}\boldsymbol{A}\boldsymbol{u}-\frac{1}{h_2^2}\boldsymbol{B}\boldsymbol{u}=\boldsymbol{f}+\frac{1}{h_1^2}\boldsymbol{u}_{\mathrm{LR}}+\frac{1}{h_2^2}\boldsymbol{u}_{\mathrm{UD}}, \tag{6-13}$$

其中

$$\boldsymbol{f}=(f_{11},f_{12},\cdots,f_{1,N_2-1},f_{21},\cdots,f_{2,N_2-1},\cdots,f_{N_1-1,1},\cdots,f_{N_1-1,N_2-1})^{\mathrm{T}},$$

$$\boldsymbol{A}=\begin{pmatrix}
-2 & & & 1 & & & & & & \\
 & \ddots & & & \ddots & & & & & \\
 & & -2 & & & 1 & & 0 & & \\
1 & & & -2 & & & & & & \\
 & \ddots & & & \ddots & & \ddots & & & \\
 & & 1 & & & -2 & & & & \\
 & & & & & & & 1 & & \\
 & & & & \ddots & & \ddots & & \ddots & \\
 & & 0 & & & 1 & & -2 & & \\
 & & & & & & & & & 1 \\
 & & & & & & \ddots & & \ddots & \\
 & & & & & & & 1 & & -2
\end{pmatrix},$$

$$\boldsymbol{B}=\begin{pmatrix}
-2 & 1 & & & & & & & & & \\
1 & \ddots & 1 & & & & & & & & \\
 & 1 & -2 & & & & & & & & \\
 & & \ddots & \ddots & & & & 0 & & & \\
 & & & & -2 & 1 & & & & & \\
 & & & & 1 & \ddots & 1 & & & & \\
 & & & & & 1 & -2 & & & & \\
 & & & 0 & & & & \ddots & & & \\
 & & & & & & & & -2 & 1 & \\
 & & & & & & & & 1 & \ddots & 1 \\
 & & & & & & & & & 1 & -2
\end{pmatrix}$$

向量 $\boldsymbol{u}_{\mathrm{LR}}$ 存储泊松方程左右两侧边界的值，向量 $\boldsymbol{u}_{\mathrm{UD}}$ 存储泊松方程上下两侧边界的值，即

$$\boldsymbol{u}_{\mathrm{LR}}=(u_{01},u_{02},\cdots,u_{0,N_2-1},0,\cdots,0,\cdots,0,\cdots,0,u_{N_1,1},\cdots,u_{N_1,N_2-1})^{\mathrm{T}},$$

$$\boldsymbol{u}_{\mathrm{UD}}=(u_{10},0,\cdots,0,u_{1,N_2},u_{20},0,\cdots,0,u_{2,N_2},\cdots,u_{N_1-1,0},0,\cdots,0,u_{N_1-1,N_2})^{\mathrm{T}}。$$

可以看出，式(6-13)是一个$(N_1-1)\times(N_2-1)$的线性代数方程组，方程数量与未知量的个数一致. 系数矩阵的每一行至多有 5 个非零元素，与五点差分格式相对应.

6.2.2 九点差分格式

由式(6-11)可以看出,如果进一步将截断误差 $R_{i,j}(u)$ 中的前两项做四阶逼近,并将式(6-10)和式(6-11)代入五点差分格式中,理论上可以得到更高精度的差分格式. 相对于经典的五点差分格式,高阶格式使用非常稀疏的网格就能达到非常好的逼近效果.

假设泊松方程的解充分光滑,考虑截断误差 $R_{i,j}(u)$ 中的前两项,并利用泊松方程的表达式,可得

$$\begin{aligned}
&-\frac{h_1^2}{12}\frac{\partial^4 u(x_i,y_j)}{\partial x^4}-\frac{h_2^2}{12}\frac{\partial^4 u(x_i,y_j)}{\partial y^4}\\
&=-\frac{1}{12}\left(h_1^2\frac{\partial^2}{\partial x^2}+h_2^2\frac{\partial^2}{\partial y^2}\right)\left[\frac{\partial^2 u(x_i,y_j)}{\partial x^2}+\frac{\partial^2 u(x_i,y_j)}{\partial y^2}\right]+\frac{h_1^2+h_2^2}{12}\frac{\partial^4 u(x_i,y_j)}{\partial x^2\partial y^2}\\
&=\frac{1}{12}\left[h_1^2\frac{\partial^2 f(x_i,y_j)}{\partial x^2}+h_2^2\frac{\partial^2 f(x_i,y_j)}{\partial y^2}\right]+\frac{h_1^2+h_2^2}{12}\frac{\partial^4 u(x_i,y_j)}{\partial x^2\partial y^2}.
\end{aligned}\tag{6-14}$$

对于其中的交叉导数项 $\frac{\partial^4 u(x_i,y_j)}{\partial x^2\partial y^2}$,只需要找出其二阶近似即可. 对交叉导数项依次做差分逼近,可得

$$\begin{aligned}
\frac{\partial^4 u(x_i,y_j)}{\partial x^2\partial y^2}&=\frac{1}{h_2^2}[u_{xx}(x_i,y_{j+1})-2u_{xx}(x_i,y_j)+u_{xx}(x_i,y_{j-1})]+O(h_2^2)\\
&=\frac{1}{h_2^2}[\delta_x^2 u(x_i,y_{j+1})-2\delta_x^2(x_i,y_j)+\delta_x^2 u(x_i,y_{j-1})]-\\
&\quad\frac{1}{h_2^2}\left[\frac{h_1^2}{12}\frac{\partial^4 u(x_i,y_{j+1})}{\partial x^4}-\frac{h_1^2}{6}\frac{\partial^4 u(x_i,y_j)}{\partial x^4}+\frac{h_1^2}{12}\frac{\partial^4 u(x_i,y_{j-1})}{\partial x^4}\right]+O(h_2^2).
\end{aligned}$$

根据微分中值定理,上式等号右端第 2 部分为 $O(h_1^2)$,即

$$\frac{\partial^4 u(x_i,y_j)}{\partial x^2\partial y^2}=\frac{1}{h_2^2}[\delta_x^2 u(x_i,y_{j+1})-2\delta_x^2(x_i,y_j)+\delta_x^2 u(x_i,y_{j-1})]+O(h^2).\tag{6-15}$$

将逼近公式(6-9)和逼近公式(6-9)′相加,并将式(6-14)和式(6-15)代入,可得

$$\begin{aligned}
&\Delta_h u(x_i,y_j)+\frac{1}{12}\frac{h_1^2+h_2^2}{h_1^2h_2^2}\{[u(x_{i+1},y_{j+1})+u(x_{i+1},y_{j-1})+u(x_{i-1},y_{j+1})+u(x_{i-1},y_{j-1})]-\\
&\quad 2[u(x_i,y_{j+1})+u(x_i,y_{j-1})+u(x_{i+1},y_j)+u(x_{i-1},y_j)]+4u(x_i,y_j)\}\\
&=-f(x_i,y_j)-\frac{1}{12}\left[h_1^2\frac{\partial^2 f(x_i,y_j)}{\partial x^2}+h_2^2\frac{\partial^2 f(x_i,y_j)}{\partial y^2}\right]+O(h^4).
\end{aligned}$$

舍去等号右端的 $O(h^4)$ 项,可得泊松方程的另一种差分格式:

$$\begin{aligned}
&\Delta_h u_{i,j}+\frac{1}{12}\frac{h_1^2+h_2^2}{h_1^2h_2^2}[(u_{i+1,j+1}+u_{i+1,j-1}+u_{i-1,j+1}+u_{i-1,j-1})-\\
&\quad 2(u_{i,j+1}+u_{i,j-1}+u_{i+1,j}+u_{i-1,j})+4u_{i,j}]\\
&=-f_{ij}-\frac{1}{12}\left[h_1^2\frac{\partial^2 f(x_i,y_j)}{\partial x^2}+h_2^2\frac{\partial^2 f(x_i,y_j)}{\partial y^2}\right].
\end{aligned}\tag{6-16}$$

在差分格式(6-16)中,只出现了 $u_{i,j}$ 以及 (x_i,y_j) 附近 8 个点处的值,不同位置的点具有不同的系数,故差分格式(6-16)也称为泊松方程的九点差分格式,如图 6-5 所示. 由九点

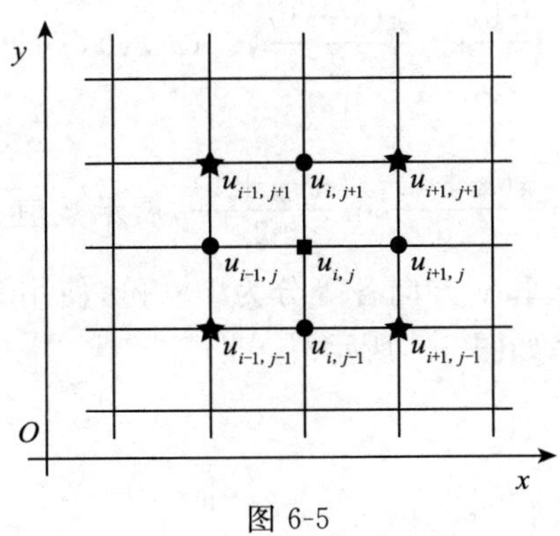

图 6-5

差分格式(6-16)的截断误差可知，九点差分格式具有四阶精度. 九点差分格式(6-16)对应的矩阵形式为

$$-\frac{1}{h_1^2}\boldsymbol{A}\boldsymbol{u}-\frac{1}{h_2^2}\boldsymbol{B}\boldsymbol{u}-\frac{1}{12}\frac{h_1^2+h_2^2}{h_1^2h_2^2}\boldsymbol{C}\boldsymbol{u}=\boldsymbol{f}+\frac{1}{h_1^2}\boldsymbol{u}_{\mathrm{LR}}+\frac{1}{h_2^2}\boldsymbol{u}_{\mathrm{UD}}+\frac{1}{12}\boldsymbol{g}, \tag{6-17}$$

其中矩阵 $\boldsymbol{A}$，$\boldsymbol{B}$ 和向量 $\boldsymbol{f}$，$\boldsymbol{u}_{\mathrm{LR}}$，$\boldsymbol{u}_{\mathrm{UD}}$ 与方程 (6-13)中的定义一致，

$$\boldsymbol{C}=\left(\begin{array}{ccccccccccccccccc}
4 & -2 & & & -2 & 1 & & & & & & & & & & & \\
-2 & 4 & \ddots & & 1 & -2 & \ddots & & & & & & & & & & \\
 & \ddots & \ddots & -2 & & \ddots & \ddots & 1 & & & & & & & & & \\
 & & -2 & 4 & & & 1 & -2 & & & & & & 0 & & & \\
-2 & 1 & & & 4 & -2 & & & & & & & & & & & \\
1 & -2 & \ddots & & -2 & 4 & \ddots & & \ddots & & & & & & & & \\
 & \ddots & \ddots & 1 & & \ddots & \ddots & -2 & & & & & & & & & \\
 & & 1 & -2 & & & -2 & 4 & & & & & & & & & \\
 & & & & & & & & & & & & & -2 & 1 & & \\
 & & & & & & & & & & & & & 1 & -2 & \ddots & \\
 & & & & & \ddots & & & \ddots & & & & & & \ddots & \ddots & 1 \\
 & & & & & & & & & & & & & & & 1 & -2 \\
 & & & & & & & & & -2 & 1 & & & 4 & -2 & & \\
 & & 0 & & & & & & & 1 & -2 & \ddots & & -2 & 4 & \ddots & \\
 & & & & & & & & & & \ddots & \ddots & 1 & & \ddots & \ddots & -2 \\
 & & & & & & & & & & & 1 & -2 & & & -2 & 4
\end{array}\right),$$

向量 $\boldsymbol{g}$ 中存储了 $h_1^2\dfrac{\partial^2 f(x_i,y_j)}{\partial x^2}+h_2^2\dfrac{\partial^2 f(x_i,y_j)}{\partial y^2}$ 的信息.

可以看出，九点差分格式需要求解一个$(N_1-1)\times(N_2-1)$的块三对角线性方程组.

6.2.3　算　例

例　分别用五点差分格式和九点差分格式求解定义在有界区域$[-1,1]\times[-1,1]$上的泊松方程

$$\begin{cases} -\Delta u=\dfrac{\pi^2}{2}\sin\dfrac{\pi(x+1)}{2}\sin\dfrac{\pi(y+1)}{2}, & (x,y)\in(-1,1)\times(-1,1), \\ u|_{\Gamma}=0. \end{cases}$$

利用方程的真解 $u(x,y)=\sin\dfrac{\pi(x+1)}{2}\sin\dfrac{\pi(y+1)}{2}$,展示数值方法的误差.

解 将方程所在区域沿 x 和 y 方向各等分为 100 份,使用 MATLAB 进行编程,五点差分格式和九点差分格式的误差如图 6-6 所示.

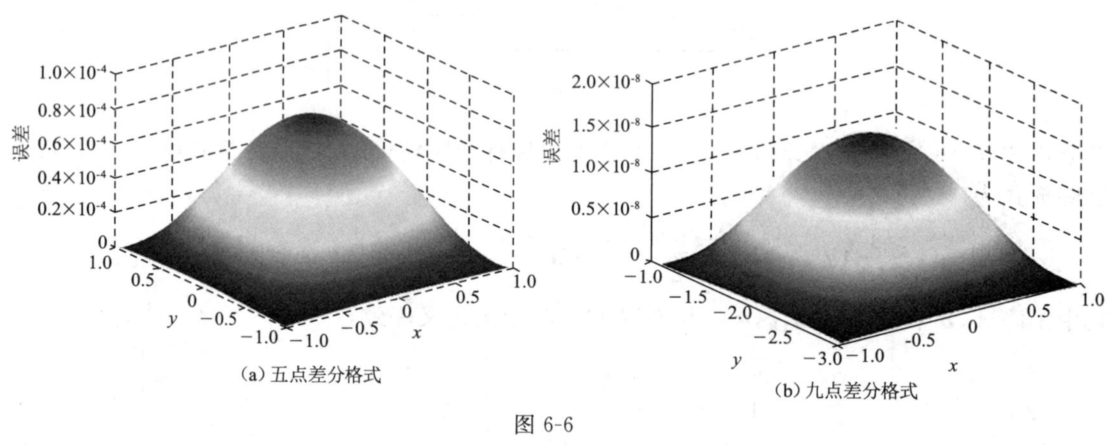

图 6-6

可以看出,计算得到的收敛阶与理论精度非常匹配.

6.3 热传导方程的差分方法

6.3.1 一维热传导方程的差分格式

考虑定义在一维有界区间上的热传导方程的初边值问题:

$$\begin{cases} \dfrac{\partial u}{\partial t}=a\dfrac{\partial^2 u}{\partial x^2}+f(x), & 0<x<L,0<t<T, \\ u(0,t)=u(L,t)=0, & 0\leqslant t\leqslant T, \\ u(x,0)=\varphi(x), & 0\leqslant x\leqslant L, \end{cases} \tag{6-18}$$

一维热传导方程的有限差分格式

其中等号右端函数 $f(x)$ 和初始函数 $\varphi(x)$ 在区间 $[0,L]$ 上光滑,且满足初边值相容条件 $\varphi(0)=\varphi(L)=0$. 热传导方程(6-18)有唯一解.

记时空矩形区域 $\bar{G}=\{0\leqslant x\leqslant L;0\leqslant t\leqslant T\}$,取空间步长 $h=\dfrac{L}{J}$ 和时间步长 $\tau=\dfrac{T}{N}$,用两族平行的直线 $x_j=jh,j=0,1,\cdots,J$ 和 $t_n=n\tau,n=0,1,\cdots,N$ 将区域 $\bar{G}$ 分割成矩形网格,网格节点为 (x_j,t_n). 用 u_j^n 表示函数 $u(x,t)$ 在节点 (x_j,t_n) 处的近似值,用差商代替热传导方程(6-18)中的偏导数,可得差分方程. 由于存在时间层,差分格式的构造有不同的选择. 下面考虑几类经典的差分格式.

1）向前差分格式

在节点(x_j,t_n)处对热传导方程(6-18)进行差分化，其中对时间的偏导数使用时间方向的向前差分算子δ_{x+}处理，即

$$\left[\frac{\partial u}{\partial t}\right]_j^n \approx \frac{u_j^{n+1}-u_j^n}{\tau},\quad \left[\frac{\partial^2 u}{\partial x^2}\right]_j^n \approx \frac{u_{j+1}^n-2u_j^n+u_{j-1}^n}{h^2}.$$

其中$[\cdot]_j^n$表示括号内的函数在(x_j,t_n)处的值.

由此可得热传导方程(6-18)的**向前差分格式**：

$$\begin{cases}\dfrac{u_j^{n+1}-u_j^n}{\tau}=a\,\dfrac{u_{j+1}^n-2u_j^n+u_{j-1}^n}{h^2}+f_j, \quad n=0,1,\cdots,N,j=1,2,\cdots,J-1,\\ u_0^n=0,u_J^n=0,\end{cases} \tag{6-19}$$

且满足初始条件$u_j^0=\varphi(x_j),j=0,1,\cdots,J$.

定义网比$r=a\dfrac{\tau}{h^2}$，则向前差分格式(6-19)可以改写为

$$u_j^{n+1}=ru_{j+1}^n+(1-2r)u_j^n+ru_{j-1}^n+\tau f_j. \tag{6-20}$$

为衡量向前差分格式(6-19)对热传导方程(6-18)的逼近程度，考虑此格式的截断误差：

$$\begin{aligned}R_j^n(u)&=\frac{1}{\tau}[u(x_j,t_{n+1})-u(x_j,t_n)]-\frac{a}{h^2}[u(x_{j+1},t_n)-2u(x_j,t_n)+u(x_{j-1},t_n)]-\\&\quad\left[\frac{\partial u}{\partial t}\right]_j^n+a\left[\frac{\partial^2 u}{\partial x^2}\right]_j^n\\&=\frac{1}{\tau}\left[\tau\frac{\partial u(x_j,t_n)}{\partial t}+\frac{\tau^2}{2}\frac{\partial^2 u(x_j,t_n)}{\partial t^2}+O(\tau^3)\right]-\left[\frac{\partial u}{\partial t}\right]_j^n-\\&\quad a\left[\frac{\partial^2 u(x_j,t_n)}{\partial x^2}+\frac{h^2}{12}\frac{\partial^4 u(x_j,t_n)}{\partial x^4}+O(h^4)\right]+a\left[\frac{\partial^2 u}{\partial x^2}\right]_j^n\\&=\frac{\tau}{2}\frac{\partial^2 u(x_j,t_n)}{\partial t^2}+O(\tau^2)-a\,\frac{h^2}{12}\frac{\partial^4 u(x_j,t_n)}{\partial x^4}+O(h^4).\end{aligned}$$

由热传导方程的表达式可知

$$\frac{\partial^2 u}{\partial x^2}=\frac{1}{a}\frac{\partial u}{\partial t}-\frac{1}{a}f,$$

故有

$$\frac{\partial^4 u}{\partial x^4}=\frac{1}{a}\frac{\partial^3 u}{\partial t\partial x^2}-\frac{1}{a}f''(x)=\frac{1}{a^2}\frac{\partial^2 u}{\partial t^2}-\frac{1}{a}f''(x). \tag{6-21}$$

代入截断误差中，可得

$$\begin{aligned}R_j^n(u)&=\frac{\tau}{2}\frac{\partial^2 u(x_j,t_n)}{\partial t^2}-\frac{h^2}{12a}\frac{\partial^2 u(x_j,t_n)}{\partial t^2}+\frac{h^2}{12}f''_j+O(\tau^2+h^4)\\&=\tau\left(\frac{1}{2}-\frac{1}{12r}\right)\frac{\partial^2 u(x_j,t_n)}{\partial t^2}+O(\tau^2+h^2)\\&=O(\tau+h^2).\end{aligned}$$

值得注意的是，即使选取合适的网比，如$r=\dfrac{1}{6}$，根据网比的定义，也不会改变向前差分

方法的收敛精度.

对于一维热传导方程的向前差分格式,当前时间层上每个网格点处的值由前一个时间层的 3 个网格点处的值代入式(6-20)直接得到,如图 6-7 所示.因此,向前差分格式(6-20)是一类显格式.可以证明,在方程的解充分光滑的前提下,当网比 $r\leqslant 1/2$ 时,热传导方程的向前差分格式(6-20)是稳定的,即初始时刻的误差在差分格式的演化计算过程中能够被控制住.

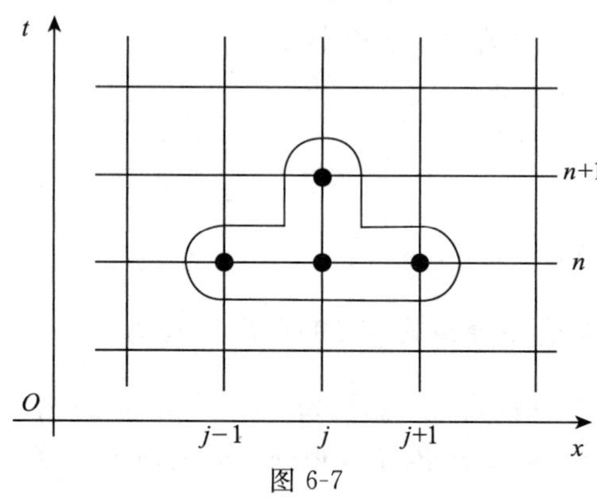

图 6-7

2) 向后差分格式

在节点(x_j,t_{n+1})处对热传导方程(6-18)进行差分化,其中对时间的偏导数使用时间方向的向后差分算子 δ_{t-} 处理,即

$$\left[\frac{\partial u}{\partial t}\right]_j^{n+1}\approx\frac{u_j^{n+1}-u_j^n}{\tau},\quad \left[\frac{\partial^2 u}{\partial x^2}\right]_j^{n+1}\approx\frac{u_{j+1}^{n+1}-2u_j^{n+1}+u_{j-1}^{n+1}}{h^2}.$$

由此可得热传导方程(6-18)的**向后差分格式**:

$$\begin{cases}\dfrac{u_j^{n+1}-u_j^n}{\tau}=a\,\dfrac{u_{j+1}^{n+1}-2u_j^{n+1}+u_{j-1}^{n+1}}{h^2}+f_j, & n=0,1,\cdots,N,j=1,2,\cdots,J-1,\\ u_0^n=0,u_J^n=0,\end{cases}\tag{6-22}$$

且满足初始条件 $u_j^0=\varphi(x_j),j=0,1,\cdots,J$.代入网比,向后差分格式(6-22)可以改写为

$$-ru_{j+1}^{n+1}+(1+2r)u_j^{n+1}-ru_{j-1}^{n+1}=u_j^n+\tau f_j.\tag{6-23}$$

同理,向后差分格式(6-22)的截断误差为

$$\begin{aligned}R_j^{n+1}(u)=&\frac{1}{\tau}[u(x_j,t_{n+1})-u(x_j,t_n)]-\frac{a}{h^2}[u(x_{j+1},t_{n+1})-2u(x_j,t_{n+1})+u(x_{j-1},t_{n+1})]-\\&\left[\frac{\partial u}{\partial t}\right]_j^{n+1}+a\left[\frac{\partial^2 u}{\partial x^2}\right]_j^{n+1}\\=&\frac{1}{\tau}\left[\tau\,\frac{\partial u(x_j,t_{n+1})}{\partial t}-\frac{\tau^2}{2}\frac{\partial^2 u(x_j,t_{n+1})}{\partial t^2}+O(\tau^3)\right]-\left[\frac{\partial u}{\partial t}\right]_j^{n+1}-\\&a\left[\frac{\partial^2 u(x_j,t_{n+1})}{\partial x^2}+\frac{h^2}{12}\frac{\partial^4 u(x_j,t_{n+1})}{\partial x^4}+O(h^4)\right]+a\left[\frac{\partial^2 u}{\partial x^2}\right]_j^{n+1}\\=&-\frac{\tau}{2}\frac{\partial^2 u(x_j,t_{n+1})}{\partial t^2}+O(\tau^2)-a\,\frac{h^2}{12}\frac{\partial^4 u(x_j,t_{n+1})}{\partial x^4}+O(h^4).\end{aligned}$$

将式(6-21)代入可得

$$R_j^{n+1}(u)=-\frac{\tau}{2}\left(1+\frac{1}{6r}\right)\frac{\partial^2 u(x_j,t_{n+1})}{\partial t^2}+\frac{h^2}{12}f''_j+O(\tau^2+h^4)=O(\tau+h^2).$$

一维热传导方程的向后差分格式的时间步进关系如图 6-8 所示，第 $n+1$ 时间层上网格点处的值是耦合在一起的，无法像显格式一样逐一求解. 因此，向后差分格式(6-23)是一类隐格式. 可以证明，在方程的解充分光滑的前提下，热传导方程的向后差分格式(6-22)是无条件稳定的，即在计算过程对网比 r 没有要求.

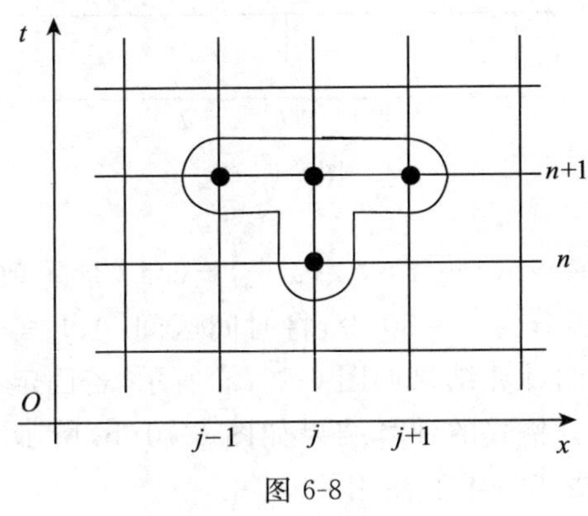

图 6-8

3）六点对称格式

对热传导方程的第 1 项$\frac{\partial u}{\partial t}$进行离散时，还可以使用一阶导数的中心差商格式，能够达到二阶精度. 考虑在点$(x_j,t_{n+1/2})$处对方程(6-18)进行差分化，即

$$\left[\frac{\partial u}{\partial t}\right]_j^{n+1/2}\approx\frac{u_j^{n+1}-u_j^n}{\tau},\quad\left[\frac{\partial^2 u}{\partial x^2}\right]_j^{n+1/2}\approx\frac{u_{j+1}^{n+1}-2u_j^{n+1}+u_{j-1}^{n+1}}{2h^2}+\frac{u_{j+1}^n-2u_j^n+u_{j-1}^n}{2h^2}.$$

由此可得热传导方程(6-18)的另一种差分格式：

$$\begin{cases}\dfrac{u_j^{n+1}-u_j^n}{\tau}=\dfrac{a}{2}\left[\dfrac{u_{j+1}^{n+1}-2u_j^{n+1}+u_{j-1}^{n+1}}{h^2}+\dfrac{u_{j+1}^n-2u_j^n+u_{j-1}^n}{h^2}\right]+f_j,\\ u_0^n=0,u_J^n=0,\quad n=0,1,\cdots,N,j=1,2,\cdots,J-1,\end{cases}\tag{6-24}$$

且满足初始条件 $u_j^0=\varphi(x_j),j=0,1,\cdots,J$.

该格式用到第 n 层和第 $n+1$ 层的 6 个点，如图 6-9 所示，故差分格式(6-24)称为六点对称格式，也称为 Crank-Nicolson(CN) 格式.

用同样的方法可知，六点对称格式(6-24)的截断误差为 $O(\tau^2+h^2)$. 可以证明，热传导方程的六点对称格式(6-24)也是无条件稳定的，其计算量与向后差分格式基本相同.

4）算　例

例 1　用不同的差分方法求解一维热传导方程

$$\begin{cases}\dfrac{\partial u}{\partial t}=a\,\dfrac{\partial^2 u}{\partial x^2}+\sin t, & 0<x<1,0<t<1,\\ u_x(0,t)=u_x(1,t)=0, & 0\leqslant t\leqslant 1,\\ u(x,0)=\cos\pi x, & 0\leqslant x\leqslant 1,\end{cases}$$

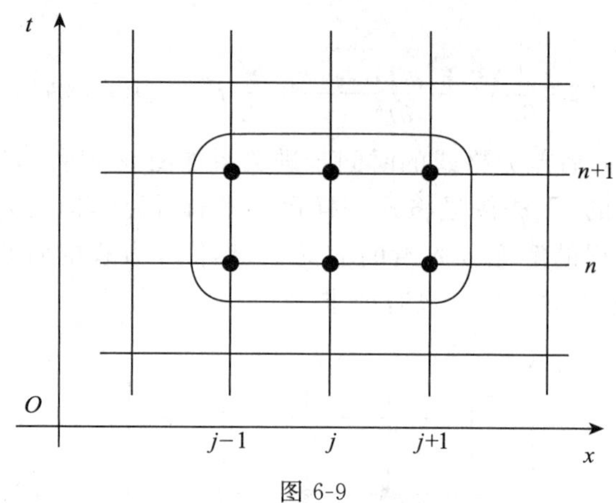

图 6-9

利用方程的精确解 $u(x,t)=\exp(-\pi^2 t)\cos \pi x+1-\cos t$ 展示数值方法的误差.

解 将空间区域[0,1]等分为 $J=80$ 份,将时间区间[0,1]等分为 $N=12\ 800$ 份,此时网比 $r=0.5$,向前差分格式的计算结果如图 6-10(a)所示.若固定 J 的值,取 $N=12\ 775$,则此时网比 $r=0.501$,向前差分格式的计算结果如图 6-10(b)所示.结果表明,若离散参数不满足稳定性条件,向前差分格式是不能使用的.

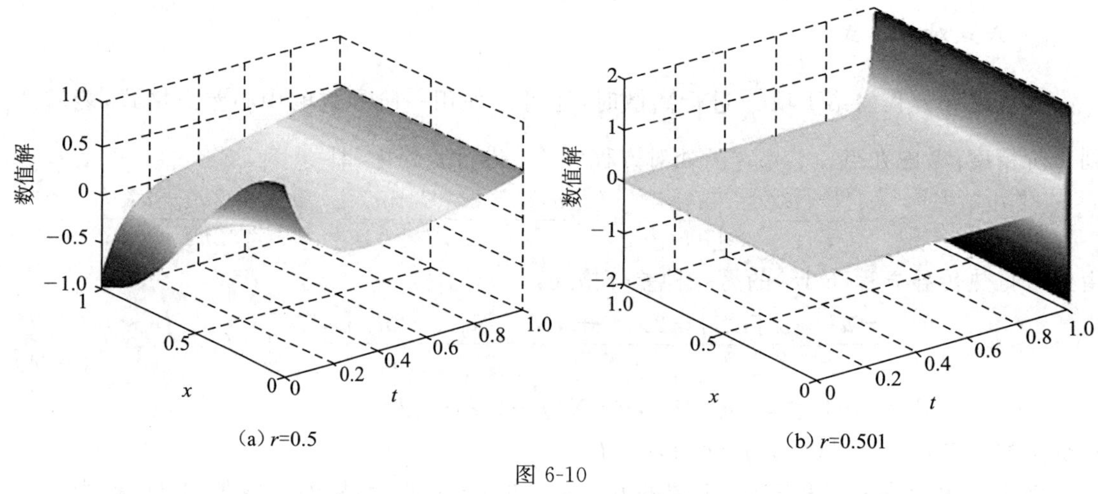

(a) $r=0.5$ (b) $r=0.501$

图 6-10

类似地,若固定 $J=80$,取 $N=3\ 200$,则此时网比 $r=2$,向后差分格式的计算结果如图 6-11 所示.可以看出,向后差分格式对网比没有限制.

6.3.2 二维热传导方程的交替方向隐格式

定义正方形区域 $G=[0,L]\times[0,L]$,其边界记为 Γ,考虑定义在区域 G 上的热传导方程:

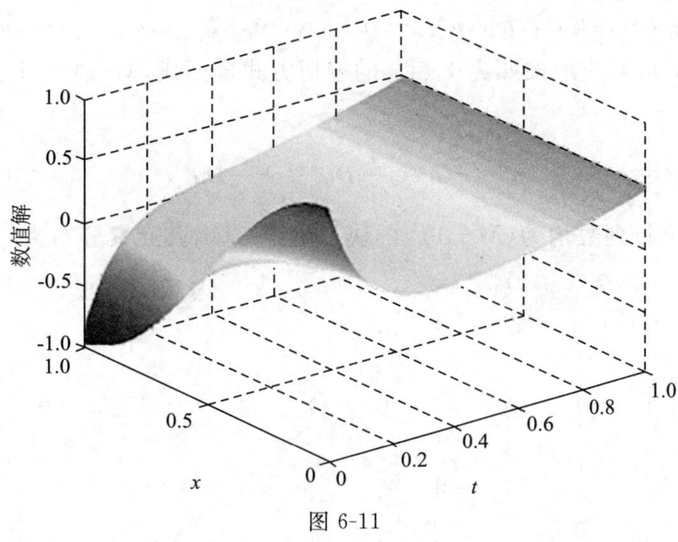

图 6-11

$$\begin{cases}\dfrac{\partial u}{\partial t}=\dfrac{\partial^2 u}{\partial x^2}+\dfrac{\partial^2 u}{\partial y^2}, & (x,y)\in G, 0<t<T,\\ u(x,y,0)=\varphi(x,y), & (x,y)\in \bar{G},\\ u(\Gamma,t)=0, & 0\leqslant t\leqslant T.\end{cases}\tag{6-25}$$

为简单起见，取空间步长 $h=\dfrac{L}{M}$，作两族平行于坐标轴的直线，记为 $x_j=jh, y_k=kh, j,k=0,1,\cdots,M$，将区域 G 分割成 M^2 个小矩形，对时间区间 $[0,T]$ 也做均匀剖分，分点为 $t_n=n\tau$，其中 $\tau=\dfrac{T}{N}$. 方程的解在时空节点 (x_j, y_k, t_n) 处的近似值记为 $u_{j,k}^n$.

二维热传导方程的有限差分格式

先用经典的 CN 格式求解方程(6-25). 在节点 $(x_j, y_k, t_{n+1/2})$ 处对热传导方程(6-25)进行差分化，可得热传导方程(6-25)的 CN 格式：

$$\begin{cases}\dfrac{u_{j,k}^{n+1}-u_{j,k}^{n}}{\tau}=\dfrac{u_{j+1,k}^{n+1}-2u_{j,k}^{n+1}+u_{j-1,k}^{n+1}}{2h^2}+\dfrac{u_{j+1,k}^{n}-2u_{j,k}^{n}+u_{j-1,k}^{n}}{2h^2}+\\ \qquad\dfrac{u_{j,k+1}^{n+1}-2u_{j,k}^{n+1}+u_{j,k-1}^{n+1}}{2h^2}+\dfrac{u_{j,k+1}^{n}-2u_{j,k}^{n}+u_{j,k-1}^{n}}{2h^2},\\ u_{0,k}^{n+1}=u_{M,k}^{n+1}=0, \quad k=0,1,\cdots,M,\\ u_{j,0}^{n+1}=u_{j,M}^{n+1}=0, \quad j=0,1,\cdots,M,\end{cases}\tag{6-25$'$}$$

且满足初始条件 $u_{j,k}^0=\varphi(x_j,y_k), j=0,1,\cdots,M, k=0,1,\cdots,M$.

定义网比 $r=a\dfrac{\tau}{h^2}$，则式(6-25)′中的差分格式可改写为

$$\begin{aligned}u_{j,k}^{n+1}-u_{j,k}^{n}=&\frac{r}{2}(u_{j+1,k}^{n+1}-2u_{j,k}^{n+1}+u_{j-1,k}^{n+1})+\frac{r}{2}(u_{j,k+1}^{n+1}-2u_{j,k}^{n+1}+u_{j,k-1}^{n+1})+\\ &\frac{r}{2}(u_{j+1,k}^{n}-2u_{j,k}^{n}+u_{j-1,k}^{n})+\frac{r}{2}(u_{j,k+1}^{n}-2u_{j,k}^{n}+u_{j,k-1}^{n}).\end{aligned}\tag{6-25$''$}$$

采用先 y 方向后 x 方向的排序方式，对网格内点进行编号. 定义

$$\boldsymbol{u}^n=(u_{11}^n,u_{12}^n,\cdots,u_{1,M-1}^n,u_{21}^n,u_{22}^n,\cdots,u_{2,M-1}^n,\cdots,u_{M-1,1}^n,u_{M-1,2}^n,\cdots,u_{M-1,M-1}^n)^{\mathrm{T}},$$

则差分格式(6-25)″可对应地按照先 k 后 j 的遍历方式排列成 $(M-1)^2$ 个方程，写成方程组形为

$$\boldsymbol{u}^{n+1}-\boldsymbol{u}^n=\frac{r}{2}\boldsymbol{D}\boldsymbol{u}^{n+1}+\frac{r}{2}\boldsymbol{D}\boldsymbol{u}^n, \tag{6-25)‴$$

其中矩阵 $\boldsymbol{D}$ 是一个行列数均为 $(M-1)^2$ 的块三对角矩阵，其元素分布为

$$\boldsymbol{D}=\begin{pmatrix}
-4 & 1 & & & 1 & 0 & & & & & & & & & & \\
1 & -4 & \ddots & & 0 & 1 & \ddots & & & & & & & & & \\
& \ddots & \ddots & 1 & & \ddots & \ddots & 0 & & & & & & & & \\
& & 1 & -4 & 0 & & 0 & 1 & & & & & 0 & & & \\
1 & 0 & & & -4 & 1 & & & & & & & & & & \\
0 & 1 & \ddots & & 1 & -4 & \ddots & & & & & & & & & \\
& \ddots & \ddots & 0 & & \ddots & \ddots & 1 & & & \ddots & & & & & \\
& & 0 & 1 & & & 1 & -4 & & & & & & & & \\
& & & & & & & & & & & & 1 & 0 & & \\
& & & & & & & & & & & & 0 & 1 & \ddots & \\
& & & & & \ddots & & & & & \ddots & & & \ddots & \ddots & 0 \\
& & & & & & & & & & & & 0 & & 0 & 1 \\
& & & 0 & & & & & 1 & 0 & & 0 & -4 & 1 & & \\
& & & & & & & & 0 & 1 & \ddots & & 1 & -4 & \ddots & \\
& & & & & & & & & \ddots & \ddots & 0 & & \ddots & \ddots & 1 \\
& & & & & & & & & & 0 & 1 & & & 1 & -4
\end{pmatrix}.$$

使用经典的 CN 格式求解二维热传导方程时，在每个时间步都需要求解代数方程组(6-25)‴. 可以看出，矩阵 $\boldsymbol{D}$ 的 3 条对角线和远端的非零次对角线之间存在很多零元素，这些零元素在解代数方程组的过程中参与计算，这种现象称为“填充”现象(fill-ins)，有较大的计算量.

为了在不影响算法精度的前提下尽可能降低计算量，下面介绍一种交替方向隐式法，将二维问题转化为一系列一维问题，从而达到理论上最优的计算复杂度，同时保证较好的稳定性和较高的逼近精度.

构造数值格式时，将从第 n 层到第 $n+1$ 层的计算分为两步. 第 1 步是从第 n 层到第 $n+\frac{1}{2}$ 层，对第 $n+\frac{1}{2}$ 层数据使用隐格式离散，对第 n 层数据使用显格式离散，即对任意固定的 $1\leqslant k\leqslant M-1$，计算

$$\frac{u_{j,k}^{n+1/2}-u_{j,k}^n}{\tau/2}=\frac{u_{j+1,k}^{n+1/2}-2u_{j,k}^{n+1/2}+u_{j-1,k}^{n+1/2}}{h^2}+\frac{u_{j,k+1}^n-2u_{j,k}^n+u_{j,k-1}^n}{h^2}:=\delta_x^2u_{j,k}^{n+1/2}+\delta_y^2u_{j,k}^n. \tag{6-26}$$

第 2 步是从第 $n+\frac{1}{2}$ 层到第 $n+1$ 层，对第 $n+\frac{1}{2}$ 层数据使用显格式离散，对第 $n+1$ 层数据使用隐格式离散，即对任意固定的 $1\leqslant j\leqslant M-1$，计算

$$\frac{u_{j,k}^{n+1}-u_{j,k}^{n+1/2}}{\tau/2}=\frac{u_{j+1,k}^{n+1/2}-2u_{j,k}^{n+1/2}+u_{j-1,k}^{n+1/2}}{h^2}+\frac{u_{j,k+1}^{n+1}-2u_{j,k}^{n+1}+u_{j,k-1}^{n+1}}{h^2}:=\delta_x^2u_{j,k}^{n+1/2}+\delta_y^2u_{j,k}^{n+1}. \tag{6-27}$$

在计算过程中，定义 $r=\frac{\tau}{h^2}$，则式(6-26)可以改写为

$$-ru_{j+1,k}^{n+1/2}+2(1+r)u_{j,k}^{n+1/2}-ru_{j-1,k}^{n+1/2}=ru_{j,k+1}^{n}+2(1-r)u_{j,k}^{n}+ru_{j,k-1}^{n}, \tag{6-28}$$

此时方程在第 n 个时间层上的数值解是已知的，即格式(6-28)的等号右端是已知的. 在编程过程中，若将未知量按 x 方向排序，则方程(6-28)在第 $n+\frac{1}{2}$ 层上的数值解可以通过求解如下的矩阵方程得到：

$$\begin{aligned}&\begin{pmatrix}u_{11} & u_{21} & \cdots & u_{M-1,1}\\ u_{12} & u_{22} & \cdots & u_{M-1,2}\\ \vdots & \vdots & & \vdots\\ u_{1,M-1} & u_{2,M-1} & \cdots & u_{M-1,M-1}\end{pmatrix}^{n+\frac{1}{2}}\begin{pmatrix}2+2r & -r & & \\ -r & 2+2r & \ddots & \\ & \ddots & \ddots & -r\\ & & -r & 2+2r\end{pmatrix}\\ =&\begin{pmatrix}2-2r & r & & \\ r & 2-2r & \ddots & \\ & \ddots & \ddots & r\\ & & r & 2-2r\end{pmatrix}\begin{pmatrix}u_{11} & u_{21} & \cdots & u_{M-1,1}\\ u_{12} & u_{22} & \cdots & u_{M-1,2}\\ \vdots & \vdots & & \vdots\\ u_{1,M-1} & u_{2,M-1} & \cdots & u_{M-1,M-1}\end{pmatrix}^{n}.\end{aligned} \tag{6-29}$$

同理，式(6-27)可以改写为

$$-ru_{j,k+1}^{n+1}+2(1+r)u_{j,k}^{n+1}-ru_{j,k-1}^{n+1}=ru_{j+1,k}^{n+1/2}+2(1-r)u_{j,k}^{n+1/2}+ru_{j-1,k}^{n+1/2}. \tag{6-30}$$

此时方程在第 $n+\frac{1}{2}$ 时间层上的数值解是已知的，即格式(6-30)的等号右端是已知的. 在编程过程中，若将未知量按 y 方向排序，则方程(6-30)在第 $n+1$ 层上的数值解可以通过求解如下的矩阵方程得到：

$$\begin{aligned}&\begin{pmatrix}2+2r & -r & & \\ -r & 2+2r & \ddots & \\ & \ddots & \ddots & -r\\ & & -r & 2+2r\end{pmatrix}\begin{pmatrix}u_{11} & u_{21} & \cdots & u_{M-1,1}\\ u_{12} & u_{22} & \cdots & u_{M-1,2}\\ \vdots & \vdots & & \vdots\\ u_{1,M-1} & u_{2,M-1} & \cdots & u_{M-1,M-1}\end{pmatrix}^{n+1}\\ =&\begin{pmatrix}u_{11} & u_{21} & \cdots & u_{M-1,1}\\ u_{12} & u_{22} & \cdots & u_{M-1,2}\\ \vdots & \vdots & & \vdots\\ u_{1,M-1} & u_{2,M-1} & \cdots & u_{M-1,M-1}\end{pmatrix}^{n+\frac{1}{2}}\begin{pmatrix}2-2r & r & & \\ r & 2-2r & \ddots & \\ & \ddots & \ddots & r\\ & & r & 2-2r\end{pmatrix}.\end{aligned} \tag{6-31}$$

由于从第 n 层到第 $n+1$ 层的两步计算需要从两个不同的方向对未知量进行排序，且每一步都需要隐式求解线性代数方程组，因此该方法称为**交替方向隐式法**(ADI 方法). 此外，综合矩阵形式(6-29)和矩阵形式(6-31)可以看出，ADI 方法从第 n 层到第 $n+1$ 层只需求解 $2(M-1)$ 个规模为 $M-1$ 的线性代数方程组，循环使用追赶法可以达到求解此二维问题的理论最优计算复杂度，且计算时间消耗远远小于传统方法.

下面考虑 ADI 方法的截断误差. 将格式(6-26)与格式(6-27)相加，可得

$$\frac{u_{j,k}^{n+1}-u_{j,k}^{n}}{\tau/2}=2\delta_x^2u_{j,k}^{n+1/2}+\delta_y^2(u_{j,k}^{n}+u_{j,k}^{n+1});$$

将格式(6-26)与格式(6-27)相减，可得

$$4u_{j,k}^{n+1/2}=2(u_{j,k}^{n}+u_{j,k}^{n+1})-\tau\delta_y^2(u_{j,k}^{n+1}-u_{j,k}^{n}).$$

消去过渡值 $u_{j,k}^{n+1/2}$，可得

$$\left(I+\frac{1}{4}\tau^2\delta_x^2\delta_y^2\right)\frac{u_{j,k}^{n+1}-u_{j,k}^{n}}{\tau}=(\delta_x^2+\delta_y^2)\frac{u_{j,k}^{n+1}+u_{j,k}^{n}}{2}. \tag{6-32}$$

其中 I 为单位算子，式(6-32)即格式(6-26)和格式(6-27)的等价形式.

假设方程的解足够光滑，由泰勒公式可得

$$\begin{aligned}&\left(I+\frac{1}{4}\tau^2\delta_x^2\delta_y^2\right)\frac{u(x_j,y_k,t_{n+1})-u(x_j,y_k,t_n)}{\tau}\\&=\frac{1}{2}(\delta_x^2+\delta_y^2)[u(x_j,y_k,t_{n+1})+u(x_j,y_k,t_n)]+O(\tau^2+h^2).\end{aligned} \tag{6-33}$$

可以看出，将式(6-33)中的高阶无穷小项去掉，即可得到式(6-32). 因此，格式(6-26)和格式(6-27)的截断误差为 $O(\tau^2+h^2)$。

可以证明，格式(6-26)和格式(6-27)是无条件稳定的，即用格式(6-26)和格式(6-27)求解二维热传导方程时，任取时间步长 τ，数值解的误差都可控制在一定的范围内.

例 2 考虑正方形区域 $G=[0,1]\times[0,1]$，其边界为 Γ，计算定义在区域 G 上的热传导方程：

$$\begin{cases}\dfrac{\partial u}{\partial t}=\dfrac{1}{16}\left(\dfrac{\partial^2 u}{\partial x^2}+\dfrac{\partial^2 u}{\partial y^2}\right), & (x,y)\in G,0<t<1,\\ u(x,y,0)=\sin\pi x\sin\pi y, & (x,y)\in\bar{G},\\ u(\Gamma,t)=0, & 0\leqslant t\leqslant 1,\end{cases}$$

方程的精确解为 $u(x,y,t)=\sin\pi x\sin\pi y\exp\left(-\dfrac{\pi^2}{8}t\right)$，计算 ADI 方法的误差.

解 取正整数 $M=200$，将正方形区域 G 均匀剖分为 M^2 份，两个方向的步长均为 $h=1/M$；取正整数 $N=200$，将时间区间[0,1]均匀剖分为 N 份，时间步长为 $\tau=1/N$. 用 ADI 方法计算得到的终点时刻的数值解和误差如图 6-12 所示.

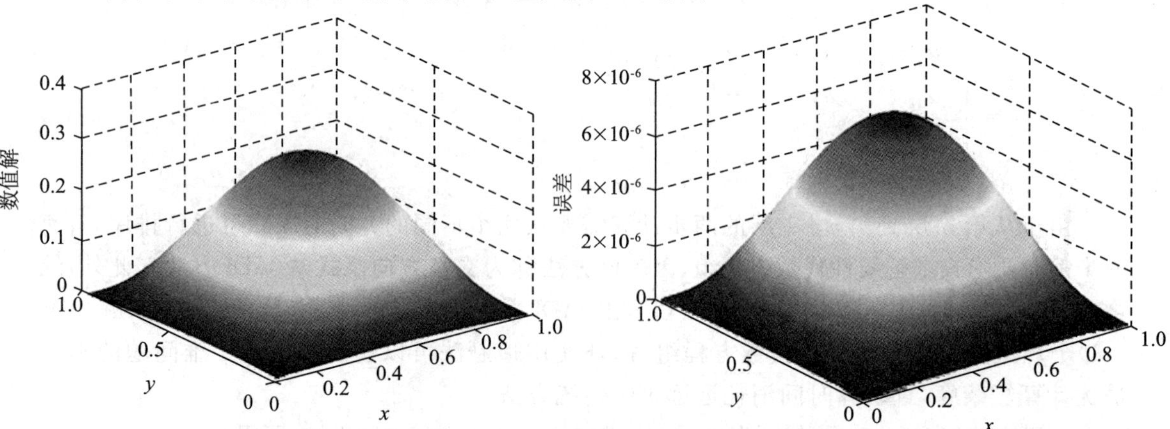

图 6-12

为了显示 ADI 方法的优势，使用 CN 方法对该方程进行编程求解. 对于不同的网格参数，使用 ADI 方法和 CN 方法得到的最大误差和运行时间见表 6-2. 可以看出，对于固定的网格参数，ADI 方法的误差略小，且运行时间远远低于相应的 CN 方法运行时间.

表 6-2

网格参数		CN 方法		ADI 方法	
N	M	误　差	时间/s	误　差	时间/s
300	120	2.05×10^{-5}	9.687	1.02×10^{-5}	0.401
400	200	7.275×10^{-6}	44.860	3.66×10^{-6}	1.410
500	300	3.18×10^{-6}	136.740	1.62×10^{-6}	5.400
600	400	1.768×10^{-6}	335.305	9.08×10^{-7}	11.384

6.4　双曲型方程的差分方法

6.4.1　波动方程的差分格式

波动方程的差分方法

考虑定义在一维有界区间上的波动方程初边值问题

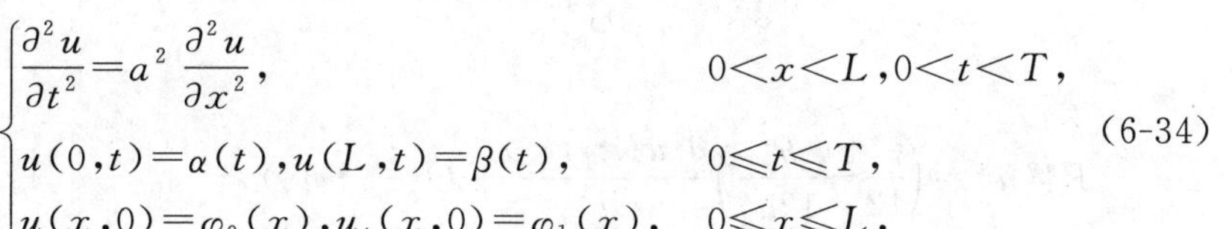

$$\begin{cases}\dfrac{\partial^2 u}{\partial t^2}=a^2\dfrac{\partial^2 u}{\partial x^2}, & 0<x<L,0<t<T,\\ u(0,t)=\alpha(t),u(L,t)=\beta(t), & 0\leqslant t\leqslant T,\\ u(x,0)=\varphi_0(x),u_t(x,0)=\varphi_1(x), & 0\leqslant x\leqslant L,\end{cases} \tag{6-34}$$

其中初始函数 $\varphi_0(x)$ 和 $\varphi_1(x)$ 在区间 $[0,L]$ 上光滑，且满足初边值相容条件 $\varphi_0(0)=\alpha(0)$，$\varphi_0(L)=\beta(0)$ 以及 $\varphi_1(0)=\alpha_t(0)$，$\varphi_1(L)=\beta_t(0)$.

用与之前类似的方法对时空区域进行均匀的网格剖分，得到的网格节点为 (x_j,t_n)，$j=0,1,\cdots,J$，$n=0,1,\cdots,N$，时空步长分别记为 τ 和 h. 用 u_j^n 表示函数 $u(x,t)$ 在节点 (x_j,t_n) 处的近似值，常用的差分格式包括以下两类.

1）显格式

在节点 (x_j,t_n) 处用中心差分格式对波动方程(6-34)中的时空二阶导数进行离散，即

$$\left[\frac{\partial^2 u}{\partial t^2}\right]_j^n \approx \frac{u_j^{n+1}-2u_j^n+u_j^{n-1}}{\tau^2},\quad \left[\frac{\partial^2 u}{\partial x^2}\right]_j^n \approx \frac{u_{j+1}^n-2u_j^n+u_{j-1}^n}{h^2},$$

可得波动方程(6-34)的**显式差分格式(显格式)**：

$$\frac{u_j^{n+1}-2u_j^n+u_j^{n-1}}{\tau^2}=a^2\frac{u_{j+1}^n-2u_j^n+u_{j-1}^n}{h^2},\quad n=1,\cdots,N,j=1,2,\cdots,J-1. \tag{6-35}$$

由于此格式是一个 3 层格式，需要获得第 0 层和第 1 层的数值解后才能启动此格式. 假设存在虚拟点 (x_j,t_{-1})，以及该点处的近似值 u_j^{-1}，则方程(6-34)中的初始条件可离散为

$$u_j^0=\varphi_0(x_j),\quad \frac{u_j^1-u_j^{-1}}{2\tau}=\varphi_1(x_j),\quad j=1,2,\cdots,J-1. \tag{6-36}$$

在式(6-35)中取 $n=0$,可得

$$\frac{u_j^1-2u_j^0+u_j^{-1}}{\tau^2}=a^2\frac{u_{j+1}^0-2u_j^0+u_{j-1}^0}{h^2}, \tag{6-37}$$

联立式(6-36)和式(6-37),消去 u_j^{-1},可得

$$u_j^1=\frac{1}{2}r^2[\varphi_0(x_{j-1})+\varphi_0(x_{j+1})]+(1-r^2)\varphi_0(x_j)+\tau\varphi_1(x_j),$$

其中 $r=a\dfrac{\tau}{h}$.

在此基础上,显格式(6-35)可改写为

$$u_j^{n+1}=r^2(u_{j+1}^n+u_{j-1}^n)+2(1-r^2)u_j^n-u_j^{n-1}. \tag{6-38}$$

下面考虑显格式(6-35)的截断误差.假设方程的解充分光滑,则

$$\begin{aligned}R_j^n(u)=&\frac{1}{\tau^2}[u(x_j,t_{n+1})-2u(x_j,t_n)+u(x_j,t_{n-1})]-\left[\frac{\partial^2 u}{\partial t^2}\right]_j^n-\\&a^2\frac{1}{h^2}[u(x_{j+1},t_n)-2u(x_j,t_n)+u(x_{j-1},t_n)]+a\left[\frac{\partial^2 u}{\partial x^2}\right]_j^n\\=&\frac{\tau^2}{12}\frac{\partial^4 u(x_j,t_n)}{\partial t^4}-a^2\frac{h^2}{12}\frac{\partial^4 u(x_j,t_n)}{\partial x^4}+O(\tau^4)+O(h^4).\end{aligned}$$

由方程的表达式可知

$$\frac{\partial^4 u}{\partial t^4}=a^4\frac{\partial^4 u}{\partial x^4}.$$

故有

$$R_j^n(u)=\left(\frac{\tau^2}{12}-\frac{h^2}{12a^2}\right)\frac{\partial^4 u(x_j,t_n)}{\partial t^4}+O(\tau^4+h^4),$$

即当 $a^2\tau^2=h^2$,即网比 $r=1$ 时,显格式的截断误差为 $O(\tau^4+h^4)$;当 $r\neq 1$ 时,显格式的截断误差为 $O(\tau^2+h^2)$.此外可以证明,当网比 $r<1$ 时,显格式(6-35)是稳定的.

2) 隐格式

对波动方程(6-34)用第 $n-1$ 层、第 n 层和第 $n+1$ 层的中心差商的加权平均去逼近 u_{xx} 项,可得波动方程(6-34)的**隐式差分格式**(隐格式):

$$\begin{aligned}&\frac{u_j^{n+1}-2u_j^n+u_j^{n-1}}{\tau^2}\\&=a^2\left[\theta\frac{u_{j+1}^{n+1}-2u_j^{n+1}+u_{j-1}^{n+1}}{h^2}+(1-2\theta)\frac{u_{j+1}^n-2u_j^n+u_{j-1}^n}{h^2}+\theta\frac{u_{j+1}^{n-1}-2u_j^{n-1}+u_{j-1}^{n-1}}{h^2}\right],\end{aligned} \tag{6-39}$$

其中 θ 为参数,$0\leqslant\theta\leqslant 1$,取 $\theta=\dfrac{1}{4}$可得一个比较常用的格式.

可以证明,隐格式(6-39)是恒稳定的,其截断误差为 $O(\tau^2+h^2)$.

6.4.2 一阶双曲方程的差分格式

考虑定义在一维有界区间上的一阶线性常系数双曲方程

$$\frac{\partial u}{\partial t}+a\,\frac{\partial u}{\partial x}=0,\quad 0<x<L,0<t<T. \tag{6-40}$$

一阶双曲方程的差分格式

该方程满足初始条件

$$u(x,0)=\varphi(x), \tag{6-41}$$

其边界条件的设定依赖于系数 a 的符号，即方程(6-40)的特征方向：

$$\begin{cases}u(0,t)=u_0(t), & a>0,\\ u(L,t)=u_1(t), & a<0.\end{cases} \tag{6-42}$$

为简单起见，对于方程(6-40)，本节只考虑显式差分格式. 下面给出几类常用的差分格式.

1）迎风格式

用与之前类似的方法对时空区域进行均匀的网格剖分，得到的网格节点为(x_j,t_n)，$j=0,1,\cdots,J$，$n=0,1,\cdots,N$，时空步长分别记为 τ 和 h. 用 u_j^n 表示函数 $u(x,t)$ 在节点(x_j,t_n)处的近似值. 若直接用差商代替方程(6-40)中的导数，通常有如下 3 种不同的差分格式：

$$\frac{u_j^{n+1}-u_j^n}{\tau}+a\,\frac{u_j^n-u_{j-1}^n}{h}=0, \tag{6-43}$$

$$\frac{u_j^{n+1}-u_j^n}{\tau}+a\,\frac{u_{j+1}^n-u_j^n}{h}=0, \tag{6-44}$$

$$\frac{u_j^{n+1}-u_j^n}{\tau}+a\,\frac{u_{j+1}^n-u_{j-1}^n}{2h}=0. \tag{6-45}$$

差分格式(6-43)和差分格式(6-44)在空间方向上不对称，其各节点位置如图 6-13 所示. 通过泰勒展开式容易看出，差分格式(6-43)和差分格式(6-44)的截断误差为 $O(\tau+h)$. 可以证明，差分格式(6-43)的稳定条件为 $a\geqslant 0$ 且 $a\tau\leqslant h$，差分格式(6-44)的稳定条件为 $a\leqslant 0$ 且 $|a|\tau\leqslant h$，即差分格式(6-43)和差分格式(6-44)有各自的适用方程和适用条件. 差分格式(6-45)在空间方向上是对称的，其截断误差为 $O(\tau+h^2)$，但此格式恒不稳定，即差分格式(6-45)无法直接用于求解方程(6-40). 因此，一阶双曲方程(6-40)的差分格式的构造通常依赖方程的特征方向.

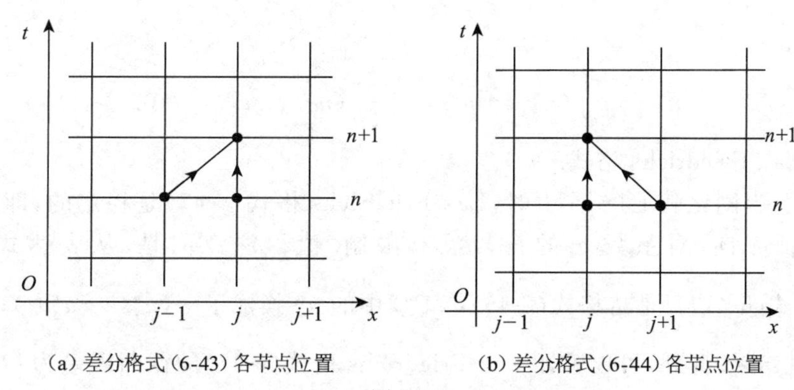

(a) 差分格式 (6-43) 各节点位置　　(b) 差分格式 (6-44) 各节点位置

图 6-13

注意，a 的符号决定方程的特征方向，也影响差分格式的选取，即 $a\geqslant 0$ 时可选择左偏心格式(6-43)，当 $a\leqslant 0$ 时可选择右偏心格式(6-44). 由于差分格式的方向与方程特征方向一致，故称差分格式(6-43)和差分格式(6-44)为**迎风格式**.

2) Lax-Friedrichs 格式

考虑到迎风格式的逼近精度较低，这里给出一类精度更高的数值方法.

假定一阶双曲方程(6-40)的第 n 层各点的数值解已知，如图 6-14 所示，第 $n+1$ 层的网格点 P 处的数值解未知. 由于方程(6-40)的解沿特征方向是一个不变量，过 P 点作与特征线平行的直线，与第 n 层相交于 D 点，方程在 P 点处的解与 D 点处的解相等，即 $u(P)=u(D)$，而方程在 D 点处的数值解可用同一层的已知量近似表示. 在第 n 层上，使用节点 A 和 C 作线性插值，可得方程在 D 点的数值解.

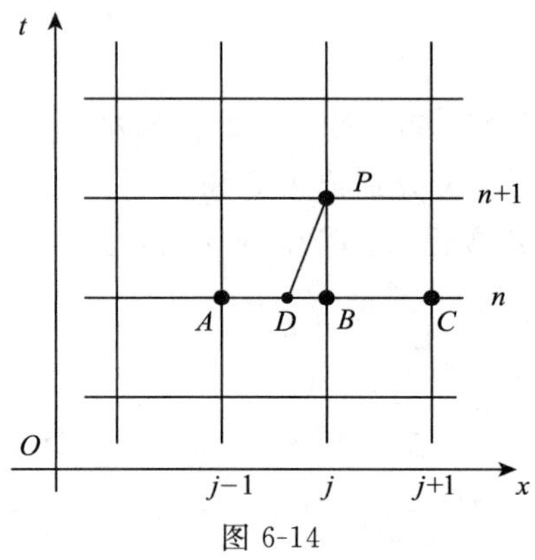

图 6-14

在△PDB 中，线段 PB 的长度为 τ，线段 PD 的斜率为 $\frac{1}{a}$，故线段 DB 的长度为 $a\tau$，方程在 D 点的解可以近似表示为

$$u(D)\approx\frac{h-a\tau}{2h}u_{j+1}^{n}+\frac{h+a\tau}{2h}u_{j-1}^{n}, \tag{6-46}$$

即方程在 P 点的近似解满足

$$u_{j}^{n+1}=\frac{1}{2}[(1-r)u_{j+1}^{n}+(1+r)u_{j-1}^{n}],$$

可进一步写为

$$u_{j}^{n+1}-\frac{1}{2}(u_{j+1}^{n}+u_{j-1}^{n})+\frac{a\tau}{2h}(u_{j+1}^{n}-u_{j-1}^{n})=0. \tag{6-47}$$

此格式称为 Lax-Friedrichs 格式.

可以证明，当网比满足 $|r|\leqslant 1$ 时，Lax-Friedrichs 格式(6-47)是稳定的，即这种格式不需要考虑特征方向，对系数 a 的符号没有限制. 值得注意的是，从表达式来看，Lax-Friedrichs 格式(6-47)只是将格式(6-45)第 1 项中的 u_{j}^{n} 换成了 $\frac{1}{2}(u_{j+1}^{n}+u_{j-1}^{n})$，但这明显改善了其稳定性结果. 此外，可以验证 Lax-Friedrichs 格式(6-47)的截断误差为 $O(\tau+h^{2})$，也优于之前的迎风格式.

6.5　两点边值问题的有限元方法

考虑两点边值问题

两点边值问题的有限元方法

$$\begin{cases}-\dfrac{\mathrm{d}^2u}{\mathrm{d}x^2}=f(x), \quad 0<x<1,\\ u(0)=u(1)=0,\end{cases} \tag{6-48}$$

其中右端函数 f 为分段连续的实值函数.

首先定义方程的解所在的空间 $V=\{v: v$ 为定义在$[0,1]$上的连续函数, $v'(x)$在$[0,1]$上分段连续且有界,满足 $v(0)=v(1)=0\}$. 对于 $v,w\in V$,定义内积

$$(v,w)=\int_0^1 v(x)w(x)\mathrm{d}x.$$

取任意函数 $v\in V$,方程(6-48)两端和 v 做内积,可得

$$-\left(\frac{\mathrm{d}^2u}{\mathrm{d}x^2},v\right)=(f,v). \tag{6-49}$$

根据条件 $v(0)=v(1)=0$,利用分部积分,可得如下的变分问题:

$$\left(\frac{\mathrm{d}u}{\mathrm{d}x},\frac{\mathrm{d}v}{\mathrm{d}x}\right)=(f,v), \quad \forall v\in V. \tag{6-50}$$

方程(6-50)称为原方程(6-48)的变分形式. 反之,若$\dfrac{\mathrm{d}^2u}{\mathrm{d}x^2}$存在且分段连续,由函数 v 的任意性可知,原方程(6-48)与变分问题(6-50)等价.

下面构造有限元空间 V_h. 该空间是一个有限维空间,有限元方法即在 V_h 中寻找原方程(6-48)的近似解. 为此,将区间$[0,1]$进行剖分

$$0=x_0<x_1<\cdots<x_N=1.$$

记第 j 个子区间 $I_j=[x_{j-1},x_j]$, $1\leqslant j\leqslant N$,步长 $h_j=x_j-x_{j-1}$. 最大步长为

$$h=\max_{1\leqslant j\leqslant N} h_j.$$

在此离散网格上定义有限元空间 $V_h=\{v: v$ 为定义在$[0,1]$上的连续函数, v 在每个子区间 I_j 上都是线性函数,满足 $v(0)=v(1)=0\}$. 可以看出,有限元空间 V_h 是函数空间 V 的子集,维数为 $N-1$. 给出 V_h 的一维基函数$\{\phi_j(x), j=1,2,\cdots,N-1\}$,定义为

$$\phi_j(x)=\begin{cases}\dfrac{x-x_{j-1}}{h_j}, & x\in[x_{j-1},x_j],\\ \dfrac{x_{j+1}-x}{h_{j+1}}, & x\in[x_j,x_{j-1}],\\ 0, & \text{其他}.\end{cases} \tag{6-51}$$

该基函数满足

$$\phi_j(x_i)=\begin{cases}1, & i=j,\\ 0, & i\neq j.\end{cases} \tag{6-52}$$

即第 j 个基函数 $\phi_j(x)$是$[0,1]$上分段线性的连续函数,且在第 j 个节点取值为 1,其他节点取值为 0,如图 6-15 所示.

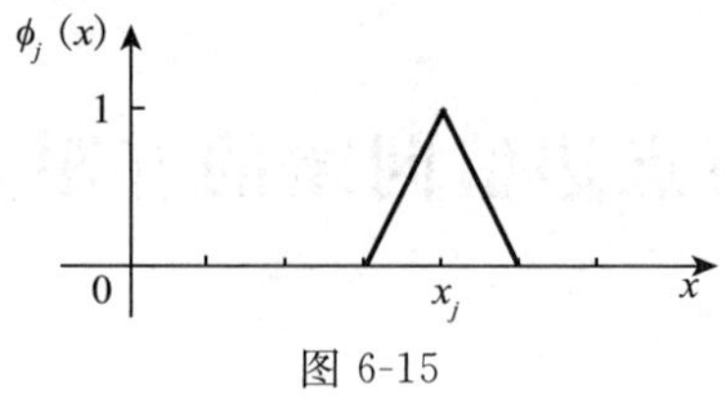

图 6-15

下面构造原问题(6-48)的有限元方法,即寻找函数 $u_h \in V_h$,使得

$$\left(\frac{\mathrm{d}u_h}{\mathrm{d}x}, \frac{\mathrm{d}v}{\mathrm{d}x}\right) = (f, v), \quad \forall v \in V_h. \tag{6-53}$$

由于 $u_h \in V_h$,故 u_h 可以表示为$\{\phi_j(x), j=1,2,\cdots,N-1\}$的线性组合,即

$$u_h(x) = \sum_{j=1}^{N-1} u_j \phi_j(x), \quad u_j = u_h(x_j).$$

将此表达式代入式(6-53)中,并依次选取 $v=\phi_i(x), i=1,2,\cdots,N-1$,可得 $N-1$ 个方程,即

$$\sum_{j=1}^{N-1} \left(\frac{\mathrm{d}\phi_j(x)}{\mathrm{d}x}, \frac{\mathrm{d}\phi_i(x)}{\mathrm{d}x}\right) u_j = (f(x), \phi_i(x)), \quad i=1,2,\cdots,N-1, \tag{6-54}$$

其中 $u_j (j=1,2,\cdots,N-1)$为 $N-1$ 个待确定的量.

为方便求解,将方程组(6-54)写成矩阵的形式

$$\boldsymbol{A}\boldsymbol{u} = \boldsymbol{F}, \tag{6-55}$$

其中 $\boldsymbol{A}=(a_{ij})$是一个 $N-1$ 维方阵,其元素 $a_{ij}=\left(\frac{\mathrm{d}\phi_j}{\mathrm{d}x}, \frac{\mathrm{d}\phi_i}{\mathrm{d}x}\right)$;$\boldsymbol{F}=(F_1, F_2, \cdots, F_{N-1})^{\mathrm{T}}$ 是一个 $N-1$ 维列向量,其元素 $F_i=(f, \phi_i)$;$\boldsymbol{u}=(u_1, u_2, \cdots, u_{N-1})^{\mathrm{T}}$ 为有限元方法的解.

通常情况下,矩阵 $\boldsymbol{A}$ 称为刚度矩阵,其各位置上的元素分别为

$$\left(\frac{\mathrm{d}\phi_j}{\mathrm{d}x}, \frac{\mathrm{d}\phi_j}{\mathrm{d}x}\right) = \int_{x_{j-1}}^{x_j} \frac{1}{h_j^2}\mathrm{d}x + \int_{x_j}^{x_{j+1}} \frac{1}{h_{j+1}^2}\mathrm{d}x = \frac{1}{h_j} + \frac{1}{h_{j+1}}, \quad 1 \leqslant j \leqslant N-1,$$

$$\left(\frac{\mathrm{d}\phi_j}{\mathrm{d}x}, \frac{\mathrm{d}\phi_{j-1}}{\mathrm{d}x}\right) = \left(\frac{\mathrm{d}\phi_{j-1}}{\mathrm{d}x}, \frac{\mathrm{d}\phi_j}{\mathrm{d}x}\right) = \int_{x_{j-1}}^{x_j} \frac{-1}{h_j^2}\mathrm{d}x = -\frac{1}{h_j}, \quad 2 \leqslant j \leqslant N-1,$$

$$\left(\frac{\mathrm{d}\phi_j}{\mathrm{d}x}, \frac{\mathrm{d}\phi_i}{\mathrm{d}x}\right) = 0, \quad |j-i| > 1.$$

即矩阵 $\boldsymbol{A}$ 为三对角矩阵且对称正定.

方程(6-55)等号右端的向量 $\boldsymbol{F}$ 称为负载向量;方程(6-55)有唯一解,向量 $\boldsymbol{u}$ 即原方程在各网格点的近似值.

例 用有限元方法求解定义在有界区间$[0,\pi]$上的两点边值问题

$$\begin{cases} -\dfrac{\mathrm{d}^2 u}{\mathrm{d}x^2} + xu = (1+x)\sin x, \quad 0<x<\pi, \\ u(0)=0, u(\pi)=0. \end{cases}$$

利用方程的真解 $u(x)=\sin x$ 展示数值方法的误差.

解 取正整数 $N=100$,将有界区间$[0,\pi]$等分为 N 份,步长 $h=\frac{\pi}{N}$,分点记为 $x_i=ih$,$i=0,1,\cdots,N$. 一维空间区域内的有限元方法不需要对节点进行排序,该两点边值问题对应的有限元格式为

$$\left(\sum_{j=1}^{N-1} u_j \phi'_j(x), \phi'_i(x)\right) + \left(x \sum_{j=1}^{N-1} u_j \phi_j(x), \phi_i(x)\right) = ((1+x)\sin x, \phi_i(x)), \quad i=1,2,\cdots,N-1.$$

当 $i=2,3,\cdots,N-2$ 时,上式可化简为

$$u_{i-1}(\phi'_{i-1}(x),\phi'_i(x)) + u_i(\phi'_i(x),\phi'_i(x)) + u_{i+1}(\phi'_{i+1}(x),\phi'_i(x)) +$$
$$u_{i-1}(x\phi_{i-1}(x),\phi_i(x)) + u_i(x\phi_i(x),\phi_i(x)) + u_{i+1}(x\phi_{i+1}(x),\phi_i(x))$$
$$=((1+x)\sin x,\phi_i(x)),$$

其中各项的内积可以进一步简化为

$$(\phi'_{i-1}(x),\phi'_i(x)) = \frac{2}{h}, \quad (\phi'_{i-1}(x),\phi'_i(x)) = (\phi'_{i+1}(x),\phi'_i(x)) = \frac{-1}{h},$$

$$(x\phi_{i-1}(x),\phi_i(x)) = \int_{x_{i-1}}^{x_i} x \frac{x_i - x}{h} \frac{x - x_{i-1}}{h} \mathrm{d}x,$$

$$(x\phi_{i+1}(x),\phi_i(x)) = \int_{x_i}^{x_{i+1}} x \frac{x - x_i}{h} \frac{x_{i+1} - x}{h} \mathrm{d}x,$$

$$(x\phi_i(x),\phi_i(x)) = \int_{x_{i-1}}^{x_i} x \frac{x - x_{i-1}}{h} \frac{x - x_{i-1}}{h} \mathrm{d}x + \int_{x_i}^{x_{i+1}} x \frac{x_{i+1} - x}{h} \frac{x_{i+1} - x}{h} \mathrm{d}x,$$

$$((1+x)\sin x,\phi_i(x)) = \int_{x_{i-1}}^{x_i} (1+x)\sin x \frac{x - x_{i-1}}{h} \mathrm{d}x + \int_{x_i}^{x_{i+1}} (1+x)\sin x \frac{x_{i+1} - x}{h} \mathrm{d}x.$$

在不影响精度的情况下,后面 4 个积分通常使用两点高斯积分公式. 当 $i=1, N-1$ 时,也有类似的计算格式. 使用 MATLAB 进行编程,有限元方法得到的数值解和相应的误差如图 6-16 所示.

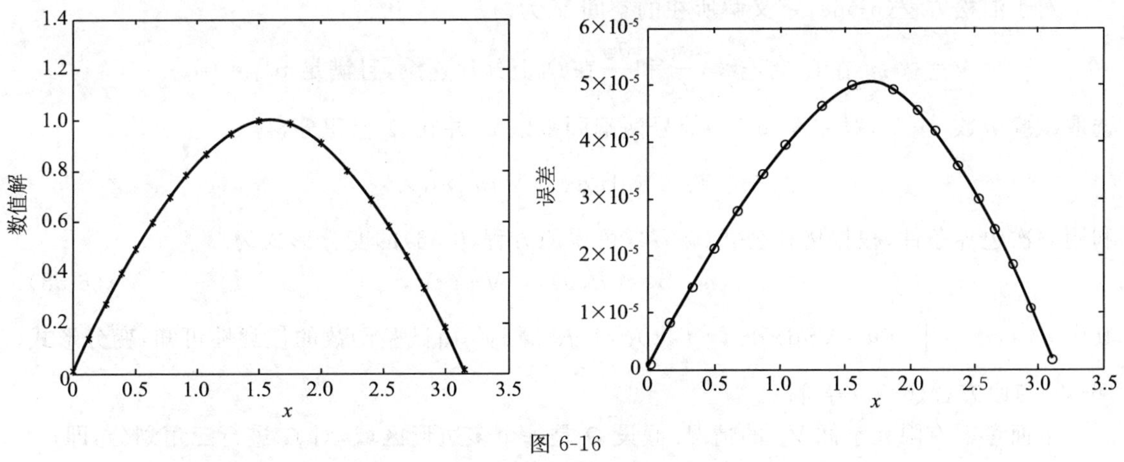

图 6-16

为验证有限元方法的精度,对网格进行循环加密,计算得到的误差和收敛阶见表 6-3. 可以看出,计算得到的收敛阶与理论上的二阶精度非常匹配.

表 6-3

N	误 差	收敛阶
100	5.0098×10^{-5}	—
200	1.2524×10^{-5}	2.000 1
400	3.1311×10^{-6}	2.00
800	7.8278×10^{-7}	2.00

6.6 泊松方程的有限元方法

考虑泊松方程

$$\begin{cases}-\Delta u=f(x,y), & (x,y)\in\Omega,\\ u=0, & (x,y)\in L,\end{cases} \tag{6-56}$$

泊松方程的有限元方法

其中 Ω 是 xOy 平面上的有界区域，边界为 L；f 为定义在 Ω 上的分段连续的实值函数；拉普拉斯算子 Δ 定义为

$$\Delta u=\frac{\partial^2 u}{\partial x^2}+\frac{\partial^2 u}{\partial y^2}.$$

引理(格林公式) 设 $w,v\in V$，有

$$\int_\Omega(w\Delta v+\nabla v\cdot\nabla w)\mathrm{d}x\mathrm{d}y=\int_L w\frac{\partial v}{\partial \boldsymbol{n}}\mathrm{d}s, \tag{6-57}$$

其中∇v 为 v 的梯度，即$\nabla v=\left(\frac{\partial v}{\partial x},\frac{\partial v}{\partial y}\right)^{\mathrm{T}}$；$\frac{\partial v}{\partial \boldsymbol{n}}$为 v 的外法向导数，即

$$\frac{\partial v}{\partial \boldsymbol{n}}=\frac{\partial v}{\partial x}n_1+\frac{\partial v}{\partial y}n_2,$$

$\boldsymbol{n}=(n_1,n_2)$是边界 L 处的外法向.

对于泊松方程(6-56)，定义解所在的空间 V 为

$$V=\{v:v\text{ 在 }\Omega\text{ 上连续},\frac{\partial v}{\partial x}\text{和}\frac{\partial v}{\partial y}\text{在 }\Omega\text{ 上分片连续,且满足 }v|_L=0\}.$$

选取试验函数 $v\in V$，对方程(6-56)等号两端同乘以 v，并在 Ω 上积分，得

$$-\int_\Omega(\Delta u)v\mathrm{d}x\mathrm{d}y=\int_\Omega fv\mathrm{d}x\mathrm{d}y.$$

利用齐次边界条件，根据格林公式(6-57)，可得原方程(6-56)的变分形式为

$$a(u,v)=(f,v),\quad \forall v\in V, \tag{6-58}$$

其中 $a(u,v)=\int_\Omega\nabla u\cdot\nabla v\mathrm{d}x\mathrm{d}y$，$(f,v)=\int_\Omega fv\mathrm{d}x\mathrm{d}y$. 由试验函数的任意性可知，变分形式(6-58)与原方程(6-56)等价.

下面考虑有限元空间 V_h 的情况. 假设 Ω 是一个多边形区域，对 Ω 进行三角划分，即

$$\Omega=k_1\cup k_2\cup\cdots\cup k_m,$$

其中 $k_i(1\leqslant i\leqslant m)$为 m 个互相不重叠的三角形区域，将这种剖分记为 T_h. 在这种剖分网格中，没有一个三角形的顶点位于其他三角形的内部，记

$$h=\max_{k\in T_h}\operatorname{diam}(k).$$

即将每个三角形的最长边的最大值作为剖分网格的步长. 在此三角剖分网格上构造有限元空间

$$V_h=\{v:v\text{ 在 }\Omega\text{ 上连续,在每个三角形 }k\in T_h\text{ 上是线性函数,且满足 }v|_L=0\}.$$

假设离散网格 T_h 包含 N 个内点，记为 $x_i(1\leqslant i\leqslant N)$. 定义基函数 ϕ_j(其中内点写成

x_i 的方式,是对内点进行编号排序,i 为内点的序号),基函数满足

$$\varphi_j(x_i)=\begin{cases}1, & i=j,\\ 0, & i\neq j,\end{cases}$$

即每个内点对应一个基函数,而内点 x_j 对应的基函数 $\phi_j(x)$ 的支集包括以 x_j 为顶点的所有三角形.

对于任意函数 $v\in V_h$,都可以表示为

$$v(x)=\sum_{j=1}^{N}v_j\phi_j(x),\quad v_j=v(x_j).\tag{6-59}$$

泊松方程(6-56)的有限元方法即寻找 $u_h\in V_h$,使得

$$a(u_h,v)=(f,v),\quad \forall v\in V_h.\tag{6-60}$$

若 $v(x)$ 取遍所有的基函数 $\phi_j(x)(j=1,2,\cdots,N)$,则由式(6-60)可得 N 个方程,可写成方程组的形式

$$\boldsymbol{Au}=\boldsymbol{F},\tag{6-61}$$

其中 $\boldsymbol{A}=(a_{ij})$ 为 N 维方阵,其元素 $a_{ij}=(\nabla\phi_j,\nabla\phi_i)$;$\boldsymbol{F}=(F_i)$ 为 N 维向量,其元素 $F_i=(f,\phi_i)$. 此外,矩阵 $\boldsymbol{A}$ 是对称正定矩阵,故式(6-61)存在唯一解.

6.7　有限元方法的编程实现

下面以正方形区域 $\Omega=[0,1]\times[0,1]$ 上的泊松方程为例,简要说明有限元方法的求解步骤:

泊松方程有限元方法的实现

$$\begin{cases}-\Delta u=-2x^2-2y^2, & (x,y)\in\Omega,\\ u|_L=x^2y^2, & (x,y)\in L,\end{cases}\tag{6-62}$$

可验证泊松方程(6-62)的真解为

$$u(x,y)=x^2y^2,\quad (x,y)\in\Omega.$$

有限元方法求解泊松方程通常包含以下几个步骤:

(1) 将空间求解区域离散为有限个单元;

(2) 将泊松方程转化为变分形式;

(3) 在每个单元上计算单元矩阵;

(4) 将单元矩阵装配成全局线性系统;

(5) 将边界条件写入全局线性系统;

(6) 求解线性系统,得到各节点处的数值解.

下面逐一介绍这几个步骤.

6.7.1　有限元网格的生成

对正方形区域 Ω 作两条对角线,将 Ω 划分为 4 个三角形,如图 6-17 所示,并将其作为初始的剖分网格. 用逆时针的顺序对 4 个三角单元进行排序,也对 5 个网格节点进行逆时针排序.

在此基础上,考虑网格的加密. 以图 6-17 的第 1 个单元为例,取该单元 3 个边的中点,

分别记为4,5,6,然后将3个中点连线,可将三角单元①细化为4个更小的三角单元,如图6-18所示.同理,图6-17中的其他三角单元也可以进行类似的剖分.记剖分得到的网格节点为(x_i, y_i),$i=1,2,\cdots,N_G$,其中N_G表示当前网格剖分中所有节点的个数.在后续的有限元方法编程过程中,每个节点有两个编号,分别是局部三角单元内的编号和在所有节点中的整体编号.这里用一个二维矩阵conn表示两套编号之间的对应关系,即conn(i,j)用于存储第i个三角单元的第j个节点的全局节点编号,其中$i=1,2,\cdots,N_E$,$j=1,2,3$,N_E为当前网格剖分中的三角单元个数.

图 6-17　　　　图 6-18

有限元方法的计算需要用到边界点处的信息.对于泊松方程(6-62),边界点处的值是已知的.因此,需要为每个节点配备一个指示子,用于指示该节点是不是边界点,若是边界点,其取值是多少.在有限元编程过程中,使用单元边界条件指示子efl(i,j)记录第i个单元的第j个节点是否为边界点;同时,在全局节点范围内,使用矩阵gbc$(i,1)$记录第i个全局节点是内点还是边界点,使用gbc$(i,2)$记录边界点的值.

初始网格比较粗糙,如图6-17所示,各节点的位置信息及单元边界条件指示子可以逐条输入.在网格加密过程中,各单元的3条边中点的信息可以通过循环得到,如图6-18所示.每个单元的节点4的横纵坐标及指示子的信息如下:

$$x(j,4)=\frac{1}{2}[x(j,1)+x(j,2)], \quad y(j,4)=\frac{1}{2}[y(j,1)+y(j,2)], \quad \mathrm{efl}(j,4)=0.$$

同理,可得每个单元的节点5和节点6的信息:

$$\mathrm{efl}(j,5)=1, \quad \mathrm{efl}(j,6)=0,$$

其中$j=1,2,\cdots,N_E$.在此基础上,在每个小单元的内部,由上述6个节点重新生成4个更小的单元,并以遍历的方式给出所有节点的全局编号,以及与每个单元节点编号的对应关系(conn矩阵).

经过一次加密后,三角单元的数量变为原来的4倍.在有限元方法的编程实现过程中,可通过控制网格的加密次数生成足够密的网格剖分,如图6-19所示.

6.7.2　泊松方程的弱形式

由上一节中有限元方法的推导过程可知,有限元方法的任务是寻找$u_h \in V_h$,使得

$$(\nabla u_h, \nabla \phi_h)=(f, \phi_h), \quad \forall \phi_h \in V_h. \tag{6-63}$$

在某一个小三角单元E上,有

$$u_h^E(x,y)=\sum_{j=1}^{3} u_j^E \phi_j^E(x,y), \tag{6-64}$$

其中u_j^E为u_h在该三角单元E的第j个节点处的值,ϕ_j^E为该节点处的拉格朗日插值基

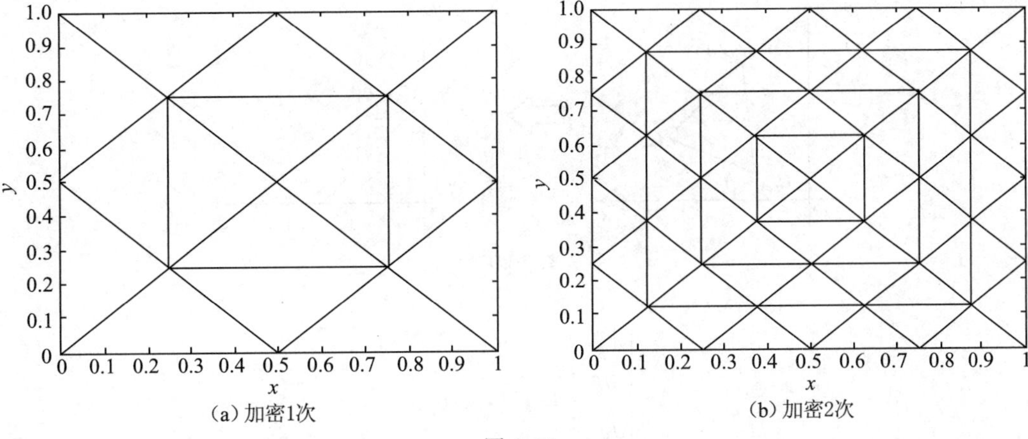
(a) 加密1次 (b) 加密2次

图 6-19

函数.

方程(6-63)等号右端函数 f 也可表示为

$$f(x,y) \approx \sum_{j=1}^{3} f_j \phi_j^E(x,y). \tag{6-65}$$

将式(6-64)和式(6-65)代入式(6-63)中,可得

$$\sum_{n=1}^{N_E} A_{ij} u_j = \sum_{n=1}^{N_E} M_{ij} f_j, \tag{6-66}$$

其中 $A_{ij}=\int_E \nabla\phi_j^E \cdot \nabla\phi_i^E \mathrm{d}x\mathrm{d}y$, $M_{ij}=\int_E \phi_j^E \phi_i^E \mathrm{d}x\mathrm{d}y$, $i,j=1,2,3$.

6.7.3 单元矩阵的计算

根据有限元方程(6-66),需要在每个单元上计算单元刚度矩阵(A_{ij})和单元载荷矩阵(M_{ij}).这两个矩阵中的各元素都是多项式函数在三角单元上的积分,其中三角单元的 3 个顶点为(x_i,y_i),$i=1,2,3$.为了简化计算,引入坐标变换:

$$x = x_1 + (x_2 - x_1)\xi + (x_3 - x_1)\eta := \sum_{j=1}^{3} x_j \hat{\phi}_j(\xi,\eta), \tag{6-67}$$

$$y = y_1 + (y_2 - y_1)\xi + (y_3 - y_1)\eta := \sum_{j=1}^{3} y_j \hat{\phi}_j(\xi,\eta), \tag{6-68}$$

其中 $\hat{\phi}_1(\xi,\eta)=1-\xi-\eta:=\zeta$, $\hat{\phi}_2(\xi,\eta)=\xi$, $\hat{\phi}_3(\xi,\eta)=\eta$.若取$(\xi_1,\eta_1)=(0,0)$,$(\xi_2,\eta_2)=(1,0)$,$(\xi_3,\eta_3)=(0,1)$,分别代入式(6-67)和式(6-68)中,可得三角单元的 3 个顶点(x_i,y_i),$i=1,2,3$,即坐标变换(6-67)和坐标变换(6-68)可将一般的三角形映射成一个等腰直角三角形,如图 6-20 所示,从而原坐标系下的插值基函数 $\phi_j(x,y)$可写为

$$\phi_j(x,y)=\hat{\phi}_j(\xi,\eta),$$

且满足

$$\frac{\partial\hat{\phi}_j}{\partial\xi}=\frac{\partial\phi_j}{\partial x}\frac{\partial x}{\partial\xi}+\frac{\partial\phi_j}{\partial y}\frac{\partial y}{\partial\xi}, \quad \frac{\partial\hat{\phi}_j}{\partial\eta}=\frac{\partial\phi_j}{\partial x}\frac{\partial x}{\partial\eta}+\frac{\partial\phi_j}{\partial y}\frac{\partial y}{\partial\eta}.$$

可进一步改写为

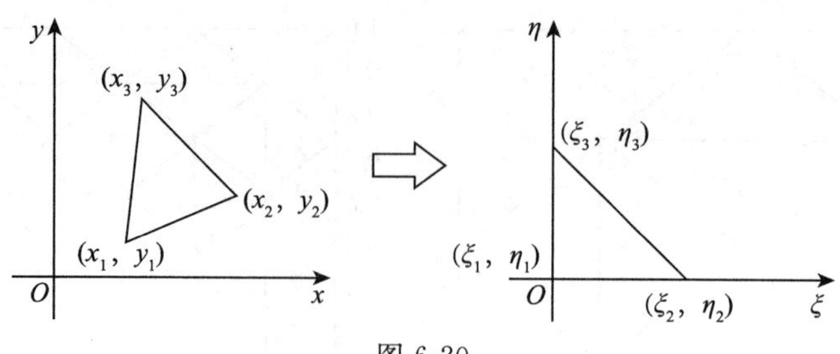

图 6-20

$$\begin{pmatrix} \dfrac{\partial \hat{\phi}_j}{\partial \xi} \\ \dfrac{\partial \hat{\phi}_j}{\partial \eta} \end{pmatrix} = \boldsymbol{J}^{\mathrm{T}} \cdot \nabla \phi_j,$$

其中

$$\boldsymbol{J} = \begin{pmatrix} \dfrac{\partial x}{\partial \xi} & \dfrac{\partial x}{\partial \eta} \\ \dfrac{\partial y}{\partial \xi} & \dfrac{\partial y}{\partial \eta} \end{pmatrix}. \tag{6-69}$$

矩阵 $\boldsymbol{J}$ 是两套坐标之间的雅可比矩阵,且满足

$$\det \boldsymbol{J} = \begin{vmatrix} x_2 - x_1 & x_3 - x_1 \\ y_2 - y_1 & y_3 - y_1 \end{vmatrix} = 2S,$$

其中 S 为三角单元的面积.

在式(6-69)中,j 分别取 1,2,3 时,可得

$$\nabla \phi_1 = \boldsymbol{J}^{-\mathrm{T}} \begin{pmatrix} -1 \\ -1 \end{pmatrix}; \quad \nabla \phi_2 = \boldsymbol{J}^{-\mathrm{T}} \begin{pmatrix} 1 \\ 0 \end{pmatrix}; \quad \nabla \phi_3 = \boldsymbol{J}^{-\mathrm{T}} \begin{pmatrix} 0 \\ 1 \end{pmatrix}.$$

由 $\boldsymbol{J}$ 的伴随矩阵可知

$$\boldsymbol{J}^{-\mathrm{T}} = \frac{1}{2S} \begin{pmatrix} y_3 - y_1 & -(y_2 - y_1) \\ -(x_3 - x_1) & x_2 - x_1 \end{pmatrix}.$$

代入可得

$$\nabla \phi_1 = \frac{1}{2S} \begin{pmatrix} -(y_3 - y_2) \\ x_3 - y_2 \end{pmatrix}, \quad \nabla \phi_2 = \frac{1}{2S} \begin{pmatrix} -(y_1 - y_3) \\ y_1 - x_3 \end{pmatrix}, \quad \nabla \phi_3 = \frac{1}{2S} \begin{pmatrix} -(y_2 - y_1) \\ y_2 - x_1 \end{pmatrix}.$$

进一步积分,可得单元刚度矩阵的各元素

$$A_{ij} = \int_E \nabla \phi_j \cdot \nabla \phi_i \,\mathrm{d}x\,\mathrm{d}y = 2S \int_E \nabla \phi_j \cdot \nabla \phi_i \,\mathrm{d}\xi\,\mathrm{d}\eta, \quad i, j = 1, 2, 3.$$

将$\nabla \phi_i (i = 1, 2, 3)$的表达式代入上式,可得

$$A_{11} = \frac{1}{4S} [(y_3 - y_2)^2 + (x_3 - x_2)^2],$$

$$A_{22} = \frac{1}{4S} [(y_1 - y_3)^2 + (x_1 - x_3)^2],$$

$$A_{33} = \frac{1}{4S} [(y_2 - y_1)^2 + (x_2 - x_1)^2],$$

$$A_{12}=A_{21}=\frac{1}{4S}[(y_3-y_2)(y_1-y_3)+(x_3-x_2)(x_1-x_3)],$$

$$A_{13}=A_{31}=\frac{1}{4S}[(y_3-y_2)(y_2-y_1)+(x_3-x_2)(x_2-x_1)],$$

$$A_{23}=A_{32}=\frac{1}{4S}[(y_1-y_3)(y_2-y_1)+(y_1-x_3)(x_2-x_1)].$$

同理，方程(6-66)等号右端的单元载荷矩阵中的元素为

$$M_{ij}=\int_E \phi_j^E\cdot\phi_i^E\,\mathrm{d}x\,\mathrm{d}y=2S\int_E \phi_j^E\cdot\phi_i^E\,\mathrm{d}\xi\,\mathrm{d}\eta,$$

将 $\phi_i^E(i=1,2,3)$的表达式代入上式，并利用公式

$$\int_E \zeta^l\xi^m\eta^n\,\mathrm{d}\xi\,\mathrm{d}\eta=\frac{l!m!n!}{(l+m+n+2)!}\quad(\zeta=1-\xi-y),$$

可得 $M_{11}=M_{22}=M_{33}=\dfrac{S}{6},M_{12}=M_{21}=M_{13}=M_{31}=M_{23}=M_{32}=\dfrac{S}{12}$.

6.7.4 全局刚度矩阵的装配

刚度矩阵反映各节点之间的相互依赖和耦合关系，而之前介绍的单元刚度矩阵只包含某个三角单元的 3 个顶点之间的关系. 事实上，每个顶点可能是多个三角单元的共同顶点，即每个顶点可能与当前三角单元之外的多个节点有关，这种关系只能体现在全局刚度矩阵中. 泊松方程中所有节点处的值都是耦合在一起的，求解泊松方程即需要求解一个包含全局刚度矩阵的线性系统. 因此，需要在所有单元刚度矩阵的基础上，合成全局刚度矩阵.

在全局刚度矩阵的装配过程中，通常对所有的三角单元进行循环遍历，在每个单元 E_i 内找出 3 个顶点的全局标号 $\mathrm{conn}(i,j),j=1,2,3$，其中任意两个顶点在 E_i 内部的关系存放在当前局部刚度矩阵$\{(A_{kl}),k,l=1,2,3\}$中. 例如，对于 E_i 的 1 号和 2 号顶点，其在 E_i 内部的积分信息用 A_{12} 表示，需要将其累加到全局刚度矩阵 $\bar{\mathbf{A}}$ 的$(\mathrm{conn}(i,1),\mathrm{conn}(i,2))$位置上.

对三角单元的循环结束后，可得到规模为 $N_G\times N_G$ 的全局刚度矩阵 $\bar{\mathbf{A}}$. 类似地，全局载荷矩阵也可以用这种装配方式得到.

6.7.5 边界条件的使用

与有限差分方法一样，有限元方程的求解也需要用到边界节点上的值. 边界节点的值可以从边界条件中获得，并不参与有限元方程的求解. 而目前得到的有限元方程(6-66)，其中每个节点都对应一个线性方程，包括内部节点和边界节点. 下面需要根据边界条件对边界点对应的方程进行修改.

在全部节点中，可根据边界条件指示子 gbc 判断每个节点是否为边界节点. 假设全局编号为 k 的节点是一个边界点，对应的线性方程为

$$\sum_{i=1}^{N_E}\bar{a}_{ki}u_i=b_k.$$

则执行以下的修改步骤：

(1) 将有限元方程(6-66)的每一行中与 u_k 相关的信息放到等号右端，即等号右端第 i 行的 b_i 替换为 $b_i-\bar{a}_{ik}u_k$，其中 u_k 的值来自边界条件，$u_k=x^2(k)y^2(k)$；

(2) 全局刚度矩阵的第 k 行和第 k 列的全部元素置 0，并取 $\bar{a}_{kk}=1$；

(3) 等号右端载荷向量的第 k 个元素改为 $u_k[=x^2(k)y^2(k)]$.

修改后，有限元方程的第 k 行变为

$$u_k=x^2(k)y^2(k),$$

此即该点满足的边界条件.

6.7.6 求解有限元方程

求解上述线性方程组，可得各节点的值，结合相应节点的坐标，可画出方程的数值解.

用以上 6 个步骤求解泊松方程(6-62)，在初始网格基础上加密 4 次，生成的网格具有 1 024 个小三角单元、545 个节点，得到的数值解和误差如图 6-21 所示.

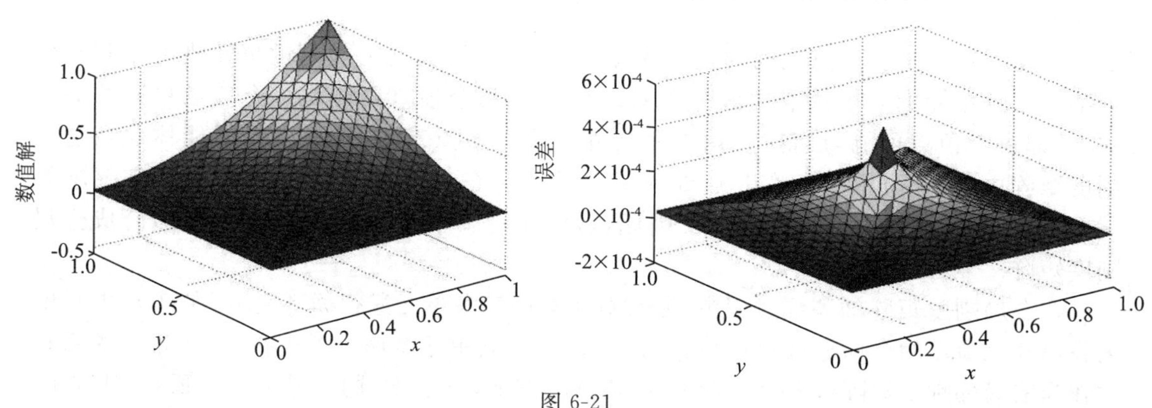

图 6-21

习题六

1. 用有限差分方法求解两点边值问题

$$\begin{cases}-\dfrac{d^2u}{dx^2}+\left(x-\dfrac{1}{2}\right)^2u=\left(x^2-x+\dfrac{5}{4}\right)\sin x, & 0<x<\dfrac{\pi}{2},\\ u(0)=0,u\left(\dfrac{\pi}{2}\right)=1,\end{cases}$$

并画出此方程的解曲线.

2. 用有限差分方法求解泊松方程

$$\begin{cases}-\left(\dfrac{\partial^2u}{\partial x^2}+\dfrac{\partial^2u}{\partial y^2}\right)=-6(x+y), & 0<x,y<1,\\ u(x,0)=x^3,u(x,1)=1+x^3, & 0<x<1,\\ u(0,y)=y^3,u(1,y)=1+y^3, & 0<y<1,\end{cases}$$

并画出此方程的解曲线.

3. 考虑一维热传导方程

$$\frac{\partial u}{\partial t}=a\frac{\partial^2 u}{\partial x^2}+f(x).$$

(1) 给出此方程的向后差分格式；

(2) 分析向后差分格式的截断误差.

4. 考虑一维热传导方程

$$\frac{\partial u}{\partial t}=a\frac{\partial^2 u}{\partial x^2}+f(x),$$

可构造 Du Fort-Frankel 格式

$$\frac{u_j^{n+1}-u_j^{n-1}}{2\tau}=a\frac{u_{j+1}^n-u_j^{n+1}-u_j^{n-1}+u_{j-1}^n}{h^2}+f(x_j),$$

分析此格式的截断误差.

5. 用 CN 格式求解抛物型方程

$$\begin{cases}\dfrac{\partial u}{\partial t}-2\dfrac{\partial^2 u}{\partial x^2}=-\mathrm{e}^x\left[\cos\left(\dfrac{1}{2}-t\right)+2\sin\left(\dfrac{1}{2}-t\right)\right], & 0<x<1,0<t\leqslant 1\\ u(x,0)=\mathrm{e}^x\sin\dfrac{1}{2}, & 0\leqslant x\leqslant 1,\\ u(0,t)=\sin\left(\dfrac{1}{2}-t\right),u(1,t)=\sin\left(\dfrac{1}{2}-t\right), & 0<t\leqslant 1,\end{cases}$$

并画出此方程的解曲线.

6. 分别用 CN 格式和 ADI 格式求解二维空间上的抛物型方程

$$\begin{cases}\dfrac{\partial u}{\partial t}-\left(\dfrac{\partial^2 u}{\partial x^2}+\dfrac{\partial^2 u}{\partial y^2}\right)=(x^2+y^2)t^2\sin(xyt)+xy\cos(xyt), & 0<x,y<1,0<t\leqslant 1,\\ u(x,y,0)=0, & 0\leqslant x,y\leqslant 1,\\ u(0,y,t)=0,u(1,y,t)=\sin(yt), & 0\leqslant y\leqslant 1,0<t\leqslant 1,\\ u(x,0,t)=0,u(x,1,t)=\sin(xt), & 0\leqslant x\leqslant 1,0<t\leqslant 1.\end{cases}$$

方程的真解为 $u=\sin(xyt)$，比较两种方法的误差和运行时间的差别.

7. 用显格式求解波动方程

$$\begin{cases}\dfrac{\partial^2 u}{\partial t^2}-\dfrac{\partial^2 u}{\partial x^2}=(t^2-x^2)\sin(xt), & 0<x<1,0<t\leqslant 1\\ u(x,0)=0,\dfrac{\partial u(x,0)}{\partial t}=x, & 0\leqslant x\leqslant 1,\\ u(0,t)=0,u(1,t)=\sin t, & 0<t\leqslant 1,\end{cases}$$

画出此方程的解曲线，并与真解 $u(x,t)=\sin(xt)$ 进行比较.

8. 用迎风格式求解一阶双曲型方程

$$\begin{cases}\dfrac{\partial u}{\partial t}-\dfrac{\partial u}{\partial x}=0, & 0<x<1,0<t\leqslant 1\\ u(x,0)=\sin^{40}\pi x, & 0\leqslant x\leqslant 1,\\ u(0,t)=u(1,t), & 0<t\leqslant 1.\end{cases}$$

画出此方程的解曲线，并与真解 $u(x,t)=\sin^{40}\pi(x+t)$ 进行比较.

9. 考虑定义在二维区域 Ω 上的泊松方程

$$\begin{cases}-\left(\dfrac{\partial^2 u}{\partial x^2}+\dfrac{\partial^2 u}{\partial y^2}\right)+u=f, & (x,y)\in\Omega,\\ u(x,y)=0, & (x,y)\in L.\end{cases}$$

在合适的函数空间内推导其变分形式，并选择合适的多项式空间，写出此方程的有限元方法.

10. 用有限元方法求解第 2 题中的泊松方程,并比较两种数值方法得到的数值解有何不同.

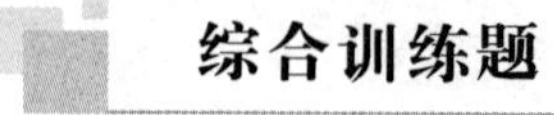

综合训练题

谈谈自己对数值方法的理解和认识,以及其与解析方法的区别和联系.

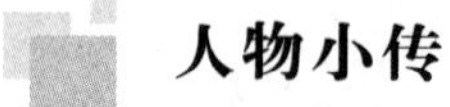

人物小传

中国计算数学的奠基人和开拓者——冯康

冯康(1920—1993),浙江绍兴人,出生于江苏省南京市,数学家、中国有限元法创始人、计算数学研究的奠基人和开拓者,中国科学院院士,中国科学院计算中心创始人、研究员、博士生导师.

1945 年冯庚在复旦大学数学物理系担任助教,1946 年到清华大学任物理系助教,1951 年转任数学系助教,1951 年调入中国科学院数学研究所担任助理研究员,后在苏联斯捷克洛夫数学研究所进修,1957 年调入中国科学院计算技术研究所,1965 年发表了名为《基于变分原理的差分格式》的论文,这篇论文被国际学术界视为中国独立发展“有限元法”的重要里程碑,1978 年起任中国科学院计算中心主任,1980 年当选为中国科学院院士,1993 年 8 月 17 日于北京逝世. 1997 年,冯康的“哈密尔顿系统辛几何算法”获得国家自然科学奖一等奖.

冯康主要研究拓扑群、广义函数、应用数学、计算数学、科学与工程计算. 他的主要贡献有:提出的“最小几乎周期拓扑群”解决了这一类李群(Lie Group)的结构表征问题;建立了广义函数的泛函对偶定理与“广义梅林变换”;独立于西方创始了有限元方法;提出了自然边界归化和超奇异积分方程理论,发展了有限元边界元自然耦合方法;系统地首创了辛几何计算方法,开拓了动力系统及工程应用的交叉性研究新领域.

函数篇

两类特殊函数与应用

第7章 贝塞尔函数

科学是老老实实的学问，不可能靠运气来创造发明，对一个问题的本质不了解，就是碰上机会也是枉然. 入宝山而空手回，原因在此.

——华罗庚

前面几章在讲述分离变量法时，针对拉普拉斯方程的圆域问题，采用极坐标系后，经过分离变量就会出现变系数的线性常微分方程. 由于当时只考虑圆盘在稳恒状态下的温度分布，所以得到了欧拉方程；若不考虑稳恒状态而考虑瞬时状态，则得到一种特殊类型的常微分方程. 本章将在柱坐标系中对定解问题分离变量，从而引出施图姆-刘维尔型方程的一个特例——贝塞尔方程. 利用幂级数解法得到该方程的解，称为贝塞尔函数. 进一步讨论贝塞尔函数的一些性质，后续在求解数学物理问题时主要引用它的正交完备性.

7.1 贝塞尔方程的引出

下面以圆盘的瞬时温度分布为例推导出贝塞尔方程. 设有半径为 R 的薄圆盘，其侧面绝缘，若圆盘边界上的温度恒保持 0 ℃，且初始温度为已知，求圆盘内的瞬时温度分布规律.

贝塞尔方程的引出

这个问题可以归结为求解下述定解问题：

$$\begin{cases} \dfrac{\partial u}{\partial t}=a^2\left(\dfrac{\partial^2 u}{\partial x^2}+\dfrac{\partial^2 u}{\partial y^2}\right), & x^2+y^2<R^2, t>0, \quad (7\text{-}1) \\ u\big|_{t=0}=\phi(x,y), & x^2+y^2\leqslant R, \quad (7\text{-}2) \\ u\big|_{x^2+y^2=R^2}=0. & \quad (7\text{-}3) \end{cases}$$

用分离变量法解这个问题，先令

$$u(x,y,t)=V(x,y)T(t),$$

代入方程(7-1)，得

$$VT'=a^2\left(\frac{\partial^2 V}{\partial x^2}+\frac{\partial^2 V}{\partial y^2}\right)T$$

或

$$\frac{T'}{a^2T}=\frac{\dfrac{\partial^2 V}{\partial x^2}+\dfrac{\partial^2 V}{\partial y^2}}{V}=-\lambda \quad (\lambda>0).$$

由此得到关于函数 $T(t)$ 和 $V(x,y)$ 的方程：

$$T'(t)+a^2\lambda T(t)=0, \tag{7-4}$$

$$\frac{\partial^2 V}{\partial x^2}+\frac{\partial^2 V}{\partial y^2}+\lambda V=0. \tag{7-5}$$

由式(7-4)得

$$T(t)=A\mathrm{e}^{-a^2\lambda t}.$$

方程(7-5)称为**亥姆霍兹(Helmholtz)方程**. 为了求出这个方程满足条件

$$V\big|_{x^2+y^2=R^2}=0 \tag{7-6}$$

的非零解，引出平面上的极坐标系，将方程(7-5)与条件(7-6)写成极坐标形式，得

$$\begin{cases}\dfrac{\partial^2 V}{\partial \rho^2}+\dfrac{1}{\rho}\dfrac{\partial V}{\partial \rho}+\dfrac{1}{\rho^2}\dfrac{\partial^2 V}{\partial \theta^2}+\lambda V=0, & \rho<R,0\leqslant\theta\leqslant 2\pi, \quad (7\text{-}7)\\ V\big|_{\rho=R}=0, & 0\leqslant\theta\leqslant 2\pi. \quad (7\text{-}8)\end{cases}$$

再令

$$V(\rho,\theta)=P(\rho)\Theta(\theta),$$

代入方程(7-7)并分离变量，得

$$\Theta''(\theta)+\mu\Theta(\theta)=0, \tag{7-9}$$

$$\rho^2P''(\rho)+\rho P'(\rho)+(\lambda\rho^2-\mu)P(\rho)=0. \tag{7-10}$$

由于 $u(x,y,t)$ 是单值函数，所以 $V(x,y)$ 也必是单值的，因此 $\Theta(\theta)$ 应该是以 2π 为周期的周期函数，这就决定了 μ 只能等于如下的数：

$$0^2,\quad 1^2,\quad 2^2,\quad \cdots,\quad n^2,\quad \cdots.$$

对应于 $\mu_n=n^2$，有

$$\Theta_0(\theta)=\frac{a_0}{2}\quad（常数）,$$

$$\Theta_n(\theta)=a_n\cos n\theta+b_n\sin n\theta\quad (n=1,2,\cdots).$$

将 $\mu_n=n^2$ 代入式(7-10)，得

$$\rho^2P''(\rho)+\rho P'(\rho)+(\lambda\rho^2-n^2)P(\rho)=0. \tag{7-11}$$

这个方程与式(2-108)相比，两者仅自变量和函数的记号有所差别，因此式(7-11)称为 ***n* 阶贝塞尔方程**.

若再作代换

$$r=\sqrt{\lambda}\rho,$$

并记

$$F(r)=P\left(\frac{r}{\sqrt{\lambda}}\right),$$

则得

$$\lambda^2F''(r)+\lambda F'(r)+(\lambda^2-n^2)F(r)=0.$$

此为 n 阶贝塞尔方程最常见的形式.

由条件(7-8)及温度 u 是有限的,分别可得

$$\begin{cases} P(\rho)=0, \\ |P(0)|<+\infty. \end{cases} \tag{7-12}$$

因此,原定解问题就归结为求贝塞尔方程(7-11)在条件(7-12)下的特征值与特征函数,条件(7-12)中第1个条件是在 $\rho=R$ 处的第一类边界条件,第2个条件是在 $\rho=0$ 处的自然边界条件,由于 $k(\rho)=\rho$[即式(2-105)中的 $k(x)$]在 $\rho=0$ 处为零,所以在这一点应加自然边界条件.本章先在下一节讨论方程(7-11)的解法,然后在第7.5节中回过来讨论这个特征值问题.

7.2 贝塞尔方程的求解

在上一节中,从解决圆盘的瞬时温度分布问题引出了贝塞尔方程,本节来讨论这个方程的解法.按照惯例,仍以 x 表示自变量,以 y 表示未知函数,则 n 阶贝塞尔方程为

$$x^2\frac{\mathrm{d}^2y}{\mathrm{d}x^2}+x\frac{\mathrm{d}y}{\mathrm{d}x}+(x^2-n^2)y=0 \text{①}, \tag{7-13}$$

其中 n 为任意实数或复数.在本书中,n 只限于实数,且由于方程的系数中出现 n^2 项,所以在讨论时不妨暂先假定 $n\geqslant 0$.

7.2.1 第一类贝塞尔函数

贝塞尔方程的一类特解

设方程(7-13)有一个级数解,其形式为

$$\begin{aligned} y&=x^c(a_0+a_1x+a_2x^2+\cdots+a_kx^k+\cdots) \\ &=\sum_{k=0}^{+\infty}a_kx^{c+k}, \quad a_0\neq 0, \end{aligned} \tag{7-14}$$

其中常数 c 和 $a_k(k=0,1,2,\cdots)$ 可以通过将 y 和它的导数 y',y'' 代入式(7-13)来确定.

将式(7-14)及其导数代入式(7-13)得

$$\sum_{k=0}^{+\infty}\{[(c+k)(c+k-1)+(c+k)+(x^2-n^2)]a_kx^{c+k}\}=0,$$

化简后写成

$$(c^2-n^2)a_0x^c+[(c+1)^2-n^2]a_1x^{c+1}+\sum_{k=2}^{+\infty}\{[(c+k)^2-n^2]a_k+a_{k-2}\}x^{c+k}=0.$$

若要上式成为恒等式,则 x 幂的系数必须全为零,从而得

---

① 方程(7-13)是方程

$$y''+\frac{a(x)}{x}y'+\frac{b(x)}{x^2}y=0$$

的一个特例,其中 $a(x)$ 和 $b(x)$ 在 $x=0$ 处可展开成幂级数.这个方程有一个特点,即它的系数在 $x=0$ 处有奇性,故它的解在 $x=0$ 处也可能有奇性,因此可以证明这个方程至少存在一个形如

$$y(x)=x^r\sum_{m=0}^{+\infty}c_mx^m \quad (r\text{ 为常数})$$

的解.

$$a_0(c^2-n^2)=0, \tag{7-15}$$

$$a_1[(c+1)^2-n^2]=0, \tag{7-16}$$

$$[(c+k)^2-n^2]a_k+a_{k-2}=0 \quad (k=2,3,\cdots). \tag{7-17}$$

由式(7-15)得 $c=\pm n$，代入式(7-16)得 $a_1=0$. 现暂取 $c=n$，代入式(7-17)得

$$a_k=\frac{-a_{k-2}}{k(2n+k)}. \tag{7-18}$$

因为 $a_1=0$，由式(7-18)可知 $a_1=a_3=a_5=a_7=\cdots=0$，而 $a_2,a_4,a_6,\cdots$ 都可以用 a_0 表示，即

$$a_2=\frac{-a_0}{2(2n+2)},$$

$$a_4=\frac{a_0}{2\cdot 4(2n+2)(2n+4)},$$

$$a_6=\frac{-a_0}{2\cdot 4\cdot 6(2n+2)(2n+4)(2n+6)},$$

$$\vdots$$

$$a_{2m}=(-1)^m\frac{a_0}{2\cdot 4\cdot 6\cdot\cdots\cdot 2m(2n+2)(2n+4)\cdots(2n+2m)}$$

$$=\frac{(-1)^m a_0}{2^{2m}m!(n+1)(n+2)\cdots(n+m)}.$$

由此可知式(7-14)的一般项为

$$(-1)^m\frac{a_0x^{n+2m}}{2^{2m}m!(n+1)(n+2)\cdots(n+m)}.$$

其中 a_0 为一个任意常数. 令 a_0 取一个确定的值，即得式(7-13)的一个特解. 将 a_0 取作

$$a_0=\frac{1}{2^n\Gamma(n+1)}①,$$

这样选取 a_0 可使一般项系数中2的次数与 x 的次数相同，并可运用恒等式

$$(n+m)(n+m-1)\cdots(n+2)(n+1)\Gamma(n+1)=\Gamma(n+m+1)$$

使分母简化，从而使(7-14)中一般项的系数变成

$$a_{2m}=(-1)^m\frac{1}{2^{n+2m}m!\Gamma(n+m+1)}, \tag{7-19}$$

这样式子就比较整齐、简单了.

将式(7-19)代入式(7-14)，得到式(7-13)的一个特解

$$y_1=\sum_{m=0}^{+\infty}(-1)^m\frac{x^{n+2m}}{2^{n+2m}m!\Gamma(n+m+1)},\quad n\geqslant 0.$$

用级数的比值判别法(或称达朗贝尔判别法)可以判定 y_1 在整个数轴上收敛. 这个无穷级数所确定的函数就称为 **n 阶第一类贝塞尔函数**，记作

$$\mathrm{J}_n(x)=\sum_{m=0}^{+\infty}(-1)^m\frac{x^{n+2m}}{2^{n+2m}m!\Gamma(n+m+1)},\quad n\geqslant 0. \tag{7-20}$$

---

① 此处 $\Gamma(n+1)$ 表示 Γ 函数，关于 Γ 函数的定义及性质见附录B.

至此，求出了贝塞尔方程的一个特解 $J_n(x)$.

当 n 为正整数或零时，$\Gamma(n+m+1)=(n+m)!$，故有

$$J_n(x)=\sum_{m=0}^{+\infty}(-1)^m \frac{x^{n+2m}}{2^{n+2m}m!(n+m)!} \quad (n=0,1,2,\cdots). \tag{7-21}$$

取 $c=-n$ 时，可用同样的方法得到式(7-13)的另一特解

$$J_{-n}(x)=\sum_{m=0}^{+\infty}(-1)^m \frac{x^{-n+2m}}{2^{-n+2m}m!\Gamma(-n+m+1)} \quad (n\neq 1,2,\cdots). \tag{7-22}$$

比较式(7-20)与式(7-22)可见，只要将式(7-20)等号右端的 n 换成 $-n$，即可得到式(7-22). 因此，不论 n 是正数还是负数，总可以用式(7-20)统一地表达第一类贝塞尔函数.

7.2.2 当 n 不为整数时贝塞尔方程的通解

当 n 不为整数时，两个特解 $J_n(x)$ 与 $J_{-n}(x)$ 是线性无关的，由齐次线性常微分方程通解的结构定理可知，方程(7-13)的通解为

$$y=AJ_n(x)+BJ_{-n}(x), \tag{7-23}$$

其中 A,B 为两个任意常数.

当然，在 n 不为整数的情况下，方程(7-13)的通解还可写成其他形式，只要能够找到该方程另一个与 $J_n(x)$线性有关的特解，它与 $J_n(x)$就可构成方程(7-13)的通解，这样的特解是容易找到的. 例如，在式(7-23)中取 $A=\cot n\pi$，$B=-\csc n\pi$，则得到方程(7-13)的一个特解

$$\begin{aligned} Y_n(x)&=J_n(x)\cot n\pi-J_{-n}(x)\csc n\pi \\ &=\frac{J_n(x)\cos n\pi-J_{-n}(x)}{\sin n\pi} \quad (n\neq \text{整数}). \end{aligned} \tag{7-24}$$

显然，$Y_n(x)$与 $J_n(x)$是线性无关的. 因此，方程(7-13)的通解可写成

$$y=AJ_n(x)+BY_n(x). \tag{7-25}$$

由式(7-24)所确定的函数 $Y_n(x)$称为**第二类贝塞尔函数**，或称**诺伊曼函数**.

7.2.3 当 n 为整数时贝塞尔方程的通解

贝塞尔方程的通解

由以上内容可知，当 n 不为整数时，方程(7-13)的通解由式(7-23)或式(7-25)确定，那么，当 n 为整数时，方程(7-13)的通解应该是什么样子呢？

首先，证明当 n 为整数时，$J_n(x)$与 $J_{-n}(x)$是线性相关的. 事实上，不妨设 n 为正整数 N(这不失一般性，因为 n 为负整数时会得到同样的结果)，则在式(7-22)中，当 $m=0,1,2,\cdots,(N-1)$时，$\frac{1}{\Gamma(-N+m+1)}$均为零，此时级数从 $m=N$ 起才开始出现非零项. 于是，式(7-22)可以写成

$$\begin{aligned} J_{-N}(x)&=\sum_{m=N}^{+\infty}(-1)^m \frac{x^{-N+2m}}{2^{-N+2m}m!\Gamma(-N+m+1)} \\ &=(-1)^N\left\{\frac{x^N}{2^N N!}-\frac{x^{N+2}}{2^{N+2}(N+1)!}+\frac{x^{N+4}}{2^{N+4}(N+2)!2!}-\cdots\right\} \\ &=(-1)^N J_N(x), \end{aligned}$$

即 $J_N(x)$与 $J_{-N}(x)$线性相关，此时 $J_N(x)$与 $J_{-N}(x)$ 无法构成贝塞尔方程的通解. 为了求

出贝塞尔方程的通解,还要求出一个与 $J_N(x)$ 线性无关的特解.

取哪一个特解？自然联想到第二类贝塞尔函数.不过当 n 为整数时,式(7-24)等号右端没有意义,要想将整数阶贝塞尔方程的通解也写成式(7-25)的形式,必须先修改第二类贝塞尔函数的定义.在 n 为整数的情况下,定义第二类贝塞尔函数为

$$Y_n(x)=\lim_{\alpha\to+\infty}\frac{J_\alpha(x)\cos\alpha\pi-J_{-\alpha}(x)}{\sin\alpha\pi}\quad(n\text{ 为整数}).\tag{7-26}$$

由于当 n 为整数时,$J_{-n}(x)=(-1)^nJ_n(x)=\cos n\pi J_n(x)$,所以式(7-26)等号右端的极限是"$\frac{0}{0}$"型的不定型的极限,应用洛必达法则并经过冗长的推导,最后得到

$$Y_0(x)=\frac{2}{\pi}J_0(x)\left(\ln\frac{x}{2}+c\right)-\frac{2}{\pi}\sum_{m=0}^{+\infty}\frac{(-1)^m\left(\frac{x}{2}\right)^m}{(m!)^2}\sum_{k=0}^{m-1}\frac{1}{k+1},$$

$$Y_n(x)=\frac{2}{\pi}J_n(x)\left(\ln\frac{x}{2}+c\right)-\frac{1}{\pi}\sum_{m=0}^{n-1}\frac{(n-m-1)!}{(m!)^2}\left(\frac{x}{2}\right)^{-n+2m}-$$

$$\frac{1}{\pi}\sum_{m=0}^{+\infty}\frac{(-1)^m\left(\frac{x}{2}\right)^{n+2m}}{m!(n+m)!}\left(\sum_{k=0}^{n+m-1}\frac{1}{k+1}+\sum_{k=0}^{m-1}\frac{1}{k+1}\right)$$

$$(n=1,2,3,\cdots),\tag{7-27}$$

其中 $c=\lim\limits_{n\to+\infty}\left(1+\frac{1}{2}+\frac{1}{3}+\cdots+\frac{1}{n}-\ln n\right)=0.577\,2\cdots$,称为**欧拉常数**.

根据函数的定义,式(7-26)确是贝塞尔方程的一个特解,而且与 $J_n(x)$ 线性无关[因为当 $x=0$ 时,$J_n(x)$ 为有限值,而 $Y_n(x)$ 为无穷大].

综合上面所述,不论 n 是否为整数,贝塞尔方程(7-13)的通解都可表示为

$$y=AJ_n(x)+BY_n(x),$$

其中 A,B 为任意常数,n 为任意实数.

7.3　贝塞尔函数的递推公式

贝塞尔函数的递推公式

不同阶的贝塞尔函数之间不是彼此孤立的,而是有一定的联系,本节来建立反映这种联系的递推公式.先考虑零阶与一阶贝塞尔函数之间的关系.

在式(7-21)中,令 $n=0$ 及 $n=1$,得

$$J_0(x)=1-\frac{x^2}{2^2}+\frac{x^4}{2^4(2!)^2}+\frac{x^6}{2^6(3!)^2}+\cdots+$$

$$(-1)^k\frac{x^{2k}}{2^{2k}(k!)^2}+\cdots,$$

$$J_1(x)=\frac{x}{2}-\frac{x^3}{2^3\cdot2!}+\frac{x^5}{2^5\cdot2!\cdot3!}+\frac{x^7}{2^7\cdot3!\cdot4!}+\cdots+$$

$$(-1)^k\frac{x^{2k+1}}{2^{2k+1}\cdot k!\cdot(k+1)!}+\cdots.$$

对 $J_0(x)$ 的第 $k+2$ 项求导，得

$$\frac{d}{dx}(-1)^{k+1}\frac{x^{2k+2}}{2^{2k+2}[(k+1)!]^2}=-(-1)^k\frac{(2k+2)x^{2k+1}}{2^{2k+2}[(k+1)!]^2}$$

$$=-(-1)^k\frac{x^{2k+1}}{2^{2k+1}k!(k+1)!}.$$

上式是 $J_1(x)$ 中含 x^{2k+1} 这一项的负值，且已知 $J_0(x)$ 第 1 项的导数为零，故得关系式

$$\frac{d}{dx}J_0(x)=-J_1(x). \tag{7-28}$$

将 $J_1(x)$ 乘以 x 并求导，又得

$$\frac{d}{dx}[xJ_1(x)]=\frac{d}{dx}\left[\frac{x^2}{2}-\frac{x^4}{2^3\cdot 2!}+\cdots+(-1)^k\frac{x^{2k+2}}{2^{2k+1}\cdot k!\cdot(k+1)!}+\cdots\right]$$

$$=x-\frac{x^3}{2^2}+\cdots+(-1)^k\frac{x^{2k+1}}{2^{2k}(k!)^2}+\cdots$$

$$=x\left[1-\frac{x^2}{2^2}+\cdots+(-1)^k\frac{x^{2k}}{2^{2k}(k!)^2}+\cdots\right],$$

即

$$\frac{d}{dx}[xJ_1(x)]=xJ_0(x) \tag{7-29}$$

以上结果可以推广. 现将 $J_n(x)$ 乘以 x^n 并求导数，得

$$\frac{d}{dx}[x^nJ_n(x)]=\frac{d}{dx}\sum_{m=0}^{+\infty}(-1)^m\frac{x^{2n+2m}}{2^{n+2m}m!\Gamma(n+m+1)}$$

$$=x^n\sum_{m=0}^{+\infty}(-1)^m\frac{x^{n+2m-1}}{2^{n+2m-1}m!\Gamma(n+m)}$$

$$=x^nJ_{n-1}(x),$$

即

$$\frac{d}{dx}[x^nJ_n(x)]=x^nJ_{n-1}(x). \tag{7-30}$$

同理可得

$$\frac{d}{dx}[x^{-n}J_n(x)]=-x^{-n}J_{n+1}(x). \tag{7-31}$$

求出式(7-30)和式(7-31)等号左端的导数并化简，得

$$xJ_n'(x)+nJ_n(x)=xJ_{n-1}(x),$$

及

$$xJ_n'(x)-nJ_n(x)=-xJ_{n+1}(x).$$

将以上两式相减及相加，分别得到

$$J_{n-1}(x)+J_{n+1}(x)=\frac{2}{x}nJ_n(x), \tag{7-32}$$

$$J_{n-1}(x)-J_{n+1}(x)=2J_n'(x). \tag{7-33}$$

式(7-30)～式(7-33)便是贝塞尔函数的递推公式，它们在有关贝塞尔函数的分析运算中非常有用. 特别值得一提的是，应用式(7-32)可以将较高阶的贝塞尔函数用较低阶的贝塞

尔函数表示出来，因此如果已有零阶与一阶贝塞尔函数表，则利用此表和式(7-32)可以计算任意正整数阶的贝塞尔函数的值.

第二类贝塞尔函数也具有与第一类贝塞尔函数相同的递推公式，即

$$\begin{cases} \dfrac{\mathrm{d}}{\mathrm{d}x}[x^n \mathrm{Y}_n(x)] = x^n \mathrm{Y}_{n-1}(x), \\ \dfrac{\mathrm{d}}{\mathrm{d}x}[x^{-n} \mathrm{Y}_n(x)] = -x^{-n} \mathrm{Y}_{n+1}(x), \\ \mathrm{Y}_{n-1}(x) + \mathrm{Y}_{n+1}(x) = \dfrac{2}{x} n \mathrm{Y}_n(x), \\ \mathrm{Y}_{n-1}(x) - \mathrm{Y}_{n+1}(x) = 2\mathrm{Y}_n'(x). \end{cases} \tag{7-34}$$

作为递推公式的一个应用，下面考虑半奇数阶的贝塞尔函数. 首先计算 $\mathrm{J}_{\frac{1}{2}}(x)$, $\mathrm{J}_{-\frac{1}{2}}(x)$. 由式(7-20)可得

$$J_{\frac{1}{2}}(x) = \sum_{m=0}^{+\infty} \frac{(-1)^m}{m!\Gamma\left(\frac{3}{2}+m\right)} \left(\frac{x}{2}\right)^{\frac{1}{2}+2m}$$

而

$$\Gamma\left(\frac{3}{2}+m\right) = \frac{1\cdot 3\cdot 5\cdots\cdot (2m+1)}{2^{m+1}}\Gamma\left(\frac{1}{2}\right) = \frac{1\cdot 3\cdot 5\cdot\cdots\cdot (2m+1)}{2^{m+1}}\sqrt{\pi},$$

从而

$$\mathrm{J}_{\frac{1}{2}}(x) = \sqrt{\frac{2}{\pi x}} \sum^{+\infty} \frac{(-1)^m}{(2m+1)!} x^{2m+1} = \sqrt{\frac{2}{\pi x}} \sin x, \tag{7-35}$$

同理可得

$$\mathrm{J}_{-\frac{1}{2}}(x) = \sqrt{\frac{2}{\pi x}} \cos x. \tag{7-36}$$

利用递推公式(7-32)可得

$$\begin{aligned} \mathrm{J}_{\frac{3}{2}}(x) &= \frac{1}{x}\mathrm{J}_{\frac{1}{2}}(x) - \mathrm{J}_{-\frac{1}{2}}(x) = \sqrt{\frac{2}{\pi x}}\left(-\cos x + \frac{1}{x}\sin x\right) \\ &= -\sqrt{\frac{2}{\pi}} x^{\frac{3}{2}} \cdot \frac{1}{x}\frac{\mathrm{d}}{\mathrm{d}x}\left(\frac{\sin x}{x}\right) \\ &= -\sqrt{\frac{2}{\pi}} x^{\frac{3}{2}} \cdot \left(\frac{1}{x}\frac{\mathrm{d}}{\mathrm{d}x}\right)\left(\frac{\sin x}{x}\right). \end{aligned}$$

同理可得

$$\mathrm{J}_{-\frac{3}{2}}(x) = \sqrt{\frac{2}{\pi}} x^{\frac{3}{2}} \cdot \left(\frac{1}{x}\frac{\mathrm{d}}{\mathrm{d}x}\right)\left(\frac{\cos x}{x}\right).$$

一般地，有

$$\mathrm{J}_{n+\frac{1}{2}}(x) = (-1)^n \sqrt{\frac{2}{\pi}} x^{n+\frac{1}{2}} \cdot \left(\frac{1}{x}\frac{\mathrm{d}}{\mathrm{d}x}\right)^n \left(\frac{\sin x}{x}\right), \tag{7-37}$$

$$J_{-(n+\frac{1}{2})}(x)=\sqrt{\frac{2}{\pi}}x^{n+\frac{1}{2}}\cdot\left(\frac{1}{x}\frac{\mathrm{d}}{\mathrm{d}x}\right)^n\left(\frac{\cos x}{x}\right).$$

这里为了简便起见,采用微分算子$\left(\frac{1}{x}\frac{\mathrm{d}}{\mathrm{d}x}\right)^n$,它是算子$\frac{1}{x}\frac{\mathrm{d}}{\mathrm{d}x}$连续作用 n 次的缩写,例如,

$$\left(\frac{1}{x}\frac{\mathrm{d}}{\mathrm{d}x}\right)^2\left(\frac{\sin x}{x}\right)=\frac{1}{x}\frac{\mathrm{d}}{\mathrm{d}x}\left[\frac{1}{x}\frac{\mathrm{d}}{\mathrm{d}x}\left(\frac{\sin x}{x}\right)\right],$$

注意不要将它与$\frac{1}{x^n}\frac{\mathrm{d}^n}{\mathrm{d}x^n}$混为一谈.

由式(7-37)可以看出,半奇数界的贝塞尔函数都是初等函数.

7.4 函数展开成贝塞尔函数的级数

利用贝塞尔函数求解数学物理方程的定解问题,最终都要将已知函数按贝塞尔方程的特征函数系进行展开.本节首先说明贝塞尔方程的特征函数系的形式,然后证明这个特征函数系是一个正交系.

7.4.1 贝塞尔方程的特征值问题

在第 7.1 节中,我们已将求解圆盘的温度分布问题通过分离变量法转化成求解贝塞尔方程的特征值问题

贝塞尔函数的零点

$$\begin{cases}r^2P''(r)+rP'(r)+(\lambda r^2-n^2)P(r)=0, \quad 0<r<R, & (7\text{-}38)\\ P(r)|_{r=R}=0, & (7\text{-}39)\\ |P(0)|<+\infty \quad (自然边界条件). & (7\text{-}40)\end{cases}$$

方程(7-38)的通解为

$$P(r)=AJ_n(\sqrt{\lambda}r)+BY_n(\sqrt{\lambda}r),$$

由条件(7-40)可得 $B=0$,即

$$P(r)=AJ_n(\sqrt{\lambda}r),$$

由条件(7-39)可得

$$J_n(\sqrt{\lambda}R)=0. \tag{7-41}$$

这就说明,为了求出上述特征值问题的特征值 λ,必须要计算 $J_n(x)$的零点.$J_n(x)$有没有实的零点?若存在实的零点,一共有多少个?关于这些问题,有以下几个结论:

(1) $J_n(x)$有无穷多个单重实零点,且这无穷多个零点在 x 轴上关于原点对称分布,因而 $J_n(x)$必有无穷多个正的零点.

(2) $J_n(x)$的零点与 $J_{n+1}(x)$的零点彼此相间分布,即 $J_n(x)$的任意两个相邻零点之间必有且仅有一个 $J_{n+1}(x)$的零点.

(3) 除 $J_0(x)$之外,对所有 $n>0$,$x=0$ 是 $J_n(x)$的一个零点.

(4) 以 $\mu_m^{(n)}$ 表示 $J_n(x)$的非负零点($m=1,2,\cdots$),则当 $m\to+\infty$时,$\mu_{m+1}^{(n)}-\mu_m^{(n)}$ 无限地

接近 π，即 $J_n(x)$ 几乎是以 2π 为周期的周期函数. $J_0(x)$ 与 $J_1(x)$ 的图形如图 7-1 所示.

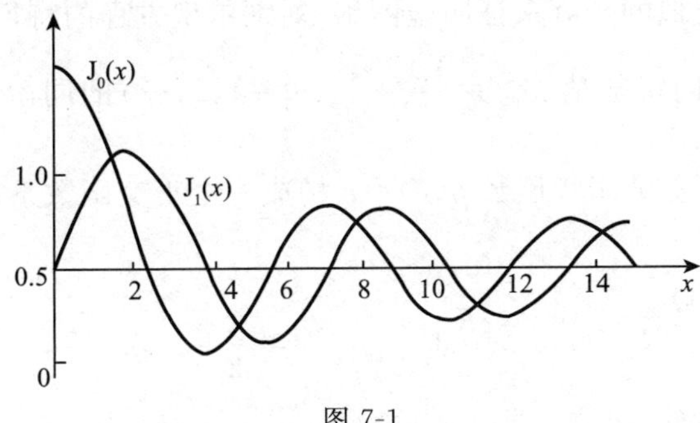

图 7-1

为了便于工程技术上的应用，贝塞尔函数正零点的数值已被详细计算出来，并列成表格. 表 7-1 给出了 $J_n(x)$ $(n=0,1,2,\cdots,5)$ 的前 9 个正零点 $\mu_m^{(n)}$ $(m=1,2,\cdots,9)$ 的近似值.

表 7-1

m	不同 n 下的 $\mu_m^{(n)}$ 近似值					
	0	1	2	3	4	5
1	2.405	3.832	5.136	6.380	7.588	8.771
2	5.520	7.016	8.417	9.761	11.065	12.339
3	8.654	10.173	11.620	13.015	14.373	15.700
4	11.792	13.324	14.796	16.223	17.616	18.980
5	14.931	16.471	17.960	19.409	20.827	22.218
6	18.071	19.616	21.117	22.583	24.019	25.430
7	21.212	22.760	24.270	25.748	27.199	28.627
8	24.352	25.904	27.421	28.908	30.371	31.812
9	27.493	29.047	30.569	32.065	33.537	34.989

利用上述关于贝塞尔函数零点的结论，方程(7-41)的解为

$$\sqrt{\lambda}R=\mu_m^{(n)}\quad(m=1,2,\cdots),$$

即

$$\lambda_m^{(n)}=\left[\frac{\mu_m^{(n)}}{R}\right]^2\quad(m=1,2,\cdots).\tag{7-42}$$

与这些特征值相对应的特征函数为

$$P_m(r)=A_m J_n\left[\frac{\mu_m^{(n)}}{R}r\right]\quad(m=1,2,\cdots).\tag{7-43}$$

7.4.2　贝塞尔函数的正交性

下面讨论贝塞尔函数的正交性. 由于贝塞尔函数系 $\left\{J_n\left[\frac{\mu_m^{(n)}}{R}r\right]\right\}$ $(m=1,2,\cdots)$ 是特征值问题 (7-38)～(7-40)的特征函数系，所以它的正交性可以由施图姆-刘维尔理论直接推出. 但是因为在第 2.7 节中没有就一般情

况证明这个结论,因此,在此将贝塞尔函数系的正交性详细证明一下.这个证明方法是富有启发性的,完全可以用类似的步骤来证明施图姆-刘维尔型方程的特征函数系的正交性.

性质 1 对应于不同特征值 $\lambda_m^{(n)}=\left[\frac{\mu_m^{(n)}}{R}\right]^2$ $(m=1,2,\cdots)$ 的同阶(某个 n)贝塞尔函数 $\mathrm{J}_n\left[\frac{\mu_m^{(n)}}{R}r\right]$,在区间$[0,R]$上关于权函数 $\rho(r)=r$ 构成一个正交函数系,即

$$\int_0^R r\mathrm{J}_n\left[\frac{\mu_m^{(n)}}{R}r\right]\mathrm{J}_n\left[\frac{\mu_k^{(n)}}{R}r\right]\mathrm{d}r=\begin{cases}0, & \text{当 } m\neq k \text{ 时}\\ \dfrac{R}{2}\mathrm{J}_{n-1}^2\left[\mu_m^{(n)}\right]=\dfrac{R}{2}\mathrm{J}_{n+1}^2\left[\mu_m^{(n)}\right], & \text{当 } m=k \text{ 时}.\end{cases} \tag{7-44}$$

证 为了书写方便,令

$$F_1(r)=\mathrm{J}_n\left[\frac{\mu_m^{(n)}}{R}r\right],$$

$$F_2(r)=\mathrm{J}_n(\alpha r)\quad(\alpha\text{ 为任意参数}).$$

按照定义,$F_1(r)$,$F_2(r)$分别满足

$$\frac{\mathrm{d}}{\mathrm{d}r}\left[r\frac{\mathrm{d}F_1(r)}{\mathrm{d}r}\right]+\left\{\left[\frac{\mu_m^{(n)}}{R}\right]^2r-\frac{n^2}{r}\right\}F_1(r)=0,$$

$$\frac{\mathrm{d}}{\mathrm{d}r}\left[r\frac{\mathrm{d}F_2(r)}{\mathrm{d}r}\right]+\left(\alpha^2r-\frac{n^2}{r}\right)F_2(r)=0.$$

用 $F_2(r)$乘以第 1 个方程减去 $F_1(r)$乘以第 2 个方程,然后对 r 从 0 到 R 积分,得

$$\left\{\left[\frac{\mu_m^{(n)}}{R}\right]^2-\alpha^2\right\}\int_0^R rF_1(r)F_2(r)\,\mathrm{d}r+\int_0^R F_2(r)\frac{\mathrm{d}}{\mathrm{d}r}\left[r\frac{\mathrm{d}F_1(r)}{\mathrm{d}r}\right]\mathrm{d}r-$$

$$\int_0^R F_1(r)\frac{\mathrm{d}}{\mathrm{d}r}\left[r\frac{\mathrm{d}F_2(r)}{\mathrm{d}r}\right]\mathrm{d}r=0,$$

即

$$\left\{\left[\frac{\mu_m^{(n)}}{R}\right]^2-\alpha^2\right\}\int_0^R rF_1(r)F_2(r)\,\mathrm{d}r+$$

$$\{r[F_2(r)F'_1(r)-F_1(r)F'_2(r)]\}\Big|_0^R=0.$$

由此可得

$$\int_0^R rF_1(r)F_2(r)\,\mathrm{d}r=-\frac{R[F_2(R)F'_1(R)-F_1(R)F'_2(R)]}{\left[\frac{\mu_m^{(n)}}{R}\right]^2-\alpha^2}.$$

因 $F_1(R)=\mathrm{J}_n[\mu_m^{(n)}]=0$,故上式可写为

$$\int_0^R r\mathrm{J}_n\left[\frac{\mu_m^{(n)}}{R}r\right]\mathrm{J}_n(\alpha r)\,\mathrm{d}r=-\frac{RF_2(R)F'_1(R)}{\left[\frac{\mu_m^{(n)}}{R}\right]^2-\alpha^2}$$

$$=-\frac{\mu_m^{(n)}\mathrm{J}_n(\alpha R)\mathrm{J}'_n[\mu_m^{(n)}]}{\left[\frac{\mu_m^{(n)}}{R}\right]^2-\alpha^2}. \tag{7-45}$$

取 $\alpha=\frac{\mu_k^{(n)}}{R}$,$k\neq m$,则

$$\mathrm{J}_n(\alpha R)=\mathrm{J}_n[\mu_k^{(n)}]=0,$$

从而式(7-45)等号右端为零,即式(7-44)中的第 1 个式子得证.

为了证明式(7-44)中的第 2 个式子,在式(7-45)等号两端令 $\alpha\to\frac{\mu_m^{(n)}}{R}$,此时式(7-45)等号右端极限是“$\frac{0}{0}$”形式的不定型的极限,利用洛必达法则计算这个极限,得

$$\begin{aligned}\int_0^R r\mathrm{J}_n^2\left[\frac{\mu_m^{(n)}}{R}r\right]\mathrm{d}r&=\lim_{\alpha\to\frac{\mu_m^{(n)}}{R}}\frac{-\mu_m^{(n)}\mathrm{J}_n'[\mu_m^{(n)}]\mathrm{J}_n'(\alpha R)\cdot R}{-2\alpha}\\&=\frac{R^2}{2}\{\mathrm{J}_n'[\mu_m^{(n)}]\}^2.\end{aligned}$$

由递推公式

$$x\mathrm{J}_n'(x)+n\mathrm{J}_n(x)=x\mathrm{J}_{n-1}(x),\quad x\mathrm{J}_n'(x)-n\mathrm{J}_n(x)=-x\mathrm{J}_{n+1}(x),$$

及 $\mathrm{J}_n[\mu_m^{(n)}]=0$ 可知

$$\mathrm{J}_n'[\mu_m^{(n)}]=\mathrm{J}_{n-1}[\mu_m^{(n)}]=-\mathrm{J}_{n+1}[\mu_m^{(n)}],$$

从而

$$\int_0^R r\mathrm{J}_n^2\left[\frac{\mu_m^{(n)}}{R}r\right]\mathrm{d}r=\frac{R^2}{2}\mathrm{J}_{n-1}^2[\mu_m^{(n)}]=\frac{R^2}{2}\mathrm{J}_{n+1}^2[\mu_m^{(n)}],$$

此即式(7-44)中的第 2 个式子.

定义 通常称定积分 $\int_0^R r\mathrm{J}_n^2\left[\frac{\mu_m^{(n)}}{R}r\right]\mathrm{d}r$ 的算术平方根为贝塞尔函数 $\mathrm{J}_n\left[\frac{\mu_m^{(n)}}{R}r\right]$ 的模值.

7.4.3 函数展开成贝塞尔函数的级数

由于函数系 $\left\{\sin\left(\frac{n\pi x}{l}\right)\right\}(n=1,2,\cdots)$ 在区间 $[0,l]$ 上具有正交完备性,当函数 $f(x)$ 满足一定条件时可进行级数展开,同样贝塞尔函数系也具有正交完备性,考虑将函数 $f(x)$ 在 $[0,R]$ 展开成 $\left\{\mathrm{J}_n\left[\frac{\mu_m^{(n)}}{R}x\right]\right\}(m=1,2,\cdots)$ 的无穷级数.

函数展开成贝塞尔函数的级数

性质 2 设函数 $f(x)$ 在 $[0,R]$ 上具有一阶连续导数及分段连续的二阶导数的函数,且 $f(0)$ 有界, $f(R)=0$①,则它必能展开成如下形式的绝对且一致收敛的级数

$$f(x)=\sum_{m=1}^{+\infty}A_m\mathrm{J}_n\left[\frac{\mu_m^{(n)}}{R}x\right],\tag{7-46}$$

其中

$$A_m=\frac{1}{\frac{R^2}{2}\mathrm{J}_{n-1}^2[\mu_m^{(n)}]}\int_0^R xf(x)\mathrm{J}_n\left[\frac{\mu_m^{(n)}}{R}x\right]\mathrm{d}x,\quad m=1,2,\cdots.\tag{7-47}$$

特别地,若 x_0 为间断点,则展开式(7-46)等号右端的级数收敛于 $[f(x_0+0)+$

① 对于其他类型的边界条件,要求 $f(x)$ 满足与特征函数相同的条件.

$f(x_0-0)]/2$.

例 设 $\alpha_i(i=1,2,3,\cdots)$ 是 $\mathrm{J}_0(x)=0$ 的正根，将函数 $f(x)=c_0$（常数）$(0<x<1)$ 展开成贝塞尔函数 $\mathrm{J}_0(\alpha_i x)$ 的级数.

解 根据式(7-46)和式(7-47)，则

$$c_0=\sum_{i=1}^{+\infty}A_i\mathrm{J}_0(\alpha_i x),$$

其中 $A_i=\dfrac{1}{\dfrac{1}{2}\mathrm{J}_1^2(\alpha_i)}\displaystyle\int_0^1 xc_0\mathrm{J}_0(\alpha_i x)\mathrm{d}x$.

令 $t=\alpha_i x$，则有

$$\begin{aligned}\int_0^1 xc_0\mathrm{J}_0(\alpha_i x)\mathrm{d}x&=\frac{c_0}{\alpha_i^2}\int_0^{\alpha_i}t\mathrm{J}_0(t)\mathrm{d}t\\&=\frac{c_0}{\alpha_i^2}t\mathrm{J}_1(t)\Big|_0^{\alpha_i}\\&=\frac{c_0}{\alpha_i}\mathrm{J}_1(\alpha_i).\end{aligned}$$

故 $A_i=\dfrac{2c_0}{\alpha_i\mathrm{J}_1(\alpha_i)}$.

进而有 $c_0=\displaystyle\sum_{i=1}^{+\infty}\frac{2c_0}{\alpha_i\mathrm{J}_1(\alpha_i)}\mathrm{J}_0(\alpha_i x)\ (0<x<1)$.

7.5 贝塞尔函数应用举例

本节将举两个例子来说明用贝塞尔函数求解定解问题的全过程.

贝塞尔函数应用举例

例 1 设有半径为 1 的均匀薄圆盘，边界上温度为 0 ℃，初始时刻圆盘内温度分布为 $1-r^2$，其中 r 是圆盘内任一点的极半径，求圆盘内温度分布规律.

解 由于是在圆域内的求解问题，故采用极坐标系求解较为方便. 考虑到定解条件与 θ 无关，所以温度 u 只是 r,t 的函数. 于是根据问题的要求，可归结为求解下列定解问题：

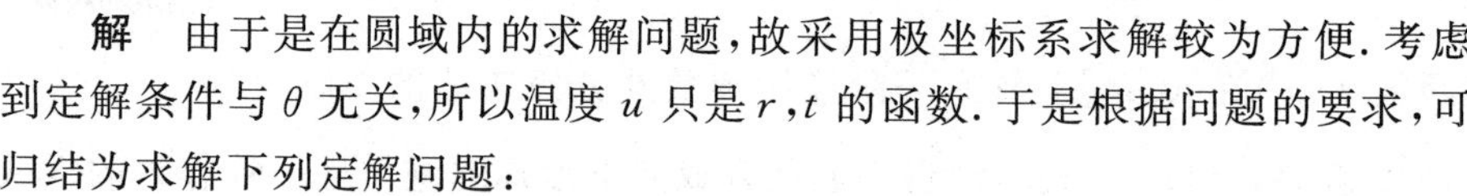

$$\begin{cases}\dfrac{\partial u}{\partial t}=a^2\left(\dfrac{\partial^2 u}{\partial r^2}+\dfrac{1}{r}\dfrac{\partial u}{\partial r}\right), & 0\leqslant r<1,t>0, \quad (7\text{-}48)\\ u|_{r=1}=0, & t>0, \quad (7\text{-}49)\\ u|_{t=0}=1-r^2, & 0\leqslant r\leqslant 1. \quad (7\text{-}50)\end{cases}$$

此外，由物理意义，还有条件 $|u|<+\infty$，且当 $t\to+\infty$ 时，$u\to 0$. 令

$$u(r,t)=F(r)T(t),$$

将其代入方程(7-48)，得

$$FT'=a^2(F''+\frac{1}{r}F')T$$

或

$$\frac{T'}{a^2T}=\frac{F''+\frac{1}{r}F'}{F}=-\lambda,$$

由此得

$$r^2F''+rF'+\lambda r^2F=0, \tag{7-51}$$

$$T'+a^2\lambda T=0. \tag{7-52}$$

方程(7-52)的解为

$$T(t)=C'\mathrm{e}^{-a^2\lambda t},$$

因为 $t\to+\infty$ 时,$u\to0$,所以 λ 只能大于零. 令 $\lambda=\beta^2$,则

$$T(t)=C'\mathrm{e}^{-a^2\beta^2t}.$$

此时方程(7-51)的通解为

$$F(r)=A\mathrm{J}_0(\beta r)+B\mathrm{Y}_0(\beta r).$$

由 $u(r,t)$ 只能取有限值可知 $B=0$,再由条件(7-49)得 $\mathrm{J}_0(\beta)=0$,即 β 是 $\mathrm{J}_0(x)$ 的零点. 以 $\mu_n^{(0)}$ 表示 $\mathrm{J}_0(x)$ 的正零点,则

$$\beta=\mu_n^{(0)}\quad(n=1,2,3,\cdots).$$

综合以上结果可得

$$F_n(r)=A_n\mathrm{J}_0[\mu_n^{(0)}r],$$

$$T_n(t)=C_n'\mathrm{e}^{-a^2[\mu_n^{(0)}]^2t}.$$

从而

$$u_n(r,t)=C_n\mathrm{e}^{-a^2[\mu_n^{(0)}]^2t}\mathrm{J}_0[\mu_n^{(0)}r].$$

利用叠加原理,可得原问题的解为

$$u(r,t)=\sum_{n=1}^{+\infty}C_n\mathrm{e}^{-a^2[\mu_n^{(0)}]^2t}\mathrm{J}_0[\mu_n^{(0)}r].$$

由条件(7-50)得

$$1-r^2=\sum_{n=1}^{+\infty}C_n\mathrm{J}_0[\mu_n^{(0)}r],$$

从而

$$\begin{aligned}C_n&=\frac{2}{\{\mathrm{J}_0'[\mu_n^{(0)}]\}^2}\int_0^1(1-r^2)r\mathrm{J}_0[\mu_n^{(0)}r]\mathrm{d}r\\&=\frac{2}{\mathrm{J}_1^2[\mu_n^{(0)}]}\left\{\int_0^1r\mathrm{J}_0[\mu_n^{(0)}r]\mathrm{d}r-\int_0^1r^3\mathrm{J}_0[\mu_n^{(0)}r]\mathrm{d}r\right\}.\end{aligned}$$

因

$$\mathrm{d}([\mu_n^{(0)}r]\mathrm{J}_1[\mu_n^{(0)}r])=[\mu_n^{(0)}r](\mathrm{J}_0[\mu_n^{(0)}r]\mathrm{d}[\mu_n^{(0)}r]),$$

即

$$\mathrm{d}\left\{\frac{r\mathrm{J}_1[\mu_n^{(0)}r]}{\mu_n^{(0)}}\right\}=r\mathrm{J}_0[\mu_n^{(0)}r]\mathrm{d}r,$$

故得

$$\int_0^1 r\mathrm{J}_0[\mu_n^{(0)}r]\mathrm{d}r=\frac{r\mathrm{J}_1[\mu_n^{(0)}r]}{\mu_n^{(0)}}\Bigg|_0^1=\frac{\mathrm{J}_1[\mu_n^{(0)}]}{\mu_n^{(0)}}.$$

另外

$$\begin{aligned}\int_0^1 r^3\mathrm{J}_0[\mu_n^{(0)}r]\mathrm{d}r&=\int_0^1 r^2\mathrm{d}\left\{\frac{r\mathrm{J}_1[\mu_n^{(0)}r]}{\mu_n^{(0)}}\right\}\\&=\frac{r^3\mathrm{J}_1[\mu_n^{(0)}r]}{\mu_n^{(0)}}\Bigg|_0^1-\frac{2}{\mu_n^{(0)}}\int_0^1 r^2\mathrm{J}_1[\mu_n^{(0)}r]\mathrm{d}r\\&=\frac{\mathrm{J}_1[\mu_n^{(0)}]}{\mu_n^{(0)}}-\frac{2}{[\mu_n^{(0)}]^2}r^2\mathrm{J}_2[\mu_n^{(0)}r]\Bigg|_0^1\\&=\frac{\mathrm{J}_1[\mu_n^{(0)}]}{\mu_n^{(0)}}-\frac{2\mathrm{J}_2[\mu_n^{(0)}]}{[\mu_n^{(0)}]^2},\end{aligned}$$

从而

$$C_n=\frac{4\mathrm{J}_2[\mu_n^{(0)}]}{[\mu_n^{(0)}]^2\mathrm{J}_1^{\,2}[\mu_n^{(0)}]}.$$

所以,所求定解问题的解为

$$u(r,t)=\sum_{n=1}^{+\infty}\frac{4\mathrm{J}_2[\mu_n^{(0)}]}{[\mu_n^{(0)}]^2\mathrm{J}_1^{\,2}[\mu_n^{(0)}]}\mathrm{J}_0[\mu_n^{(0)}r]\mathrm{e}^{-a^2[\mu_n^{(0)}]^2t},\tag{7-53}$$

其中 $\mu_n^{(0)}$ 为 $\mathrm{J}_0(r)$的正零点.

例 2 求定解问题

$$\begin{cases}\dfrac{\partial^2 u}{\partial t^2}=a^2\left(\dfrac{\partial^2 u}{\partial r^2}+\dfrac{1}{r}\dfrac{\partial u}{\partial r}\right), & 0\leqslant r<R,t>0, \quad (7\text{-}54)\\ \dfrac{\partial u}{\partial r}\Big|_{r=R}=0,|u|_{r=0}|<+\infty, & t>0, \quad (7\text{-}55)\\ u|_{t=0}=0,\dfrac{\partial u}{\partial r}\Big|_{t=0}=1-\dfrac{r^2}{R^2}, & 0\leqslant r\leqslant R \quad (7\text{-}56)\end{cases}$$

的解.

解 用分离变量法求解.令 $u(r,t)=F(r)T(t)$,代入方程(7-54)并分离变量,得

$$\frac{T''}{a^2T}=\frac{F''+\frac{1}{r}F'}{F}=-\lambda\ (\lambda>0),$$

由此得到两个方程:

$$r^2F''+rF'+\lambda r^2F=0,\tag{7-57}$$

$$T''+a^2\lambda T=0.\tag{7-58}$$

由方程(7-57)得

$$F'(R)=0,\quad |F(0)|<+\infty.\tag{7-59}$$

方程(7-57)为零阶贝塞尔方程,其通解为

$$F(r)=C_1\mathrm{J}_0(\sqrt{\lambda}r)+C_2\mathrm{Y}_0(\sqrt{\lambda}r),$$

利用方程(7-57)中 $|F(0)|<+\infty$ 可知 $C_2=0$.再由条件(7-59)中的 $F'(R)=0$ 得

$$F'(R)=C_1\sqrt{\lambda}\mathrm{J}_0'(\sqrt{\lambda}R)=C_1\sqrt{\lambda}\mathrm{J}_1(\sqrt{\lambda}R)=0,$$

即$\sqrt{\lambda}R$为$J_1(x)$的零点.$J_1(x)$除$x=0$外还有无穷多个正零点,以$\mu_1^{(1)},\mu_2^{(2)},\cdots,\mu_m^{(1)},\cdots$表示,故

$$\sqrt{\lambda}R=0,\quad \sqrt{\lambda}R=\mu_n^{(1)}\quad (n=1,2,\cdots).\tag{7-60}$$

由此得特征值

$$\lambda_0=0,\quad \lambda_n=\left[\frac{\mu_n^{(1)}}{R}\right]^2\quad (n=1,2,\cdots)$$

相应的特征函数为

$$J_0(0),\quad J_0\left[\frac{\mu_n^{(1)}}{R}r\right]\quad (n=1,2,\cdots).$$

其中$J_0(0)=1$.

当$\lambda_0=0$时,方程(7-58)的解为

$$T_0(t)=C_0+D_0t,$$

故此时方程(7-54)和条件(7-55)有一个特解

$$u_0(r,t)=C_0+D_0t,$$

其中C_0,D_0为待定系数.

当$\lambda_n=\left[\frac{\mu_n^{(1)}}{R}\right]^2(n=1,2,\cdots)$时,由方程(7-57)及方程(7-58)得

$$F_n(r)=J_0\left[\frac{\mu_n^{(1)}}{R}r\right]$$

$$T_n(t)=C_n\cos\frac{a\mu_n^{(1)}}{R}t+D_n\sin\frac{a\mu_n^{(1)}}{R}t,$$

即方程(7-54)有特解

$$u_n(r,t)=[C_n\cos\frac{a\mu_n^{(1)}}{R}t+D_n\sin\frac{a\mu_n^{(1)}}{R}t]J_0\left[\frac{\mu_n^{(1)}}{R}r\right],$$

其中C_n,D_n为待定系数,$n=1,2,\cdots$.

利用叠加原理可得原定解问题的解为

$$u_n(r,t)=C_0+D_0t+\sum_{n=1}^{+\infty}[C_n\cos\frac{a\mu_n^{(1)}}{R}t+D_n\sin\frac{a\mu_n^{(1)}}{R}t]J_0\left[\frac{\mu_n^{(1)}}{R}r\right].$$

将上式代入条件(7-56),得

$$C_0+\sum_{n=1}^{+\infty}C_nJ_0\left[\frac{\mu_n^{(1)}}{R}r\right]=0,\tag{7-61}$$

$$D_0+\frac{a}{R}\sum_{n=1}^{+\infty}D_n\mu_n^{(1)}J_0\left[\frac{\mu_n^{(1)}}{R}r\right]=1-\frac{r^2}{R^2}.\tag{7-62}$$

由式(7-61)得$C_n=0(n=0,1,2,\cdots)$.在式(7-62)等号两端同乘以r并对r在$[0,R]$上积分,得

$$D_0=\frac{1}{\int_o^R r\mathrm{d}r}\int_0^R\left(1-\frac{r^2}{R^2}\right)r\mathrm{d}r=\frac{1}{2}.$$

由式(7-62)并利用结果(习题七第12题):如果$\mu_n^{(1)}$表示$J_1(x)$的正零点,则

$$\int_0^R r\mathrm{J}_0^2\left[\frac{\mu_n^{(1)}}{R}r\right]\mathrm{d}r=\frac{R^2}{2}\mathrm{J}_0[\mu_n^{(1)}]\mathrm{J}_1'[\mu_n^{(1)}]=\frac{R^2}{2}\mathrm{J}_0^2[\mu_n^{(1)}],$$

得

$$\begin{aligned}D_n&=\frac{2}{a\mu_n^{(1)}R\mathrm{J}_0^2[\mu_n^{(1)}]}\int_0^R\left(1-\frac{r^2}{R^2}\right)r\mathrm{J}_0\left[\frac{\mu_n^{(1)}}{R}r\right]\mathrm{d}r\\&=\frac{4R\mathrm{J}_2[\mu_n^{(1)}]}{a[\mu_n^{(1)}]^3\mathrm{J}_0^2[\mu_n^{(1)}]}=-\frac{4R}{a[\mu_n^{(1)}]^3\mathrm{J}_0[\mu_n^{(1)}]}.\end{aligned}$$

因此,得到定解问题的解为

$$u(r,t)=\frac{t}{2}-\frac{4R}{a}\sum_{n=1}^{+\infty}\frac{1}{[\mu_n^{(1)}]^3\mathrm{J}_0^2[\mu_n^{(1)}]}\mathrm{J}_0\left[\frac{\mu_n^{(1)}}{R}r\right]\sin\frac{a\mu_n^{(1)}}{R}t. \tag{7-63}$$

7.6 贝塞尔函数的其他类型

为解决某些工程问题,本节引入另外 3 种形式的贝塞尔函数.

其他类型的贝塞尔函数

7.6.1 第三类贝塞尔函数

第三类贝塞尔函数又称**汉克尔(Hankel)函数**,它是由下列公式来定义的:

$$\begin{cases}\mathrm{H}_n^{(1)}(x)=\mathrm{J}_n(x)+\mathrm{i}\mathrm{Y}_n(x),\\\mathrm{H}_n^{(2)}(x)=\mathrm{J}_n(x)-\mathrm{i}\mathrm{Y}_n(x).\end{cases}$$

由于汉克尔函数是 $\mathrm{J}_n(x)$ 与 $\mathrm{Y}_n(x)$ 的线性组合,所以该函数同样具有与第一类贝塞尔函数相同的递推公式:

$$\begin{cases}\dfrac{\mathrm{d}}{\mathrm{d}x}[x^n\mathrm{H}_n^{(j)}(x)]=x^n\mathrm{H}_{n-1}^{(j)}(x),\\\dfrac{\mathrm{d}}{\mathrm{d}x}[x^{-n}\mathrm{H}_n^{(j)}(x)]=-x^{-n}\mathrm{H}_{n+1}^{(j)}(x),\\\mathrm{H}_{n-1}^{(j)}(x)+\mathrm{H}_{n+1}^{(j)}(x)=\dfrac{2n}{x}\mathrm{H}_n^{(j)}(x),\\\mathrm{H}_{n-1}^{(j)}(x)-\mathrm{H}_{n+1}^{(j)}(x)=2\dfrac{\mathrm{d}}{\mathrm{d}x}\mathrm{H}_n^{(j)}(x),\end{cases}\quad j=1,2.$$

在第 7.6.4 节中可以看到,当 x 较大时,汉克尔函数的渐近公式较简单.

7.6.2 虚宗量的贝塞尔函数

当求解圆柱形域内的定解问题时,如果圆柱上下两底的边界条件齐次、侧面的边界条件非齐次,就会遇到形如

$$y''+\frac{1}{x}y'-\left(1+\frac{n^2}{x^2}\right)y=0 \tag{7-64}$$

的方程,它和贝塞尔方程只有一项的符号有差别.若令 $x=-\mathrm{i}t$,则可将该方程化成贝塞尔

方程.因为

$$x=-\mathrm{i}t,\quad \mathrm{d}x=-\mathrm{i}\mathrm{d}t,$$

$$\frac{\mathrm{d}y}{\mathrm{d}x}=\frac{-1}{\mathrm{i}}\frac{\mathrm{d}y}{\mathrm{d}t},\quad \frac{\mathrm{d}^2y}{\mathrm{d}x^2}=-\frac{\mathrm{d}^2y}{\mathrm{d}t^2},$$

将其代入式(7-64),得

$$\frac{\mathrm{d}^2y}{\mathrm{d}t^2}+\frac{1}{t}\frac{\mathrm{d}y}{\mathrm{d}t}+\left(1-\frac{n^2}{t^2}\right)y=0.$$

因此,方程(7-64)的通解为

$$y=A\mathrm{J}_n(\mathrm{i}x)+B\mathrm{Y}_n(\mathrm{i}x),$$

其中

$$\mathrm{J}_n(\mathrm{i}x)=\mathrm{i}^n\sum_{m=0}^{+\infty}\frac{x^{n+2m}}{2^{n+2m}m!\Gamma(n+m+1)}.$$

将 $\mathrm{J}_n(\mathrm{i}x)$ 乘以 i^{-n},定义其为**第一类虚宗量的贝塞尔函数**,或称**第一类变形的贝塞尔函数**,并记作

$$\mathrm{I}_n(x)=\mathrm{i}^{-n}\mathrm{J}_n(\mathrm{i}x)=\sum_{m=0}^{+\infty}\frac{x^{n+2m}}{2^{n+2m}m!\Gamma(n+m+1)}.\tag{7-65}$$

特别地,

$$\mathrm{I}_0(x)=1+\frac{x^2}{2^2}+\frac{x^4}{2^4(2!)^2}+\frac{x^6}{2^6(3!)^2}+\cdots.$$

第二类虚宗量的贝塞尔函数 $\mathrm{K}_n(x)$ 定义如下:

当 n 为非整数时,

$$\mathrm{K}_n(x)=\frac{\frac{1}{2}\pi[\mathrm{I}_{-n}(x)-\mathrm{I}_n(x)]}{\sin n\pi};$$

当 n 为整数时,

$$\mathrm{K}_n(x)=\lim_{\alpha\to n}\frac{\frac{1}{2}\pi[\mathrm{I}_{-\alpha}(x)-\mathrm{I}_\alpha(x)]}{\sin\alpha\pi}.\tag{7-66}$$

综上,方程(7-64)的通解可写为

$$y=A\mathrm{I}_n(x)+B\mathrm{K}_n(x)$$

其中 A,B 为任意常数.

$\mathrm{I}_n(x)$ 与 $\mathrm{K}_n(x)$ 不存在实的零点,所以它们的图形不是振荡型曲线,这一点与 $\mathrm{J}_n(x)$ 及 $\mathrm{Y}_n(x)$ 不同.

7.6.3　开尔文函数(或称汤姆逊函数)

n 阶第一类开尔文(Kelvin)函数有两种形式,它们分别被定义为 $\mathrm{J}_n(x\sqrt{-\mathrm{i}})$ 的实部与虚部,记作 $\mathrm{ber}_n x$ 和 $\mathrm{bei}_n x$,主要用于该函数的零阶和一阶形式.由于

$$\mathrm{J}_0(x\sqrt{-\mathrm{i}})=\mathrm{J}_0(x\mathrm{i}\sqrt{\mathrm{i}})$$

$$=\sum_{m=0}^{+\infty}(-1)^m\frac{1}{(m!)^2}\left(\frac{\mathrm{i}\sqrt{\mathrm{i}}x}{2}\right)^{2m}=\sum_{m=0}^{+\infty}\frac{\mathrm{i}^m\left(\frac{x}{2}\right)^{2m}}{(m!)^2}$$

$$=\sum_{k=0}^{+\infty}\frac{\mathrm{i}^{2k}\left(\frac{x}{2}\right)^{4k}}{[(2k)!]^2}+\sum_{k=0}^{+\infty}\frac{\mathrm{i}^{2k+1}\left(\frac{x}{2}\right)^{4k+2}}{[(2k+1)!]^2}$$

$$=\sum_{k=0}^{+\infty}\frac{(-1)^k\left(\frac{x}{2}\right)^{4k}}{[(2k)!]^2}+\mathrm{i}\sum_{k=0}^{+\infty}\frac{(-1)^k\left(\frac{x}{2}\right)^{4k+2}}{[(2k+1)!]^2},$$

所以 $\mathrm{ber}_0 x$ 和 $\mathrm{bei}_0 x$ 分别为

$$\mathrm{ber}_0\,x=\mathrm{Re}\left[\mathrm{J}_0(x\sqrt{-\mathrm{i}})\right]=\sum_{k=0}^{+\infty}\frac{(-1)^k\left(\frac{x}{2}\right)^{4k}}{[(2k)!]^2},\tag{7-67}$$

$$\mathrm{bei}_0\,x=\mathrm{Im}\left[\mathrm{J}_0(x\sqrt{-\mathrm{i}})\right]=\sum_{k=0}^{+\infty}\frac{(-1)^k\left(\frac{x}{2}\right)^{4k+2}}{[(2k+1)!]^2}.\tag{7-68}$$

用类似的办法可得到一阶开尔文函数：

$$\mathrm{ber}_1 x=-\frac{1}{\sqrt{2}}\left[\frac{x}{2}+\frac{\left(\frac{x}{2}\right)^3}{1!2!}-\frac{\left(\frac{x}{2}\right)^5}{2!3!}-\frac{\left(\frac{x}{2}\right)^7}{3!4!}+\cdots\right],\tag{7-69}$$

$$\mathrm{bei}_1 x=-\frac{1}{\sqrt{2}}\left[-\frac{x}{2}+\frac{\left(\frac{x}{2}\right)^3}{1!2!}+\frac{\left(\frac{x}{2}\right)^5}{2!3!}-\frac{\left(\frac{x}{2}\right)^7}{3!4!}-\cdots\right].\tag{7-70}$$

7.6.4 贝塞尔函数的渐近公式

在应用贝塞尔函数解决工程技术问题时，常常需要求出自变量 x 取很大值时的函数值. 如果按照级数展开式来计算这些特定值，就要求计算级数中很多通项的和，这样做非常麻烦. 因此，希望利用其他函数来代替收敛很慢的贝塞尔函数的级数表达式，这个函数既能逼近贝塞尔函数，又能节约计算时间.

为寻找一些便于计算的公式，引入贝塞尔函数的渐近公式. 本书不讨论这些公式是如何引出的，因为这些公式的引出是比较复杂的. 下面只举出在应用中最常见的渐近公式.

当 x 的值很大时，

$$\mathrm{J}_n(x)\approx\sqrt{\frac{2}{\pi x}}\left[\zeta_n(x)\cos\left(x-\frac{1}{4}\pi-\frac{1}{2}n\pi\right)-\xi_n(x)\sin\left(x-\frac{1}{4}\pi-\frac{1}{2}n\pi\right)\right],\tag{7-71}$$

$$\mathrm{Y}_n(x)\approx\sqrt{\frac{2}{\pi x}}\left[\zeta_n(x)\sin\left(x-\frac{1}{4}\pi-\frac{1}{2}n\pi\right)+\xi_n(x)\cos\left(x-\frac{1}{4}\pi-\frac{1}{2}n\pi\right)\right],\tag{7-72}$$

$$\mathrm{H}_n^{(1)}(x)\approx\sqrt{\frac{2}{\pi x}}\,\mathrm{e}^{\mathrm{i}}(x-\frac{1}{4}\pi-\frac{1}{2}n\pi)[\zeta_n(x)+\mathrm{i}\xi_n(x)],\tag{7-73}$$

$$\mathrm{H}_n^{(2)}(x)\approx\sqrt{\frac{2}{\pi x}}\,\mathrm{e}^{-\mathrm{i}(x-\frac{1}{4}\pi-\frac{1}{2}n\pi)}[\zeta_n(x)-\mathrm{i}\xi_n(x)],\tag{7-74}$$

其中

$$\zeta_n(x)=1-\frac{(4n^2-1^2)(4n^2-3^2)}{2!(8x)^2}+\frac{(4n^2-1^2)(4n^2-3^2)(4n^2-5^2)(4n^2-7^2)}{4!(8x)^4}-\cdots,$$

$$\xi_n(x)=\frac{4n^2-1^2}{1!(8x)}-\frac{(4n^2-1^2)(4n^2-3^2)(4n^2-5^2)}{3!(8x)^3}+\cdots.$$

当 x 的值很大时，用这些渐近展开式等号右端的前面几项来计算等号左端函数的近似值就可以得到较满意的精度. 例如，常取

$$\mathrm{J}_n(x)\approx\sqrt{\frac{2}{\pi x}}\cos(x-\frac{1}{4}\pi-\frac{n}{2}\pi),$$

$$\mathrm{Y}_n(x)\approx\sqrt{\frac{2}{\pi x}}\sin(x-\frac{1}{4}\pi-\frac{n}{2}\pi),$$

$$\mathrm{H}_n^{(1)}(x)\approx\sqrt{\frac{2}{\pi x}}\,\mathrm{e}^{\mathrm{i}(x-\frac{1}{4}\pi-\frac{n}{2}\pi)},\tag{7-75}$$

$$\mathrm{H}_n^{(2)}(x)\approx\sqrt{\frac{2}{\pi x}}\,\mathrm{e}^{-\mathrm{i}(x-\frac{1}{4}\pi-\frac{n}{2}\pi)}$$

来完成近似计算.

例 半径为 ρ_0 的长圆柱面，其径向速度分布为

$$v=v_0\cos\omega t.$$

试求解该柱面所发射的恒定声振动的速度势 u. 设 ρ_0 远小于声波的波长 λ.

解 本例是没有初始条件的问题. 这里研究的速度势 u 满足二维波动方程. 在横剖面上取平面极坐标系，极点在柱轴上，则定解问题为

$$\begin{cases}u_{tt}-a^2\Delta u=0,\\ u_\rho|_{\rho=\rho_0}=v_0\mathrm{e}^{-\mathrm{i}\omega t}.\end{cases}\tag{7-76}$$

为计算方便，边界条件里的 $\cos\omega t$[即 $\mathrm{Re}(\mathrm{e}^{-\mathrm{i}\omega t})$]写成 $\mathrm{e}^{-\mathrm{i}\omega t}$，这就约定了计算的最后结果也取其实部. 该问题是圆柱面以固定圆频率 ω 发射恒定声振动的问题，二维问题无须考虑 $Z(z)$，考虑到问题与 φ 无关，即 $m=0$，由于边界条件(7-76)的时间因子为 $\mathrm{e}^{-\mathrm{i}\omega t}$，则可知二维波动问题通解为

$$A\mathrm{H}_0^{(1)}(k\rho)\mathrm{e}^{-\mathrm{i}kat}+B\mathrm{H}_0^{(2)}(k\rho)\mathrm{e}^{-\mathrm{i}kat},$$

其中 A,B 为常数；$ka=\omega$，即 $k=\omega/a$，从而有 $k=\omega/a=2\pi f/(f\lambda)=2\pi/\lambda$，声波传播速度 $a=f\lambda$（f 为声波频率，λ 为声波波长）.

考虑到这是声波发射问题，已知时间函数为 $\mathrm{e}^{-\mathrm{i}\omega t}$，因此应只取 $\mathrm{H}_0^{(1)}(k\rho)$ 而舍弃 $\mathrm{H}_0^{(2)}(k\rho)$. 本例的 k 只有 ω/a 这个唯一的值，所以无须叠加，得

$$u(\rho,t)=A\mathrm{H}_0^{(1)}\left(\frac{\omega}{a}\rho\right)\mathrm{e}^{-\mathrm{i}\omega t}.\tag{7-77}$$

为确定 A，将问题(7-76)中的条件代入边界条件(7-77)，得

$$A\left[\frac{\partial}{\partial\rho}\mathrm{H}_0^{(1)}\left(\frac{\omega}{a}\rho\right)\right]_{\rho=\rho_0}=v_0.$$

因 $\rho_0 \ll \lambda=2\pi/k=2\pi a/\omega$，所以 $(\omega/a)\rho_0$ 很小. 由 $\mathrm{H}_0^{(1)}(x)=\mathrm{J}_0(x)+\mathrm{i}\mathrm{Y}_0(x)$ 的表达式可知

$$A\left[\frac{\partial}{\partial\rho}\left(1+\mathrm{i}\,\frac{2}{\pi}\ln\frac{\omega\rho}{2a}+\mathrm{i}c\right)\right]_{\rho=\rho_0}=v_0,$$

即

$$\mathrm{i}A\,\frac{2}{\pi\rho_0}=v_0.$$

其中 c 为欧拉常数.

由此，$A=-\mathrm{i}\pi v_0\rho_0/2$，于是解为

$$u(\rho,t)=-\mathrm{i}\,\frac{\pi v_0\rho_0}{2}\mathrm{H}_0^{(1)}\left(\frac{\omega}{a}\rho\right)\mathrm{e}^{-\mathrm{i}\omega t}.$$

在远场区即 ρ 大的位置，用渐近公式(7-75)得

$$u(\rho,t)\approx-\mathrm{i}v_0\rho_0\sqrt{\frac{\pi a}{2\omega\rho}}\,\mathrm{e}^{\mathrm{i}\left(\frac{\omega}{a}\rho-\omega t-\frac{\pi}{4}\right)},$$

按约定取实部得

$$u(\rho,t)\approx v_0\rho_0\sqrt{\frac{\pi a}{2\omega\rho}}\sin\left(\frac{\omega}{a}\rho-\omega t-\frac{\pi}{4}\right),$$

此即振幅按 $1/\sqrt{\rho}$ 减小的柱面波.

习题七

1. 写出 $\mathrm{J}_0(x)$，$\mathrm{J}_1(x)$，$\mathrm{J}_n(x)$（n 是正整数）的级数表示式的前 5 项.

2. 证明 $\mathrm{J}_{2n-1}(0)=0$，其中 $n=1,2,3,\cdots$.

3. 计算下列导数：

(1) $\dfrac{\mathrm{d}}{\mathrm{d}x}\mathrm{J}_0(\alpha x)$.

(2) $\dfrac{\mathrm{d}}{\mathrm{d}x}[x\mathrm{J}_1(\alpha x)]$.

4. 计算下列积分：

(1) $\int x\mathrm{J}_2(x)\mathrm{d}x$；

(2) $\int x^{n+1}\mathrm{J}_n(ax)\mathrm{d}x$.

5. 证明 $y=\mathrm{J}_n(ax)$ 为方程

$$x^2y''+xy'+(\alpha^2x^2-n^2)y=0$$

的解.

6. 证明

$$\mathrm{J}_{\frac{3}{2}}(x)=\sqrt{\frac{2}{\pi x}}\left[\frac{1}{x}\cos\left(x-\frac{\pi}{2}\right)+\sin\left(x-\frac{\pi}{2}\right)\right],$$

$$\mathrm{J}_{\frac{5}{2}}(x)=\sqrt{\frac{2}{\pi x}}\left[\left(1-\frac{3}{x^2}\right)\sin(x-\pi)+\frac{3}{x}\cos(x-\pi)\right].$$

7. 试证 $y=x^{\frac{1}{2}}J_{\frac{3}{2}}(x)$是方程

$$x^2y''+(x^2-2)y=0$$

的一个解.

8. 试证 $y=xJ_n(x)$是方程

$$x^2y''-xy'+(1+x^2-n^2)y=0$$

的一个解.

9. 设 $\lambda_i(i=1,2,3,\cdots)$是方程 $J_1(x)=0$ 的正根,将函数

$$f(x)=x\quad(0<x<1)$$

展开成贝塞尔函数 $J_1(\lambda_i x)$的级数.

10. 设 $\alpha_i(i=1,2,3,\cdots)$是 $J_0(2x)=0$ 的正根,将函数

$$f(x)=\begin{cases}1, & 0<x<1,\\ \dfrac{1}{2}, & x=1.\\ 0, & 1<x<2\end{cases}$$

展开成贝塞尔函数 $J_0(\alpha_i x)$的级数.

11. 把定义在$[0,\alpha]$上的函数 $f(x)$展开成贝塞尔函数 $J_0\left(\dfrac{\alpha_i x}{\alpha}\right)$的级数,其中 α_i 是 $J_0(x)$的正零点.

12. 若 $\lambda_i(i=1,2,3,\cdots)$是 $J_1(x)$的正零点,证明

$$\int_0^R xJ_0\left(\frac{\lambda_i}{R}x\right)J_0\left(\frac{\lambda_j}{R}x\right)\mathrm{d}x=\begin{cases}0, & i\neq j,\\ \dfrac{R^2}{2}J_0^2(\lambda_i), & i=j.\end{cases}$$

13. 利用递推公式证明:

(1) $J_2(x)=J_0''(x)-\dfrac{1}{x}J_0'(x)$;

(2) $J_3(x)+3J_0'(x)+4J_0'''(x)=0$.

14. 试证

$$\int x^nJ_0(x)\,\mathrm{d}x=x^nJ_1(x)+(n-1)x^{n-1}J_0(x)-(n-1)^2\int x^{n-2}J_0(x)\,\mathrm{d}x.$$

15. 试解下列圆柱区域的边值问题:在圆柱内 $\Delta u=0$,在圆柱侧面$u\big|_{\rho=a}=0$,在圆柱下底$u\big|_{x=0}=0$,在圆柱上底$u\big|_{x=h}=A$.

16. 解定解问题

$$\begin{cases}\dfrac{\partial^2u}{\partial t^2}=a^2\left(\dfrac{\partial^2u}{\partial\rho^2}+\dfrac{1}{\rho}\dfrac{\partial u}{\partial\rho}\right), & t>0,0\leqslant\rho<R,\\ u\big|_{t=0}=1-\dfrac{\rho^2}{R^2},\dfrac{\partial u}{\partial t}\Big|_{t=0}=0, & 0\leqslant\rho<R,\\ |u|\big|_{\rho=0}\leqslant+\infty,u\big|_{\rho=a}=0, & t>0.\end{cases}$$

若上述方程换成非齐次的,即

$$\frac{\partial^2u}{\partial\rho^2}+\frac{1}{\rho}\frac{\partial u}{\partial\rho}-\frac{1}{a^2}\frac{\partial^2u}{\partial t^2}=-B\quad(B\text{ 为常数}),$$

而所有定解条件均为零,试求其解.

17. 设匀质圆柱的半径为 R,高为 L,柱侧绝热,上、下底面温度分布分别保持为 $f_2(\rho)$ 和 $f_1(\rho)$. 求解柱内的稳定温度分布.

18. 证明整数阶贝塞尔函数的母函数为

$$W(x,t)=\mathrm{e}^{\frac{x}{2}\left(t-\frac{1}{t}\right)},$$

即

$$W(x,t)=\sum_{n=-\infty}^{+\infty}\mathrm{J}_n(x)t^n.$$

提示：分别将 $\mathrm{e}^{\frac{x}{2}t}$ 与 $\mathrm{e}^{\frac{x}{2t}}$ 展开成 t 的幂级数.

综合训练题

1. 利用 MATLAB 软件画出 $\mathrm{J}_n(x)(n=1,2,3,4,5)$ 的图形，其中 x 在 $[-10,10]$ 区间内，并分析 $\mathrm{J}_n(x)$ 的性质.

2. 利用 MATLAB 软件画出 $\mathrm{I}_n(x)(n=1,2,3,4,5)$ 的图形，其中 x 在 $[-10,10]$ 区间内，并分析 $\mathrm{I}_n(x)$ 的性质.

3. 利用 MATLAB 软件画出 $\mathrm{K}_n(x)(n=1,2,3,4,5)$ 的图形，其中 x 在 $[-10,10]$ 区间内，并分析 $\mathrm{K}_n(x)$ 的性质.

4. 分析贝塞尔函数系正交性的证明思路和方法，谈谈自己的理解和认识.

5. 分析贝塞尔方程与施图姆-刘维尔方程的关系，谈谈自己对函数展开成特征函数级数的理解和认识.

人物小传

卓越的天文学家和数学家——贝塞尔

贝塞尔(Friedrich Wilhem Bessel，1784—1846)，德国卓越的天文学家和数学家. 贝塞尔 15 岁时进入一家进出口公司当学徒，在学习航海术的同时学习天文、数学知识，并在天文学方面显示出才能；1806 年，他成为天文学家施罗特尔的助手；1810 年，奉普鲁士国王之命，在柯尼斯堡组建天文台，并被任命为台长；1812 年，当选为柏林科学院院士.

贝塞尔在天文学上有较多贡献. 在天体测量方面，他重新订正了布拉得雷的星表，将上岁差和章动及光行差等因素考虑进去. 经过修订的星表于 1818 年发表，其中还列有他求得的较精确的岁差常数、章动常数和光行差常数等. 此外，他编出了一份相当精确的大气折射表，建立了计算大气折射的对数公式，这些公式在 19 世纪得到广泛应用. 在 1821—1833 年间，他测定了赤纬 $-15°\sim+45°$ 的亮于 9 等的 75 000 多颗恒星的位置. 这项工作之后由他的助手和继承人阿格兰德尔加以补充，形成《波恩巡天星表》.

贝塞尔是第一个确定恒星距离的人，他用视差法在 1838 年测得天鹅座 61 号星的距离为 11 光年(或地球轨道直径的 360 000 倍). 1844 年，他根据天狼和南河三自行的波浪式起伏，预言它们都有暗伴星存在，这些预言分别在 1862 年和 1896 年为观测所证实. 他提出了贝塞尔岁首和贝塞尔假年的概念，建立了恒星的贝塞尔岁首平位置和任意时刻的视位置之间的变换关系式；创立了观测恒星过卯酉圈(参看天球坐标系)定纬度的方法；导出了修正子午环安装误差的贝塞尔公式；导出了用于天文计算的内插法贝塞尔公式，式中的系数称为贝塞尔系数.

贝塞尔在日食理论研究方面，引进了贝塞尔要素等基本量；在彗星理论研究方面，提出了彗尾动力学理论；在地球形状理论研究方面，提出了贝塞尔地球椭球体；在数学研究方面，建立了贝塞尔函数.

第8章 勒让德多项式

现代高能物理到了量子物理以后，有很多根本无法做实验，在家用纸笔来算，这跟数学家想象的差不了多远，所以说数学在物理上有着不可思议的力量.

——邱成桐

本章通过在球坐标系中对拉普拉斯方程分离变量，得到球函数方程(球函数方程的解称为球函数)；继续对球函数方程分离变量，引出变系数的常微分方程——连带的勒让德方程或勒让德方程. 针对勒让德方程，讨论勒让德方程的级数解法，由其在区间$[-1,1]$的有界解构成另一类正交完备函数系——勒让德多项式；对勒让德多项式、连带的勒让德多项式的性质进行讨论，并介绍它们在求解数学物理方程定解问题中的应用.

8.1 勒让德方程的引出

勒让德方程的引出

考察三维拉普拉斯方程

$$\Delta u=\frac{\partial^2 u}{\partial x^2}+\frac{\partial^2 u}{\partial y^2}+\frac{\partial^2 u}{\partial z^2}=0,$$

对其采用球坐标系(图 8-1)，即

$$\begin{cases}x=r\sin\theta\cos\varphi,\\ y=r\sin\theta\sin\varphi,\\ z=r\cos\theta,\end{cases}$$

其中 $0\leqslant r<+\infty, 0\leqslant\theta\leqslant\pi, 0\leqslant\varphi\leqslant 2\pi$. 拉普拉斯方程就变为

$$\frac{1}{r^2}\frac{\partial}{\partial r}\left(r^2\frac{\partial u}{\partial r}\right)+\frac{1}{r^2\sin\theta}\frac{\partial}{\partial\theta}\left(\sin\theta\frac{\partial u}{\partial\theta}\right)+\frac{1}{r^2\sin^2\theta}\frac{\partial^2 u}{\partial\varphi^2}=0. \tag{8-1}$$

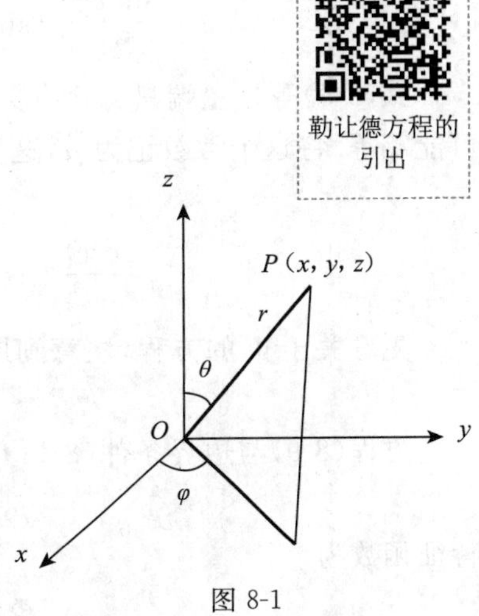

图 8-1

用分离变量法将表示距离的变量 r 与表示角度的变量 θ 和 φ 分离. 为此，令

$$u(r,\theta,\varphi)=R(r)Y(\theta,\varphi),$$

代入式(8-1),得

$$\frac{Y}{r^2}\frac{\mathrm{d}}{\mathrm{d}r}\left(r^2\frac{\mathrm{d}R}{\mathrm{d}r}\right)+\frac{R}{r^2\sin\theta}\frac{\partial}{\partial\theta}\left(\sin\theta\frac{\partial Y}{\partial\theta}\right)+\frac{R}{r^2\sin^2\theta}\frac{\partial^2 Y}{\partial\varphi^2}=0,$$

对上式等号两端乘以$\frac{r^2}{RY}$,并适当移项,得

$$\frac{1}{R}\frac{\mathrm{d}}{\mathrm{d}r}\left(r^2\frac{\mathrm{d}R}{\mathrm{d}r}\right)=-\frac{1}{Y\sin\theta}\frac{\partial}{\partial\theta}\left(\sin\theta\frac{\partial Y}{\partial\theta}\right)-\frac{1}{Y\sin^2\theta}\frac{\partial^2 Y}{\partial\varphi^2}. \tag{8-2}$$

式(8-2)等号左端只与 r 有关,等号右端只与 θ 和 φ 有关,因等号两端相等,所以只能同时等于一个常数,将该常数写成 $n(n+1)$ 的形式(这是可以做到的,因为任何一个实数都可以写成这种形式,这里的 n 可能为实数,也可能为复数),则得

$$\frac{1}{R}\frac{\mathrm{d}}{\mathrm{d}r}\left(r^2\frac{\mathrm{d}R}{\mathrm{d}r}\right)=n(n+1), \tag{8-3}$$

$$\frac{1}{\sin\theta}\frac{\partial}{\partial\theta}\left(\sin\theta\frac{\partial Y}{\partial\theta}\right)+\frac{1}{\sin^2\theta}\frac{\partial^2 Y}{\partial\varphi^2}+n(n+1)Y=0. \tag{8-4}$$

计算方程(8-3)等号左端的导数,即有

$$r^2\frac{\mathrm{d}^2R}{\mathrm{d}r^2}+2r\frac{\mathrm{d}R}{\mathrm{d}r}-n(n+1)R=0. \tag{8-5}$$

方程(8-5)为欧拉方程,其解为

$$R(r)=C_nr^n+D_n\frac{1}{r^{n+1}}. \tag{8-6}$$

方程(8-4)叫作**球函数方程**,它满足一定条件的解 $Y(\theta,\varphi)$ 称为**球函数**. 进一步分离变量,将 $Y(\theta,\varphi)=\Theta(\theta)\Phi(\varphi)$ 代入方程(8-4),得

$$\frac{\Phi}{\sin\theta}\frac{\partial}{\partial\theta}\left(\sin\theta\frac{\mathrm{d}\Theta}{\mathrm{d}\theta}\right)+\frac{\Theta}{\sin^2\theta}\frac{\mathrm{d}^2\Phi}{\mathrm{d}\varphi^2}+n(n+1)\Theta\Phi=0, \tag{8-7}$$

用$\frac{\sin^2\theta}{\Theta\Phi}$乘以式(8-7)各项并移项,得

$$\frac{\sin\theta}{\Theta}\frac{\mathrm{d}}{\mathrm{d}\theta}\left(\sin\theta\frac{\mathrm{d}\Theta}{\mathrm{d}\theta}\right)+n(n+1)\sin^2\theta=-\frac{1}{\Phi}\frac{\mathrm{d}^2\Phi}{\mathrm{d}\varphi^2}. \tag{8-8}$$

式(8-8)等号左端只与 θ 有关,等号右端只与 φ 有关,因此只有当它们都为常数时才有可能相等. 将这个常数记为 μ,这样得到两个常微分方程

$$\Phi''(\varphi)+\mu\Phi(\varphi)=0, \tag{8-9}$$

$$\frac{\mathrm{d}^2\Theta}{\mathrm{d}\theta^2}+\cot\theta\frac{\mathrm{d}\Theta}{\mathrm{d}\theta}+\left[n(n+1)-\frac{\mu}{\sin\theta}\right]\Theta=0. \tag{8-10}$$

先看关于 Φ 的方程,注意到周期边界条件 $u(r,\theta,\varphi)=u(r,\theta,\varphi+2\pi)$,所以

$$\Phi(\varphi)=\Phi(\varphi+2\pi). \tag{8-11}$$

方程(8-9)与边界条件(8-11)构成特征值问题,特征值为

$$\mu=m^2\quad(m=0,1,2,3,\cdots), \tag{8-12}$$

特征函数为

$$\Phi(\varphi)=A\cos m\varphi+B\sin m\varphi. \tag{8-13}$$

因此，方程(8-10)应为

$$\frac{d^2\Theta}{d\theta^2}+\cot\theta\frac{d\Theta}{d\theta}+\left[n(n+1)-\frac{m^2}{\sin\theta}\right]\Theta=0. \tag{8-14}$$

若引用 $x=\cos\theta$ 为自变量($-1\leqslant x\leqslant 1$)，并将 $\Theta(\theta)$ 改记为 $P(x)$，则式(8-14)变为

$$(1-x^2)\frac{d^2P}{dx^2}-2x\frac{dP}{dx}+\left[n(n+1)-\frac{m^2}{1-x^2}\right]P=0, \tag{8-15}$$

方程(8-14)或方程(8-15)称为**连带的勒让德方程**.

若球坐标系的极轴是对称轴，则 $u=u(r,\theta,\varphi)$ 与 φ 无关，从而 $\Phi(\varphi)$ 与 φ 无关，即 $m=0$. 在 $m=0$ 的情况下，方程(8-15)变为

$$(1-x^2)\frac{d^2P}{dx^2}-2x\frac{dP}{dx}+n(n+1)P=0. \tag{8-16}$$

方程(8-16)即**勒让德方程**. 因此，要解球坐标系下的三维拉普拉斯方程，就需要求解勒让德方程或连带的勒让德方程.

8.2　勒让德方程的求解

勒让德
方程的求解

将方程(8-16)中的未知函数记为 y，则勒让德方程为

$$(1-x^2)\frac{d^2y}{dx^2}-2x\frac{dy}{dx}+n(n+1)y=0, \tag{8-17}$$

其中 n 为任意实数(由于在实际应用中 n 为整数的情况最为重要，所以这里不考虑 n 为复数的情况).

下面用幂级数解法求解勒让德方程. 设方程(8-17)的解可以展开为幂级数

$$y=\sum_{k=0}^{+\infty}a_kx^k, \tag{8-18}$$

其中 a_k 为待定系数. 求上式的导数，并与式(8-18)一起代入方程(8-17)，得

$$(1-x^2)\sum_{k=2}^{+\infty}k(k-1)a_kx^{k-2}-2x\sum_{k=1}^{+\infty}ka_kx^{k-1}+n(n+1)\sum_{k=0}^{+\infty}a_kx^k=0,$$

整理得

$$\begin{aligned}&[2\cdot 1\cdot a_2+n(n+1)a_0]+[3\cdot 2\cdot a_3+(n-1)(n+2)a_1]x+\\&\sum_{k=2}^{+\infty}[(k+2)(k+1)a_{k+2}+(n-k)(n+k+1)a_k]x^k=0.\end{aligned} \tag{8-19}$$

对式(8-19)，x 的各次幂的系数必须为零，即

$$2\cdot 1\cdot a_2+n(n+1)a_0=0,$$
$$3\cdot 2\cdot a_3+[n(n+1)-1\cdot 2]a_1=0,$$
$$(k+2)(k+1)a_{k+2}+[n(n+1)-k(k+1)]a_k=0\quad(k=2,3,\cdots).$$

从而得到一般的系数递推公式

$$a_{k+2}=-\frac{(n-k)(n+k+1)}{(k+2)(k+1)}a_k,\quad k=0,1,2,\cdots. \tag{8-20}$$

按照递推公式(8-20),具体进行系数递推

$$a_2=-\frac{n(n+1)}{2}a_0,$$

$$a_3=-\frac{(n-1)(n+2)}{3!}a_1,$$

$$a_4=(-1)^2\frac{n(n-2)(n+1)(n+3)}{4!}a_0,$$

$$a_5=(-1)^2\frac{(n-3)(n-1)(n+2)(n+4)}{5!}a_1,$$

$$\vdots$$

$$a_{2k}=(-1)^k\frac{n(n-2)\cdots(n-2k+2)(n+1)(n+3)\cdots(n+2k-1)}{(2k)!}a_0, \tag{8-21}$$

$$a_{2k+1}=(-1)^k\frac{(n-1)(n-3)\cdots(n-2k+1)(n+2)(n+4)\cdots(n+2k)}{(2k+1)!}a_1. \tag{8-22}$$

这样,就得到勒让德方程(8-17)的解

$$y(x)=y_1(x)+y_2(x), \tag{8-23}$$

其中

$$y_1(x)=a_0\Big[1-\frac{n(n+1)}{2!}x^2+\frac{n(n-2)(n+1)(n+3)}{4!}x^4+\cdots+ (-1)^k\frac{n(n-2)\cdots(n-2k+2)(n+1)(n+3)\cdots(n+2k-1)}{(2k)!}x^{2k}+\cdots\Big], \tag{8-24}$$

$$y_2(x)=a_1\Big[x-\frac{(n-1)(n+2)}{3!}x^3+\frac{(n-3)(n-1)(n+2)(n+4)}{5!}x^5+\cdots+ (-1)^k\frac{(n-1)(n-3)\cdots(n-2k+1)(n+2)(n+4)\cdots(n+2k)}{(2k+1)!}x^{2k+1}+\cdots\Big]. \tag{8-25}$$

从式(8-24)和式(8-25)可以看出,当 n 不是整数时,$y_1(x)$ 和 $y_2(x)$ 均是无穷级数. 现在确定级数 $y_1(x)$ 和级数 $y_2(x)$ 的收敛半径 R. 由系数的递推公式(8-20)得

$$R^2=\lim_{k\to+\infty}\left|\frac{a_k}{a_{k+1}}\right|\cdot\lim_{k\to+\infty}\left|\frac{a_{k+1}}{a_{k+2}}\right|=\lim_{k\to+\infty}\left|\frac{a_k}{a_{k+2}}\right|=\lim_{k\to+\infty}\left|\frac{(k+2)(k+1)}{k(k+1)-n(n+1)}\right|=1,$$

即 $y_1(x)$,$y_2(x)$ 的收敛半径均为 1. 可以证明,级数解 $y_1(x)$,$y_2(x)$ 在 $x=\pm1$ 处发散. 因此,当 $y_1(x)$ 和 $y_2(x)$ 都为无穷级数时,勒让德方程的任一解都不可能在 $x=1$ 和 $x=-1$ 处有限.

8.3 勒让德多项式

8.3.1 勒让德多项式

上面已求出勒让德方程(8-17)的解,并且知道当 n 不是整数时,$y_1(x)$,$y_2(x)$ 都是无穷

级数，且此时勒让德方程的解不可能在 $x=1$ 和 $x=-1$ 处有限. 但数学物理方程的解是有限的，相应地就要求勒让德方程的解在一切方向 $0\leqslant\theta\leqslant\pi$，即 x 的闭区间 $[-1,1]$ 上保持有限，而级数解 $y_1(x)$ 和 $y_2(x)$ 都不可能满足这个要求. 解在区间 $[-1,1]$ 的两个端点 $x=\pm1$ 保持有限，称为自然边界条件. 下面寻找勒让德多项式满足自然边界条件的解.

勒让德多项式

由式(8-24)和式(8-25)可以看出，当 n 为正偶数(或负奇数)时，$y_1(x)$ 为 n 次(或 $-n-1$ 次)多项式，而 $y_2(x)$ 为无穷级数，在 $x=\pm1$ 处发散，为了得到有限的解，在式(8-25)中取 $a_1=0$，从而勒让德方程满足自然边界条件的解 $y(x)=y_1(x)$；当 n 为正奇数(或负偶数)时，$y_2(x)$ 为 n 次(或 $-n-1$ 次)多项式，而 $y_1(x)$ 为无穷级数，在 $x=\pm1$ 处发散，为了得到有限的解，在式(8-24)中取 $a_0=0$，从而勒让德方程满足自然边界条件的解 $y(x)=y_2(x)$；当 n 为非整数时，$y_1(x)$ 与 $y_2(x)$ 都为无穷级数，且在 $x=\pm1$ 处发散，因而应舍去.

总之，勒让德方程(8-17)和自然边界条件[$y(x)$ 在 $x=\pm1$ 处有限]构成特征值问题，它决定的特征值 $\lambda=n(n+1)\ (n=0,1,2,\cdots)$，相应的特征函数为 $y_1(x)$ 或 $y_2(x)$，此时

$$y_1(x)=a_0+a_2x^2+a_4x^4+\cdots+a_nx^n \quad (n\text{ 为偶数}), \tag{8-26}$$

$$y_2(x)=a_1x+a_3x^3+a_5x^5+\cdots+a_nx^n \quad (n\text{ 为奇数}), \tag{8-27}$$

其中

$$a_{k+2}=-\frac{(n-k)(n+k+1)}{(k+2)(k+1)}a_k,\quad k=0,1,2,\cdots.$$

用适当的常数乘以 $y_1(x)$ 或 $y_2(x)$ 即得 n 阶勒让德多项式. 下面来推导这个多项式的表达式.

用适当的常数乘以 $y_1(x)$ 或 $y_2(x)$，使最高次幂项 x^n 的系数为

$$a_n=\frac{(2n)!}{2^n(n!)^2}. \tag{8-28}$$

由式(8-28)推出较低次幂的系数，为此将式(8-20)写为

$$a_k=-\frac{(k+2)(k+1)}{(n-k)(n+k+1)}a_{k+2},\quad k=0,1,2,\cdots,n-2, \tag{8-29}$$

则有

$$a_{n-2}=-\frac{n(n-1)}{2(2n-1)}a_n=-\frac{n(n-1)}{2(2n-1)}\frac{(2n)!}{2^n(n!)^2}=-\frac{(2n-2)!}{2^n(n-1)!(n-2)!}.$$

类似可得

$$a_{n-4}=-\frac{(n-2)(n-3)}{4(2n-3)}a_{n-2}=(-1)^2\frac{(2n-4)!}{2^n2!(n-2)!(n-4)!},$$

$$a_{n-6}=-\frac{(n-4)(n-5)}{6(2n-5)}a_{n-4}=(-1)^3\frac{(2n-6)!}{2^n3!(n-3)!(n-6)!}.$$

一般项为

$$a_{n-2m}=(-1)^m\frac{(2n-2m)!}{2^nm!(n-m)!(n-2m)!},\quad m=0,1,2,\cdots,\left[\frac{n}{2}\right], \tag{8-30}$$

其中 $\left[\frac{n}{2}\right]$ 表示不大于 $\frac{n}{2}$ 的最大整数. 当 n 为偶数时，$\left[\frac{n}{2}\right]=\frac{n}{2}$；当 n 为奇数时，$\left[\frac{n}{2}\right]=$

$\frac{n-1}{2}$.

于是 **n 次的勒让德多项式**(或称第一类勒让德函数)可写为

$$P_n(x)=\sum_{m=0}^{\left[\frac{n}{2}\right]}(-1)^m\frac{(2n-2m)!}{2^n m!(n-m)!(n-2m)!}x^{n-2m}. \tag{8-31}$$

当 $n=0,1,2,3,4,5$ 时,勒让德多项式分别为

$$P_0(x)=1,$$

$$P_1(x)=x=\cos\theta,$$

$$P_2(x)=\frac{1}{2}(3x^2-1)=\frac{1}{4}(3\cos 2\theta+1),$$

$$P_3(x)=\frac{1}{2}(5x^3-3x)=\frac{1}{8}(5\cos 3\theta+3\cos\theta),$$

$$P_4(x)=\frac{1}{8}(35x^4-30x^2+3)=\frac{1}{64}(35\cos 4\theta+20\cos 2\theta+9),$$

$$P_5(x)=\frac{1}{8}(63x^5-70x^3+15x)=\frac{1}{128}(63\cos 5\theta+35\cos 3\theta+30\cos\theta).$$

显然,当 n 为偶数时,$P_n(x)$为偶函数;当 n 为奇数时,$P_n(x)$为奇函数. 对于任意阶勒让德多项式,恒有 $P_n(1)=1$. $P_n(x)(n=0,1,2,3,4,5)$在区间$[0,1]$上的图形如图 8-2 所示.

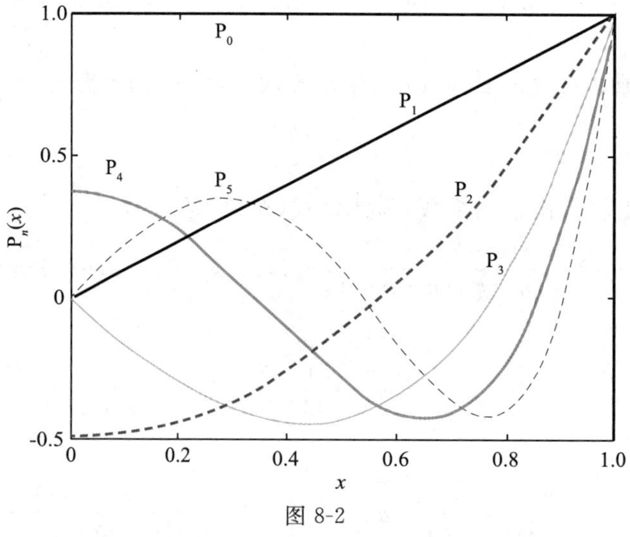

图 8-2

通过上面的讨论,可得如下结论:

当 n 不是整数时,勒让德方程(8-17)的通解为 $y=y_1(x)+y_2(x)$,其中 $y_1(x)$,$y_2(x)$分别由式(8-24)和式(8-25)确定,它们在闭区间$[-1,1]$上是无界的,所以此时方程(8-17)在$[-1,1]$上无有界解.

当 n 为整数时,在 a_n 适当选定之后,$y_1(x)$与 $y_2(x)$中的一个为勒让德多项式,另一个仍是无穷级数,记作 $Q_n(x)$,此时勒让德方程(8-17)的通解为

$$y=C_1P_n(x)+C_2Q_n(x),$$

其中 $Q_n(x)$ 称为**第二类勒让德函数**，它在[−1,1]上仍是无界的.

综上所述，由勒让德方程

$$(1-x^2)\frac{\mathrm{d}^2 y}{\mathrm{d}x^2}-2x\frac{\mathrm{d}y}{\mathrm{d}x}+\lambda y=0 \quad (-1\leqslant x\leqslant 1)$$

与自然边界条件 $y(\pm 1)$ 有限构成特征值问题，特征值为 $\lambda=n(n+1)(n=0,1,2,3,\cdots)$，对应的特征函数即勒让德多项式 $P_n(x)$.

例 1　求下列微分方程的通解：

$$(1-x^2)y''-2xy'+12y=0. \tag{8-32}$$

解　方程(8-32)为 $n=3$ 的勒让德方程. 它的通解为

$$y(x)=AP_3(x)+BQ_3(x).$$

由于 $n=3$ 为奇数，所以无穷级数 $Q_3(x)$ 由式(8-24)给出：

$$Q_3(x)=1-6x^2+3x^4+\frac{4}{5}x^6-\cdots,$$

而

$$P_3(x)=\frac{1}{2}(5x^3-3x),$$

故方程(8-32)的通解为

$$y(x)=A\left[\frac{1}{2}(5x^3-3x)\right]+B\left(1-6x^2+3x^4+\frac{4}{5}x^6-\cdots\right).$$

例 2　求解轴对称系统(如位于 z 轴上的点电荷)在空间的电位分布.

解　电位分布由拉普拉斯方程(8-1)描述. 对于轴对称问题，电位分布与 φ 无关，可表示为 $u(r,\theta)$，它满足方程

$$\frac{1}{r^2}\frac{\partial}{\partial r}\left(r^2\frac{\partial u}{\partial r}\right)+\frac{1}{r^2\sin\theta}\frac{\partial}{\partial\theta}\left(\sin\theta\frac{\partial u}{\partial\theta}\right)=0. \tag{8-33}$$

设方程(8-33)有变量分离的形式解为

$$u(r,\theta)=R(r)\Theta(\theta). \tag{8-34}$$

将式(8-34)代入式(8-33)，得

$$\frac{1}{R}\frac{\mathrm{d}}{\mathrm{d}r}\left(r^2\frac{\mathrm{d}R}{\mathrm{d}r}\right)=-\frac{1}{\Theta\sin\theta}\frac{\mathrm{d}}{\mathrm{d}\theta}\left(\sin\theta\frac{\mathrm{d}\Theta}{\mathrm{d}\theta}\right)=n(n+1),$$

其中 n 为常数.

由上式可得

$$\frac{1}{R}\frac{\mathrm{d}}{\mathrm{d}r}\left(r^2\frac{\mathrm{d}R}{\mathrm{d}r}\right)=n(n+1), \tag{8-35}$$

$$\frac{1}{\Theta\sin\theta}\frac{\mathrm{d}}{\mathrm{d}\theta}\left(\sin\theta\frac{\mathrm{d}\Theta}{\mathrm{d}\theta}\right)=-n(n+1). \tag{8-36}$$

式(8-35)为欧拉方程，它的通解为

$$R_n(r)=A_n r^n+B_n\frac{1}{r^{n+1}}.$$

式(8-36)可改写为

$$\frac{\mathrm{d}^2\Theta}{\mathrm{d}\theta^2}+\cot\theta\frac{\mathrm{d}\Theta}{\mathrm{d}\theta}+n(n+1)\Theta=0, \tag{8-37}$$

此为勒让德方程，它的多项式解为

$$\Theta(\theta)=\mathrm{P}_n(\cos\theta).$$

所以，一般解为

$$u(r,\theta)=\sum_{n=0}^{+\infty}\left(A_n r^n+B_n\frac{1}{r^{n+1}}\right)\mathrm{P}_n(\cos\theta).\tag{8-38}$$

这就是轴对称系统在空间的电位分布.

8.3.2 勒让德多项式的几个性质

1）勒让德多项式的微分表达式

勒让德多项式的微分表达式为

$$\mathrm{P}_n(x)=\frac{1}{2^n n!}\frac{\mathrm{d}^n}{\mathrm{d}x^n}(x^2-1)^n,\tag{8-39}$$

勒让德多项式的主要性质

也叫作**罗德里格斯(Rodrigues)公式**.

证 用二项式定理将$(x^2-1)^n$展开，得到

$$\frac{1}{2^n n!}(x^2-1)^n=\sum_{m=0}^{n}(-1)^m\frac{1}{2^n m!(n-m)!}x^{2n-2m}.$$

下面对上式求 n 阶导数. 幂次 $2n-2m<n$ 的项在 n 次求导过程中成为零，所以 n 次求导后只保留 $2n-2m\geqslant n$ 的项，即 $m\leqslant\frac{n}{2}$的项. 由于 m 为零或正整数，所以 $m\leqslant\left[\frac{n}{2}\right]$. 于是

$$\begin{aligned}\frac{1}{2^n n!}\frac{\mathrm{d}^n}{\mathrm{d}x^n}(x^2-1)^n&=\sum_{m=0}^{\left[\frac{n}{2}\right]}(-1)^m\frac{(2n-2m)(2n-2m-1)\cdots[2n-2m-(n-1)]}{2^n m!(n-m)!}x^{n-2m}\\&=\sum_{m=0}^{\left[\frac{n}{2}\right]}(-1)^m\frac{(2n-2m)!}{2^n m!(n-m)!(n-2m)!}x^{n-2m}=\mathrm{P}_n(x).\end{aligned}$$

2）勒让德多项式的积分表达式

由柯西积分公式的高阶导数公式得

$$\frac{\mathrm{d}^n}{\mathrm{d}x^n}(x^2-1)^n=\frac{n!}{2\pi\mathrm{i}}\oint_C\frac{(z^2-1)^n}{(z-x)^{n+1}}\mathrm{d}z,$$

故

$$\mathrm{P}_n(x)=\frac{1}{2\pi\mathrm{i}}\frac{1}{2^n}\oint_C\frac{(z^2-1)^n}{(z-x)^{n+1}}\mathrm{d}z,\tag{8-40}$$

其中 C 为 z 平面上围绕 $z=x$ 点的任一闭合回路. 式(8-40)称为**施列夫利积分**.

施列夫利积分还可以进一步表示为定积分. 为此，取 C 为圆心在 $z=x$、半径为 $\sqrt{|1-x^2|}$ 的圆周. 在 C 上，$z-x=\sqrt{x^2-1}\,\mathrm{e}^{\mathrm{i}\varphi}$，$\mathrm{d}z=\mathrm{i}\sqrt{x^2-1}\,\mathrm{e}^{\mathrm{i}\varphi}\mathrm{d}\varphi$，故

$$\begin{aligned}\mathrm{P}_n(x)&=\frac{1}{2\pi\mathrm{i}}\frac{1}{2^n}\int_{-\pi}^{\pi}\frac{\left[(x+\sqrt{x^2-1}\,\mathrm{e}^{\mathrm{i}\varphi})^2-1\right]^n}{(\sqrt{x^2-1}\,\mathrm{e}^{\mathrm{i}\varphi})^{n+1}}(\mathrm{i}\sqrt{x^2-1}\,\mathrm{e}^{\mathrm{i}\varphi})\mathrm{d}\varphi\\&=\frac{1}{2\pi}\int_{-\pi}^{\pi}\left[\frac{x^2+2x\sqrt{x^2-1}\,\mathrm{e}^{\mathrm{i}\varphi}+(x^2-1)\mathrm{e}^{2\mathrm{i}\varphi}-1}{2\sqrt{x^2-1}\,\mathrm{e}^{\mathrm{i}\varphi}}\right]^n\mathrm{d}\varphi\end{aligned}$$

$$=\frac{1}{\pi}\int_0^{\pi}\left[x+\sqrt{x^2-1}\ \frac{(e^{i\varphi}+e^{-i\varphi})}{2}\right]^n d\varphi$$

$$=\frac{1}{\pi}\int_0^{\pi}(x+i\sqrt{1-x^2}\cos\varphi)^n d\varphi, \tag{8-41}$$

此为**拉普拉斯积分**. 令 $x=\cos\theta, 0\leqslant\theta\leqslant\pi$,得

$$P_n(\cos\theta)=\frac{1}{\pi}\int_0^{\pi}(\cos\theta+i\sin\theta\cos\varphi)^n d\varphi. \tag{8-42}$$

从式(8-41)容易看出,

$$P_n(1)=1,\quad P_n(-1)=(-1)^n, \tag{8-43}$$

且有

$$|P_n(x)|\leqslant 1\quad(-1\leqslant x\leqslant 1). \tag{8-44}$$

3) 勒让德多项式的母函数

设在单位球的 M_0 点放置一个电量为 $4\pi\varepsilon_0$ 的正电荷(图 8-3),则球内一点$M(r,\theta,\varphi)$的静电势为

$$u=\frac{1}{4\pi\varepsilon_0}\cdot\frac{4\pi\varepsilon_0}{d}=\frac{1}{d}.$$

由于 $d^2=1-2r\cos\theta+r^2$,所以

$$u=\frac{1}{d}=\frac{1}{\sqrt{1-2r\cos\theta+r^2}}.$$

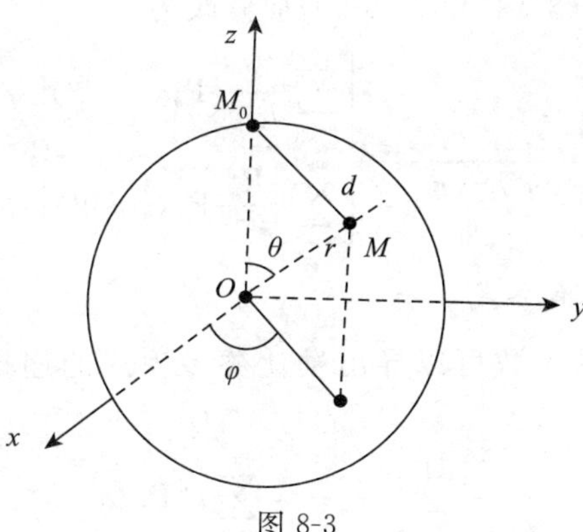

图 8-3

此外,静电势 u 满足拉普拉斯方程

$$\Delta u=0.$$

作为拉普拉斯方程的解而又以球坐标系的极轴为对称轴,u 可写为

$$u(r,\theta)=\sum_{n=0}^{+\infty}\left(C_n r^n+D_n\frac{1}{r^{n+1}}\right)P_n(\cos\theta),$$

故有

$$\frac{1}{\sqrt{1-2r\cos\theta+r^2}}=\sum_{n=0}^{+\infty}\left(C_n r^n+D_n\frac{1}{r^{n+1}}\right)P_n(\cos\theta). \tag{8-45}$$

为求式(8-45),下面先对单位球内的静电势进行研究. 当 $r=0$ 时,u 应该有限,所以 D_n

$=0$,这样

$$\frac{1}{\sqrt{1-2r\cos\theta+r^2}}=\sum_{n=0}^{+\infty}C_n r^n \mathrm{P}_n(\cos\theta). \tag{8-46}$$

然后求系数 C_n. 已知当 $\theta=0$ 时,$\mathrm{P}_n(\cos\theta)=1$,$d=1-r$,故有

$$\frac{1}{1-r}=\sum_{n=0}^{+\infty}C_n r^n. \tag{8-47}$$

在 $r=0$ 的邻域,$\frac{1}{1-r}$可展开为泰勒级数:

$$\frac{1}{1-r}=\sum_{n=0}^{+\infty}r^n \quad (r<1). \tag{8-48}$$

比较式(8-47)与式(8-48),得 $C_n=1$.

将 $C_n=1$ 代入式(8-46),得

$$\frac{1}{\sqrt{1-2r\cos\theta+r^2}}=\sum_{n=0}^{+\infty}r^n \mathrm{P}_n(\cos\theta), \tag{8-49}$$

式(8-49)仅在球内($r<1$)收敛,在球外则有

$$\frac{1}{\sqrt{1-2r\cos\theta+r^2}}=\sum_{n=0}^{+\infty}\frac{1}{r^{n+1}}\mathrm{P}_n(\cos\theta) \quad (r>1). \tag{8-50}$$

因此,称$\frac{1}{\sqrt{1-2r\cos\theta+r^2}}$为**勒让德多项式的母函数**.

对于半径为 R 的球,式(8-49)和式(8-50)应修改为

$$\frac{1}{\sqrt{R^2-2Rr\cos\theta+r^2}}=\begin{cases}\sum\limits_{n=0}^{+\infty}\dfrac{r^n}{R^{n+1}}\mathrm{P}_n(\cos\theta) & (r<R),\\ \sum\limits_{n=0}^{+\infty}\dfrac{R^n}{r^{n+1}}\mathrm{P}_n(\cos\theta) & (r>R).\end{cases} \tag{8-51}$$

4) 勒让德多项式的递推公式

利用勒让德多项式的母函数可以导出勒让德多项式的递推公式. 首先将式(8-49)改写成

$$\frac{1}{\sqrt{1-2rx+r^2}}=\sum_{n=0}^{+\infty}r^n \mathrm{P}_n(x). \tag{8-52}$$

对 r 求导,得

$$\frac{x-r}{(1-2rx+r^2)^{3/2}}=\sum_{n=0}^{+\infty}nr^{n-1}\mathrm{P}_n(x).$$

等号两端同乘以$(1-2rx+r^2)$,得

$$\frac{x-r}{\sqrt{1-2rx+r^2}}=(1-2rx+r^2)\sum_{n=0}^{+\infty}nr^{n-1}\mathrm{P}_n(x).$$

将式(8-52)代入上式等号左端,得

$$(x-r)\sum_{n=0}^{+\infty}r^n \mathrm{P}_n(x)=(1-2rx+r^2)\sum_{n=0}^{+\infty}nr^{n-1}\mathrm{P}_n(x).$$

比较等号两端 r^n 的系数,得

$$(n+1)\mathrm{P}_{n+1}(x)-(2n+1)x\mathrm{P}_n(x)+n\mathrm{P}_{n-1}(x)=0 \quad (n\geqslant 1). \tag{8-53}$$

式(8-53)称为**勒让德多项式的递推公式**.

例 3　设 $f(x)$是一个 k 次多项式,试证明:当 $0<k<n$ 时,$f(x)$与 n 阶勒让德多项式 $P_n(x)$在$[-1,1]$内正交,即

$$\int_{-1}^{1} f(x)\mathrm{P}_n(x)\mathrm{d}x=0.$$

证　利用勒让德多项式的微分表达式,有

$$\begin{aligned}\int_{-1}^{1} f(x)\mathrm{P}_n(x)\mathrm{d}x &=\frac{1}{2^n n!}\int_{-1}^{1} f(x)\frac{\mathrm{d}^n}{\mathrm{d}x^n}(x^2-1)^n\mathrm{d}x\\ &=\frac{1}{2^n n!}\left[f(x)\frac{\mathrm{d}^{n-1}}{\mathrm{d}x^{n-1}}(x^2-1)^n\right]_{-1}^{1}-\frac{1}{2^n n!}\int_{-1}^{1} f'(x)\frac{\mathrm{d}^{n-1}}{\mathrm{d}x^{n-1}}(x^2-1)^n\mathrm{d}x.\end{aligned}$$

上式等号右端的第 1 项为零,对第 2 项用分部积分法积分$(k-1)$次,注意到 $f(x)$是一个 k 次多项式,微分 k 次后,变成常数 $f^{(k)}$. 于是上式变为

$$\begin{aligned}\int_{-1}^{1} f(x)\mathrm{P}_n(x)\mathrm{d}x &=(-1)^k\frac{1}{2^n n!}\int_{-1}^{1} f^{(k)}\frac{\mathrm{d}^{n-k}}{\mathrm{d}x^{n-k}}(x^2-1)^n\mathrm{d}x\\ &=(-1)^k\frac{f^{(k)}}{2^n n!}\int_{-1}^{1}\frac{\mathrm{d}^{n-k}}{\mathrm{d}x^{n-k}}(x^2-1)^n\mathrm{d}x\\ &=(-1)^k\frac{f^{(k)}}{2^n n!}\left[\frac{\mathrm{d}^{n-k-1}}{\mathrm{d}x^{n-k-1}}(x^2-1)^n\right]_{-1}^{1}=0,\end{aligned}$$

此即表示 $f(x)$与 n 阶勒让德多项式 $\mathrm{P}_n(x)$在$[-1,1]$内是正交的.

8.4　函数展开成勒让德多项式的级数

在应用勒让德多项式解决数学物理方程的定解问题时,往往需要将函数展开成勒让德多项式的级数. 为此,需首先证明不同阶数的勒让德多项式的全体构成了一个正交函数系,然后讨论如何将函数展开成勒让德多项式的级数.

8.4.1　勒让德多项式的正交完备性

1) 勒让德多项式的正交性

勒让德多项式序列 $\mathrm{P}_0(x),\mathrm{P}_1(x),\cdots,\mathrm{P}_n(x),\cdots$在区间$[-1,1]$上正交,或称不同阶的勒让德多项式在区间$[-1,1]$上正交,即

勒让德多项式的正交完备性

$$\int_{-1}^{1}\mathrm{P}_m(x)\mathrm{P}_n(x)\mathrm{d}x=0 \quad (m\neq n), \tag{8-54}$$

或

$$\int_{0}^{\pi}\mathrm{P}_m(\cos\theta)\mathrm{P}_n(\cos\theta)\sin\theta\mathrm{d}\theta=0 \quad (m\neq n). \tag{8-55}$$

证　$\mathrm{P}_m(x),\mathrm{P}_n(x)$分别是 m 阶和 n 阶勒让德方程的解,即

$$\frac{\mathrm{d}}{\mathrm{d}x}[(1-x^2)\mathrm{P}_m'(x)]+m(m+1)\mathrm{P}_m(x)=0, \tag{8-56}$$

$$\frac{\mathrm{d}}{\mathrm{d}x}[(1-x^2)\mathrm{P}_n'(x)]+n(n+1)\mathrm{P}_n(x)=0. \tag{8-57}$$

用 $\mathrm{P}_n(x)$ 乘以式(8-56)减去用 $\mathrm{P}_m(x)$ 乘以式(8-57)，然后对 x 从 -1 到 1 积分，得

$$\begin{aligned}&[m(m+1)-n(n+1)]\int_{-1}^{1}\mathrm{P}_m(x)\mathrm{P}_n(x)\mathrm{d}x\\&=\int_{-1}^{1}\left\{\mathrm{P}_m\frac{\mathrm{d}}{\mathrm{d}x}[(1-x^2)\mathrm{P}_n']-\mathrm{P}_n\frac{\mathrm{d}}{\mathrm{d}x}[(1-x^2)\mathrm{P}_m']\right\}\mathrm{d}x\\&=[\mathrm{P}_m(1-x^2)\mathrm{P}_n']_{-1}^{1}-\int_{-1}^{1}(1-x^2)\mathrm{P}_n'\mathrm{P}_m'\mathrm{d}x-\\&[\mathrm{P}_n(1-x^2)\mathrm{P}_m']_{-1}^{1}+\int_{-1}^{1}(1-x^2)\mathrm{P}_m'\mathrm{P}_n'\mathrm{d}x.\end{aligned}$$

若 $m\neq n$，则

$$\int_{-1}^{1}\mathrm{P}_m(x)\mathrm{P}_n(x)\mathrm{d}x=0.$$

2) 勒让德多项式的模值

记勒让德多项式 $\mathrm{P}_n(x)$ 的模为 N_n，下面证明 $N_n=\sqrt{\dfrac{2}{2n+1}}$，即证明

$$N_n^2=\int_{-1}^{1}\mathrm{P}_n^2(x)\mathrm{d}x=\frac{2}{2n+1}. \tag{8-58}$$

证 反复使用分部积分法，得

$$\begin{aligned}N_n^2&=\int_{-1}^{1}\mathrm{P}_n^2(x)\mathrm{d}x\\&=\frac{1}{2^{2n}(n!)^2}\int_{-1}^{1}\frac{\mathrm{d}^n}{\mathrm{d}x^n}(x^2-1)^n\frac{\mathrm{d}^n}{\mathrm{d}x^n}(x^2-1)^n\mathrm{d}x\\&=\frac{1}{2^{2n}(n!)^2}\left\{\left[\frac{\mathrm{d}^{n-1}}{\mathrm{d}x^{n-1}}(x^2-1)^n\frac{\mathrm{d}^n}{\mathrm{d}x^n}(x^2-1)^n\right]_{-1}^{1}-\right.\\&\left.\int_{-1}^{1}\frac{\mathrm{d}^{n+1}}{\mathrm{d}x^{n+1}}(x^2-1)^n\frac{\mathrm{d}^{n-1}}{\mathrm{d}x^{n-1}}(x^2-1)^n\mathrm{d}x\right\}\\&=-\frac{1}{2^{2n}(n!)^2}\int_{-1}^{1}\frac{\mathrm{d}^{n+1}}{\mathrm{d}x^{n+1}}(x^2-1)^n\frac{\mathrm{d}^{n-1}}{\mathrm{d}x^{n-1}}(x^2-1)^n\mathrm{d}x.\end{aligned}$$

经过 n 次这样的运算之后，得

$$\begin{aligned}N_n^2&=\int_{-1}^{1}\mathrm{P}_n^2(x)\mathrm{d}x\\&=(-1)^n\frac{1}{2^{2n}(n!)^2}\int_{-1}^{1}\left[\frac{\mathrm{d}^{2n}}{\mathrm{d}x^{2n}}(x^2-1)^n\right](x^2-1)^n\mathrm{d}x\\&=(-1)^n\frac{(2n)!}{2^{2n}(n!)^2}\int_{-1}^{1}(x^2-1)^n\mathrm{d}x.\end{aligned}$$

用 $x=\cos\varphi$ 作代换，则 $(x^2-1)^n=(-1)^n\sin^{2n}\varphi$，$\mathrm{d}x=-\sin\varphi\mathrm{d}\varphi$，因而

$$\begin{aligned}N_n^2&=\int_{-1}^{1}\mathrm{P}_n^2(x)\mathrm{d}x=\frac{(2n)!}{2^{2n}(n!)^2}\int_{0}^{\pi}\sin^{2n+1}\varphi\mathrm{d}\varphi\\&=\frac{2(2n)!}{2^{2n}(n!)^2}\cdot\frac{2n(2n-2)(2n-4)\cdots4\cdot2}{(2n+1)(2n-1)(2n-3)\cdots5\cdot3}\end{aligned}$$

$$=\frac{2(2n)!}{(2n+1)!}=\frac{2}{2n+1}.$$

因此，勒让德多项式的模 $N_n=\sqrt{\frac{2}{2n+1}}$.

3) 函数展开成勒让德多项式的级数

利用式(8-54)和式(8-58)可以写出勒让德多项式的正交性关系式

$$\int_{-1}^{1}\mathrm{P}_m(x)\,\mathrm{P}_n(x)\,\mathrm{d}x=\begin{cases}0, & m\neq n,\\ \dfrac{2}{2n+1}, & m=n.\end{cases} \tag{8-59}$$

设 $f(x)$ 在闭区间 $[-1,1]$ 上是分段光滑的，则 $f(x)$ 可展开成勒让德多项式的级数，即

$$f(x)=\sum_{n=0}^{+\infty}C_n\mathrm{P}_n(x),\quad -1<x<1. \tag{8-60}$$

为求出系数 C_n，在式(8-60)等号两端同乘以 $\mathrm{P}_m(x)$，并在区间 $(-1,1)$ 内积分，得

$$\int_{-1}^{1}\mathrm{P}_m(x)f(x)\,\mathrm{d}x=\int_{-1}^{1}\mathrm{P}_m(x)\sum_{n=0}^{+\infty}C_n\mathrm{P}_n(x)\,\mathrm{d}x$$
$$=\sum_{n=0}^{+\infty}C_n\int_{-1}^{1}\mathrm{P}_m(x)\,\mathrm{P}_n(x)\,\mathrm{d}x=C_m\frac{2}{2m+1}.$$

由此得到展开的系数

$$C_n=\frac{2n+1}{2}\int_{-1}^{1}f(x)\,\mathrm{P}_n(x)\,\mathrm{d}x. \tag{8-61}$$

将 C_n 代入式(8-60)，便得到 $f(x)$ 的展开式.

若在式(8-60)和式(8-61)中令 $x=\cos\theta$，则这两个式子可写成

$$f(\cos\theta)=\sum_{n=0}^{+\infty}C_n\mathrm{P}_n(\cos\theta),\quad 0<\theta<\pi, \tag{8-62}$$

$$C_n=\frac{2n+1}{2}\int_{0}^{\pi}f(\cos\theta)\,\mathrm{P}_n(\cos\theta)\sin\theta\,\mathrm{d}\theta. \tag{8-63}$$

例 1　将函数 $f(x)=2x^3+3x+4$ 在 $[-1,1]$ 内展开成勒让德多项式级数.

解　因为 $f(x)$ 是三次多项式，将它展开成勒让德多项式级数时，只需要写出前三阶勒让德多项式，故有

$$2x^3+3x+4=C_0\mathrm{P}_0(x)+C_1\mathrm{P}_1(x)+C_2\mathrm{P}_2(x)+C_3\mathrm{P}_3(x)$$
$$=C_0\cdot 1+C_1x+C_2\,\frac{1}{2}(3x^2-1)+C_3\,\frac{1}{2}(5x^3-3x)$$
$$=\left(C_0-\frac{1}{2}C_2\right)+\left(C_1-\frac{3}{2}C_3\right)x+\frac{3}{2}C_2x^2+\frac{5}{2}C_3x^3.$$

比较等号两端的系数，得

$$C_0-\frac{1}{2}C_2=4,\quad C_1-\frac{3}{2}C_3=3,\quad \frac{3}{2}C_2=0,\quad \frac{5}{2}C_3=2.$$

解之得

$$C_0=4,\quad C_1=\frac{21}{5},\quad C_2=0,\quad C_3=\frac{4}{5}.$$

故有

$$2x^3+3x+4=4P_0(x)+\frac{21}{5}P_1(x)+\frac{4}{5}P_3(x).$$

例 2 将函数 $f(x)=|x|$(图 8-4)在区间$[-1,1]$内展开成勒让德多项式级数.

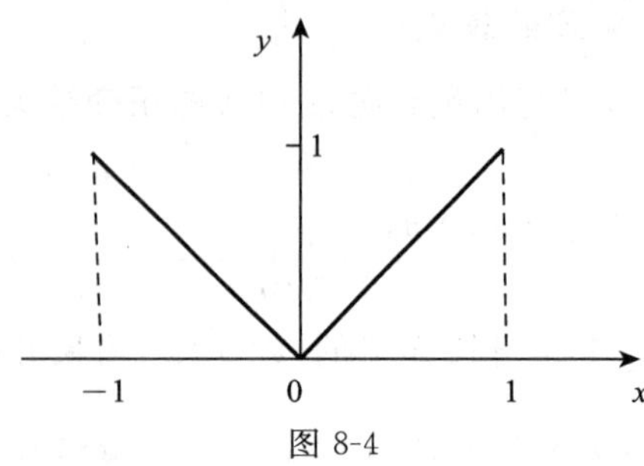

图 8-4

解 设展开式为

$$f(x)=\sum_{n=0}^{+\infty}C_nP_n(x),$$

其中展开的系数为

$$C_n=\frac{2n+1}{2}\int_{-1}^{1}|x|P_n(x)\,\mathrm{d}x.$$

因为 $f(x)=|x|$ 在 $[-1,1]$是偶函数，而 $P_{2n+1}(x)$是奇函数，故 $C_{2n+1}=0(n=0,1,2,\cdots)$.

下面计算 $C_{2n}(n=0,1,2,\cdots)$.

$$C_0=\frac{1}{2}\int_{-1}^{1}f(x)P_0(x)\,\mathrm{d}x=\frac{1}{2}\int_{-1}^{1}|x|\,\mathrm{d}x=\int_0^1 x\,\mathrm{d}x=\frac{1}{2},$$

$$\begin{aligned}
C_{2n}&=\frac{4n+1}{2}\int_{-1}^{1}|x|P_{2n}(x)\,\mathrm{d}x\\
&=\frac{4n+1}{2}\left[\int_{-1}^{0}(-x)\frac{1}{2^{2n}(2n)!}\frac{\mathrm{d}^{2n}}{\mathrm{d}x^{2n}}(x^2-1)^{2n}\mathrm{d}x+\int_0^1 x\frac{1}{2^{2n}(2n)!}\frac{\mathrm{d}^{2n}}{\mathrm{d}x^{2n}}(x^2-1)^{2n}\mathrm{d}x\right]\\
&=\frac{4n+1}{2^{2n+1}(2n)!}\left[-x\frac{\mathrm{d}^{2n-1}}{\mathrm{d}x^{2n-1}}(x^2-1)^{2n}\Big|_{-1}^{0}+\int_{-1}^{0}\frac{\mathrm{d}^{2n-1}}{\mathrm{d}x^{2n-1}}(x^2-1)^{2n}\mathrm{d}x\right]+\\
&\quad\frac{4n+1}{2^{2n+1}(2n)!}\left[x\frac{\mathrm{d}^{2n-1}}{\mathrm{d}x^{2n-1}}(x^2-1)^{2n}\Big|_0^1-\int_0^1\frac{\mathrm{d}^{2n-1}}{\mathrm{d}x^{2n-1}}(x^2-1)^{2n}\mathrm{d}x\right]\\
&=\frac{4n+1}{2^{2n+1}(2n)!}\left[\frac{\mathrm{d}^{2n-2}}{\mathrm{d}x^{2n-2}}(x^2-1)^{2n}\Big|_{-1}^{0}-\frac{\mathrm{d}^{2n-2}}{\mathrm{d}x^{2n-2}}(x^2-1)^{2n}\Big|_0^1\right]\\
&=\frac{4n+1}{2^{2n}(2n)!}\frac{\mathrm{d}^{2n-2}}{\mathrm{d}x^{2n-2}}(x^2-1)^{2n}\Big|_{x=0}\\
&=\frac{4n+1}{2^{2n}(2n)!}\frac{\mathrm{d}^{2n-2}}{\mathrm{d}x^{2n-2}}\left[\sum_{k=0}^{2n}C_{2n}^{k}x^{2k}(-1)^{2n-k}\right]\Big|_{x=0}\\
&=(-1)^{n+1}\frac{4n+1}{2^{2n}(2n)!}C_{2n}^{n-1}(2n-2)!\\
&=(-1)^{n+1}\frac{(4n+1)(2n-2)!}{2^{2n}(n-1)!(n+1)!}.
\end{aligned}$$

从而

$$|x|=\frac{1}{2}+\sum_{n=1}^{+\infty}(-1)^{n+1}\frac{(4n+1)(2n-2)!}{2^{2n}(n-1)!(n+1)!}\mathrm{P}_{2n}(x),\quad -1\leqslant x\leqslant 1.$$

8.4.2 勒让德多项式的应用举例

勒让德多项式的应用举例

例 3　有一个球心在原点、半径为 1 的球,球内无电荷,球面上的电位分布为已知函数$\cos^2\theta$,求球内的电位分布.

解　由于球内无电荷,电位分布满足拉普拉斯方程,它在球坐标系中表示为

$$\frac{1}{r^2}\frac{\partial}{\partial r}\left(r^2\frac{\partial u}{\partial r}\right)+\frac{1}{r^2\sin\theta}\frac{\partial}{\partial\theta}\left(\sin\theta\frac{\partial u}{\partial\theta}\right)+\frac{1}{r^2\sin^2\theta}\frac{\partial^2 u}{\partial\varphi^2}=0.$$

已知球面上的电位分布为$\cos^2\theta$,问题具有轴对称性(与变量 φ 无关),故电位分布可以写成 $u(r,\theta)$,它构成定解问题

$$\frac{1}{r^2}\frac{\partial}{\partial r}\left(r^2\frac{\partial u}{\partial r}\right)+\frac{1}{r^2\sin\theta}\frac{\partial}{\partial\theta}\left(\sin\theta\frac{\partial u}{\partial\theta}\right)=0\quad(0<r<1,0\leqslant\theta\leqslant\pi),\tag{8-64}$$

$$u(1,\theta)=\cos^2\theta\quad(0\leqslant\theta\leqslant\pi).\tag{8-65}$$

设方程(8-64)分离变量的形式解为

$$u(r,\theta)=R(r)\Theta(\theta),$$

将其代入式(8-65),得

$$r^2R''+2rR'-n(n+1)R=0,\tag{8-66}$$

$$\Theta''(\theta)+\cot\theta\Theta'(\theta)+n(n+1)\Theta(\theta)=0.\tag{8-67}$$

式(8-66)为欧拉方程,它的通解为

$$R_n(r)=A_nr^n+B_nr^{-(n+1)}.$$

电位在原点 $r=0$ 处要满足自然边界条件$u|_{r=0}$ 为有限值,这就要求 $B_n=0$,故有

$$R_n(r)=A_nr^n.$$

式(8-67)为勒让德方程,由问题的物理意义,函数 $u(r,\theta)$ 应是有界的,从而 $\Theta(\theta)$ 也应有界,只有当 n 为整数时,方程(8-67)在区间 $0\leqslant\theta\leqslant\pi$ 内才有有界解:

$$\Theta_n(\theta)=C_n\mathrm{P}_n(\cos\theta)\quad(n=0,1,2,\cdots).$$

故原定解问题的解为

$$u(r,\theta)=\sum_{n=0}^{+\infty}E_nr^n\mathrm{P}_n(\cos\theta).\tag{8-68}$$

由式(8-65)得

$$\cos^2\theta=\sum_{n=0}^{+\infty}E_n\mathrm{P}_n(\cos\theta).\tag{8-69}$$

令 $x=\cos\theta$,得

$$x^2=\sum_{n=0}^{+\infty}E_n\mathrm{P}_n(x).$$

由于函数

$$x^2=\frac{1}{3}\mathrm{P}_0(x)+\frac{2}{3}\mathrm{P}_2(x),$$

比较以上两式等号右端可得

$$E_0=\frac{1}{3},\quad E_2=\frac{2}{3},\quad E_n=0\quad (n\neq 0,2).$$

因此,所求定解问题的解为

$$\begin{aligned}u(r,\theta)&=\frac{1}{3}+\frac{2}{3}\mathrm{P}_2(\cos\theta)r^2\\&=\frac{1}{3}+\left(\cos^2\theta-\frac{1}{3}\right)r^2.\end{aligned}\tag{8-70}$$

此问题的电位分布曲面图如图 8-5 所示.

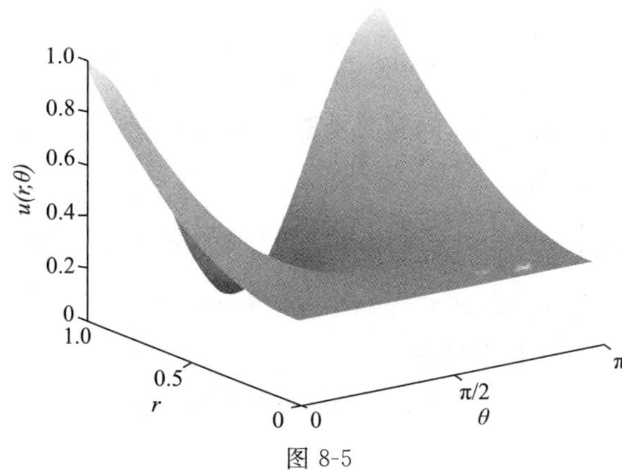

图 8-5

8.5 连带的勒让德多项式

在第 8.1 节中已经指出,若调和函数 u 与 φ 有关,则通过在球坐标系内对拉普拉斯方程进行分离变量可引出连带的勒让德方程(8-14)或(8-15),在方程(8-15)中将未知函数 P 换成 y 即得

$$(1-x^2)\frac{\mathrm{d}^2y}{\mathrm{d}x^2}-2x\frac{\mathrm{d}y}{\mathrm{d}x}+\left[n(n+1)-\frac{m^2}{1-x^2}\right]y=0,\tag{8-71}$$

其中 m 为正整数.下面求此方程的解.

8.5.1 连带的勒让德多项式的表示式

在勒让德方程

$$(1-x^2)\frac{\mathrm{d}^2v}{\mathrm{d}x^2}-2x\frac{\mathrm{d}v}{\mathrm{d}x}+n(n+1)v=0$$

的等号两端对 x 微分 m 次,得

$$\frac{\mathrm{d}^m}{\mathrm{d}x^m}\left[(1-x^2)\frac{\mathrm{d}^2v}{\mathrm{d}x^2}\right]-\frac{\mathrm{d}^m}{\mathrm{d}x^m}\left(2x\frac{\mathrm{d}v}{\mathrm{d}x}\right)+n(n+1)\frac{\mathrm{d}^mv}{\mathrm{d}x^m}=0.\tag{8-72}$$

而

$$\frac{d^m}{dx^m}\left[(1-x^2)\frac{d^2v}{dx^2}\right]=(1-x^2)\frac{d^{m+2}v}{dx^{m+2}}-\frac{m}{1!}2x\frac{d^{m+1}v}{dx^{m+1}}-\frac{m(m-1)}{2!}\cdot 2\cdot\frac{d^mv}{dx^m},$$

$$\frac{d^m}{dx^m}\left(2x\frac{dv}{dx}\right)=2x\frac{d^{m+1}v}{dx^{m+1}}+\frac{m}{1!}\cdot 2\cdot\frac{d^mv}{dx^m},$$

故式(8-72)为

$$(1-x^2)\frac{d^{m+2}v}{dx^{m+2}}-(m+1)2x\frac{d^{m+1}v}{dx^{m+1}}+[n(n+1)-m(m+1)]\frac{d^mv}{dx^m}=0. \tag{8-73}$$

令 $u=\frac{d^mv}{dx^m}$,则式(8-73)化为

$$(1-x^2)\frac{d^2u}{dx^2}-2x(m+1)\frac{du}{dx}+[n(n+1)-m(m+1)]u=0. \tag{8-74}$$

引入新函数 $w=(1-x^2)^{\frac{m}{2}}u$,则有

$$\frac{du}{dx}=mx(1-x^2)^{-\frac{m}{2}-1}w+(1-x^2)^{-\frac{m}{2}}\frac{dw}{dx},$$

$$\frac{d^2u}{dx^2}=m(1-x^2)^{-\frac{m}{2}-2}w[(1-x^2)+(m+2)x^2]+$$
$$2mx(1-x^2)^{-\frac{m}{2}-1}\frac{dw}{dx}+(1-x^2)^{-\frac{m}{2}}\frac{d^2w}{dx^2}.$$

将以上两式代入式(8-74)并化简,得到连带的勒让德方程:

$$(1-x^2)\frac{d^2w}{dx^2}-2x\frac{dw}{dx}+\left[n(n+1)-\frac{m^2}{1-x^2}\right]w=0.$$

这说明若 v 是勒让德方程(8-17)的解,则 $w=(1-x^2)^{\frac{m}{2}}\frac{d^mv}{dx^m}$ 必是连带的勒让德方程(8-71)的解. 当 n 为正整数时,勒让德方程(8-17)有一个$[-1,1]$上的有界解

$$v=P_n(x),$$

从而,当 n 为正整数时,函数

$$w=(1-x^2)^{\frac{m}{2}}\frac{d^mP_n(x)}{dx^m} \tag{8-75}$$

是连带的勒让德方程(8-71)在$[-1,1]$上的有界解,这个解以 $P_n^m(x)$表示,即

$$P_n^m(x)=(1-x^2)^{\frac{m}{2}}\frac{d^mP_n(x)}{dx^m}\quad(m\leqslant n,|x|\leqslant 1), \tag{8-76}$$

该式称为 n **次** m **阶的连带(缔合)勒让德多项式**.

8.5.2　函数展开成连带勒让德多项式的级数

1) 连带勒让德多项式的正交性

从施图姆-刘维尔理论可知,同一 m 而不同阶 n 的连带勒让德多项式$\{P_n^m(x)\}(n=0,1,2,\cdots)$在区间$[-1,1]$上正交,即

$$\int_{-1}^{1}P_k^m(x)P_n^m(x)dx=0\quad(k\neq n), \tag{8-77}$$

如果将 x 代换回原来的变量 θ,则式(8-77)应是

$$\int_0^{\pi} \mathrm{P}_k^m(\cos\theta)\,\mathrm{P}_n^m(\cos\theta)\sin\theta\mathrm{d}\theta=0 \quad (k\neq n). \tag{8-78}$$

经过计算可得连带勒让德多项式 $\mathrm{P}_n^m(x)$ 的模值的平方为

$$(N_m^n)^2=\int_{-1}^{1}[\mathrm{P}_n^m(x)]^2\mathrm{d}x=\frac{2}{2n+1}\frac{(n+m)!}{(n-m)!},$$

故连带勒让德多项式 $\mathrm{P}_n^m(x)$ 的模值为

$$N_n^m=\sqrt{\frac{2}{2n+1}\frac{(n+m)!}{(n-m)!}}. \tag{8-79}$$

2) 函数展开成连带勒让德多项式的级数

由施图姆-刘维尔理论可知,m 相同的连带勒让德多项式 $\{\mathrm{P}_n^m(x)\}$ $(n=0,1,2,\cdots)$ 是正交完备的.将一个在区间$[-1,1]$上满足按特征函数系展开条件的函数 $f(x)$ 展开成如下形式的级数:

$$f(x)=\sum_{n=0}^{+\infty}C_n\mathrm{P}_n^m(x), \tag{8-80}$$

其中系数

$$C_n=\frac{(2n+1)(n-m)!}{2(n+m)!}\int_{-1}^{1}f(x)\mathrm{P}_n^m(x)\mathrm{d}x. \tag{8-81}$$

若令 $x=\cos\theta$,则以上两式可写为

$$f(\cos\theta)=\sum_{n=0}^{+\infty}C_n\mathrm{P}_n^m(\cos\theta), \tag{8-82}$$

$$C_n=\frac{(2n+1)(n-m)!}{2(n+m)!}\int_0^{\pi}f(\cos\theta)\mathrm{P}_n^m(\cos\theta)\sin\theta\mathrm{d}\theta. \tag{8-83}$$

从第 8.1 节可以看出,当在球坐标系内求解不具有轴对称(即与 φ 有关)的定解问题

$$\begin{cases}\Delta u=0, & r\leqslant R,0\leqslant\theta\leqslant\pi,0\leqslant\varphi\leqslant 2\pi,\\ u|_{r=R}=f(\theta,\varphi), & 0\leqslant\theta\leqslant\pi,0\leqslant\varphi\leqslant 2\pi\end{cases}$$

时,要求将已知函数 $f(\theta,\varphi)$ 按照函数系

$$\{\mathrm{P}_n^m(\cos\theta)\cos m\varphi,\mathrm{P}_n^m(\cos\theta)\sin m\varphi\} \quad (n=0,1,2,\cdots;m=0,1,2,\cdots,n) \tag{8-84}$$

展开,即将 $f(\theta,\varphi)$ 表示成

$$f(\theta,\varphi)=\sum_{n=0}^{+\infty}\sum_{m=0}^{n}(A_n^m\cos m\varphi+B_n^m\sin m\varphi)\mathrm{P}_n^m(\cos\theta). \tag{8-85}$$

要得到展开式(8-85)中的系数 A_n^m 和 B_n^m,需要用到函数系(8-84)的正交关系式

$$\int_0^{\pi}\int_0^{2\pi}\mathrm{P}_n^m(\cos\theta)\mathrm{P}_k^l(\cos\theta)\sin\theta\begin{Bmatrix}\cos m\varphi\\ \sin m\varphi\end{Bmatrix}\begin{Bmatrix}\cos l\varphi\\ \sin l\varphi\end{Bmatrix}\mathrm{d}\theta\mathrm{d}\varphi$$

$$=\begin{cases}0, & m\neq l \text{ 或 } n\neq k,\\ \dfrac{2\pi\delta_m(n+m)!}{(2n+1)(n-m)!}, & m=l,n=k,\end{cases} \tag{8-86}$$

其中

$$\delta_m=\begin{cases}2, & m=0,\\ 1, & m\neq 0.\end{cases}$$

利用式(8-86)，可以得到展开式(8-85)中的系数 A_n^m 和 B_n^m 为

$$\begin{cases} A_n^m = \dfrac{(2n+1)}{2\pi\delta_m} \cdot \dfrac{(n-m)!}{(n+m)!} \displaystyle\int_0^{\pi}\int_0^{2\pi} f(\theta,\varphi) \mathrm{P}_n^m(\cos\theta) \cos m\varphi \sin\theta \mathrm{d}\theta\mathrm{d}\varphi, \\ B_n^m = \dfrac{(2n+1)}{2\pi} \cdot \dfrac{(n-m)!}{(n+m)!} \displaystyle\int_0^{\pi}\int_0^{2\pi} f(\theta,\varphi) \mathrm{P}_n^m(\cos\theta) \sin m\varphi \sin\theta \mathrm{d}\theta\mathrm{d}\varphi. \end{cases} \tag{8-87}$$

例　半径为 a 的球形区域内部没有电荷，球面上的电势为$\sin^2\theta\cos\varphi\sin\varphi$，求球形区域内部的电势分布.

解　此问题为静电场中电势分布问题，定解问题为

$$\begin{cases} \Delta u = 0, & r < a, \\ u|_{r=a} = \sin^2\theta\cos\varphi\sin\varphi, \\ \left| u|_{r=0} \right| < +\infty. \end{cases}$$

由于球面上的边界条件为含有 φ 的函数，并非轴对称，因此该问题与 φ 有关，其解也必与 φ 有关. 拉普拉斯方程在非对称条件下的一般解为

$$u(r,\theta,\varphi) = \sum_{n=0}^{+\infty}\sum_{m=0}^{n} \left(C_n r^n + D_n \frac{1}{r^{n+1}} \right) (A_n^m \cos m\varphi + B_n^m \sin m\varphi) \mathrm{P}_n^m(\cos\theta). \tag{8-88}$$

由自然边界条件$\left| u|_{r=0} \right| < +\infty$可知，必须弃去 $1/r^{n+1}$，即 $D_n=0$，于是

$$u(r,\theta,\varphi) = \sum_{n=0}^{+\infty}\sum_{m=0}^{n} r^n (E_n^m \cos m\varphi + F_n^m \sin m\varphi) \mathrm{P}_n^m(\cos\theta), \tag{8-89}$$

其中 $E_n^m = C_n A_n^m$，$F_n^m = C_n B_n^m$.

将式(8-89)代入边界条件$u|_{r=a} = \sin^2\theta\cos\varphi\sin\varphi$，有

$$\sum_{n=0}^{+\infty}\sum_{m=0}^{n} a^n (E_n^m \cos m\varphi + F_n^m \sin m\varphi) \mathrm{P}_n^m(\cos\theta) = \sin^2\theta\cos\varphi\sin\varphi, \tag{8-90}$$

而

$$\sin^2\theta\cos\varphi\sin\varphi = \frac{1}{2}\sin^2\theta\sin 2\varphi = \frac{1}{6}\mathrm{P}_2^2(\cos\theta)\sin 2\varphi. \tag{8-91}$$

由式(8-90)和式(8-91)，可得

$$\begin{cases} a^2 F_2^2 = \dfrac{1}{6}, \\ a^n F_n^m = 0 \quad n \neq 2, m \neq 2, \\ a^n E_n^m = 0 \quad n, m = 0, 1, 2, \cdots. \end{cases}$$

从而

$$\begin{cases} F_2^2 = \dfrac{1}{6a^2}, & n = 2, m = 2, \\ F_n^m = 0, & n \neq 2, m \neq 2, \\ E_n^m = 0, & n, m = 0, 1, 2, \cdots. \end{cases}$$

这样就得到了原定解问题的解

$$u(r,\theta,\varphi) = \frac{1}{6a^2} r^2 \mathrm{P}_2^2(\cos\theta) \sin 2\varphi. \tag{8-92}$$

图 8-6 所示为当 $r=1,2,3,4(a=4)$时，球面上各点的电势分布情况.

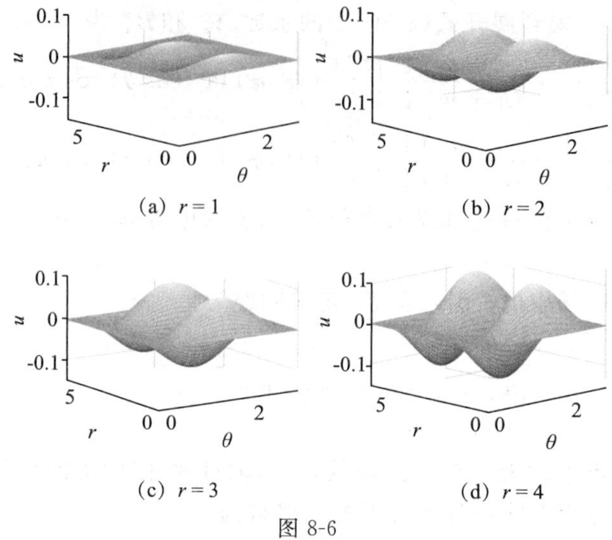

(a) $r=1$　(b) $r=2$

(c) $r=3$　(d) $r=4$

图 8-6

习题八

1. 证明

$$P_{2n-1}(0)=0,\quad P_{2n}(0)=\frac{(-1)^n(2n)!}{2^{2n}(n!)^2}.$$

2. 计算下列积分：

(1) $\int_{-1}^{1}[xP_2(x)]^2\mathrm{d}x$；

(2) $\int_{-1}^{1}P_3(x)P_5(x)\mathrm{d}x$.

3. 证明

(1) $x^3=\frac{2}{5}P_3(x)+\frac{3}{5}P_1(x)$；

(2) $x^4=\frac{8}{35}P_4(x)+\frac{4}{7}P_2(x)+\frac{1}{5}P_0(x)$.

4. 将下列定义在$[-1,1]$上的函数展开成勒让德多项式的级数.

(1) $f(x)=x^2$；

(2) $f(x)=\frac{1}{2}(x+|x|)$.

5. 在半径为1的球函数内求调和函数u,使

$$u|_{r=1}=3\cos 2\theta+1.$$

6. 亥姆霍兹方程(Helmholtz equation)是一个描述电磁波的椭圆偏微分方程,以德国物理学家亥姆霍兹的名字命名. 该方程用于描述波动现象的传播,在电磁辐射、地震学、声学和流体力学等相关研究领域里有着广泛应用. 通过求解亥姆霍兹方程,可以获得波动的振幅、传播速度以及波的衍射和干涉现象等重要信息,这些信息对于理解和应用许多物理学和工程学问题具有关键意义. 求解球内部的亥姆赫兹方程的定解问题

$$\begin{cases}\Delta u=-ku, & 0<r<a,\\ u|_{r=a}=0, & 0\leqslant\theta\leqslant\pi,0\leqslant\varphi\leqslant 2\pi.\end{cases}$$

7. 在半径为 a 的球形区域的外部求解定解问题

$$\begin{cases}\Delta u=0, \\ \left.\dfrac{\partial u}{\partial r}\right|_{r=a}=\sin^2\theta\sin^2\varphi-\dfrac{1}{3}, \quad r>a \\ \left|u|_{r\to+\infty}\right|<+\infty.\end{cases}$$

综合训练题

1. 有一半径为 a 的半球，半球表面的温度分布为 $u_0(1+\cos^2\theta)$. 试分别求出半球底面保持 0 ℃和绝热情况下半球内的稳恒温度分布，其中 u_0 为常数. 利用 MATLAB 软件将半球内的温度分布规律用图形的方式表示出来.

2. 分析勒让德多项式和连带勒让德多项式及它们性质的联系与区别.

人物小传

椭圆函数论的奠基人——勒让德

阿德利昂・玛利・埃・勒让德(Adrien Marie Legendre，1752—1833)，法国数学家. 勒让德的主要研究领域是分析学(尤其是椭圆积分理论)、数论、初等几何学与天体力学，他是椭圆积分理论奠基人之一.

勒让德于 1770 年毕业于马扎兰学院，1775 年任巴黎军事学院教授，1782 年以《关于阻尼介质中的弹道研究》获柏林科学院奖金，1783 年被选为巴黎科学院助理院士，两年后升为院士. 1795 年他又当选为法兰西研究院常任院士. 在担任了 3 年拉普拉斯的教学助手后，作为继任者，他出任巴黎高等师范学院的教授. 1813 年，他继任拉格朗日在天文事务所的职位，直至 1833 年去世.

勒让德在数学方面的贡献首先表现在椭圆函数论上. 从 1786 年起，勒让德就这一课题写了大量论著，包括《积分学演习》(3 卷)、《椭圆函数论》(2 卷)，他提出了 3 类基本的椭圆积分，证明了每个椭圆积分可以表示为这 3 类积分的组合，并编制了详尽的椭圆积分数值表. 勒让德对数论的主要贡献是二次互反律，这是同余式论中的一条基本定理. 除此之外，勒让德还是解析数论的先驱之一，归纳出了素数分布律. 勒让德的《几何学原理》是将近一个世纪的初等几何的权威教科书，再版多次，并有多种语言的译本. 勒让德还研究了贝塔函数和伽马函数、变分法中的优化问题等. 1805 年，勒让德创造性地提出了“最小二乘法”.

天体力学是勒让德早年科学研究生涯中探究过的另一个领域. 通过对星球的相互吸引问题及相关方程的研究，他研究了一些特殊函数的性质. 1784 年，勒让德在《行星外形的研究》中提出了勒让德多项式，论述了勒让德多项式的一些性质，并将这些性质和其他性质运用到万有引力的问题上. 在使用球坐标系求解数学物理方程问题时，经常会用到勒让德多项式. 直至今天，勒让德多项式在物理和工程实际中都有较重要的地位.

应用篇

数学物理方程的若干应用专题

第9章 科学与工程中的若干应用专题

实践是理论落地的前提，理论是实践的依托.

——爱因斯坦

数学物理方程来源于科学、技术、工程等诸多领域，它在经济、金融预测、图像处理、天气预报以及其他科学和工程领域都有广泛的应用. 本章主要介绍偏微分方程在大气污染、石油勘探、量子力学、流体力学等领域的几个应用. 同时，由于在实际工程技术和自然科学中所遇到的方程大多数都是非线性的，这一章还讨论几类非线性偏微分方程，根据方程的特点构造相应的数值格式，并给出相应的数值模拟结果.

9.1 大气污染中的对流扩散方程

保护环境健康，建设生态文明

“环境就是民生，青山就是美丽，蓝天就是幸福，绿水青山就是金山银山.”党的二十大报告中指出，“我们要推进美丽中国建设，坚持山水林田湖草沙一体化保护和系统治理，统筹产业结构调整、污染治理、生态保护、应对气候变化，协同推进降碳、减污、扩绿、增长，推进生态优先、节约集约、绿色低碳发展.”

随着工业和交通运输的发展，人类向大气中持续排放的污染物数量越来越多，种类也越来越复杂，这使得污染问题日趋严重. 研究大气污染问题已成为各个研究领域普遍关注的问题. 作为一类基本运动方程，对流扩散方程是关于物质运输与分子扩散的物理过程和黏性流体运动的数学模型，它可以用来描述大气污染、河流污染、核污染中污染物质的分布等物理现象. 本节介绍拉普拉斯变换在大气对流扩散方程中的应用.

由大气中悬浮物质的质量守恒定律建立大气污染模型如下：

$$\frac{\partial C}{\partial t}=\frac{\partial}{\partial x}\left(K_x\frac{\partial C}{\partial x}\right)+\frac{\partial}{\partial y}\left(K_y\frac{\partial C}{\partial y}\right)+\frac{\partial}{\partial z}\left(K_z\frac{\partial C}{\partial z}\right)-\mu\frac{\partial C}{\partial x}-v\frac{\partial C}{\partial y}-w\frac{\partial C}{\partial z}+S,\tag{9-1}$$

其中 $C=C(x,y,z,t)$ 表示污染物的时空平均浓度；K_x,K_y,K_z 为涡流扩散系数，均大于零；μ,v,w 分别为污染物沿 x 轴、y 轴、z 轴方向的对流速度；$S=S(x,y,z,t)$ 为源项.

设 $\bar{C}=\int_{-\infty}^{+\infty} C(x,y,z)\,\mathrm{d}y$，则得到如下的对流扩散方程：

$$\frac{\partial \bar{C}}{\partial t}=\frac{\partial}{\partial x}\left(K_x\frac{\partial \bar{C}}{\partial x}\right)+\frac{\partial}{\partial z}\left(K_z\frac{\partial \bar{C}}{\partial z}\right)-\mu\frac{\partial \bar{C}}{\partial x}-w\frac{\partial \bar{C}}{\partial z}+S. \tag{9-2}$$

为了应用拉普拉斯变换，将高度 z 离散化成 N 份，用 z_n 表示. 记

$$K_{zn}=(z_{n+1}-z_n)^{-1}\int_{z_n}^{z_{n+1}} K_z(z)\,\mathrm{d}z,\quad n=1,2,\cdots,N,$$

$$C_n=(z_{n+1}-z_n)^{-1}\int_{z_n}^{z_{n+1}} \bar{C}(z)\,\mathrm{d}z,\quad n=1,2,\cdots,N.$$

现考虑一维对流扩散方程的定解问题

$$\begin{cases}\dfrac{\partial \bar{C}}{\partial t}=\dfrac{\partial}{\partial z}\left(K_z\dfrac{\partial \bar{C}}{\partial z}\right), & 0<z<z_n,t>0,\\ K_z\dfrac{\partial \bar{C}}{\partial z}\bigg|_{z=0}=K_z\dfrac{\partial \bar{C}}{\partial z}\bigg|_{z=z_n}=0, & t>0,\\ \bar{C}\big|_{t=0}=Q\delta(z-H_s), & 0<z<z_n,\end{cases} \tag{9-3}$$

其中 H_s 为污染源的高度，Q 为污染源的发射率.

将上面的对流扩散方程改写为

$$\frac{\partial \bar{C}_n}{\partial t}=K_{zn}\frac{\partial^2 \bar{C}_n}{\partial z^2},\quad z_n<z<z_{n+1},n=1,2,\cdots,N. \tag{9-4}$$

设 $\bar{C}_n(z,t)$ 关于 t 的拉普拉斯变换为 $V_n(z,p)$，即

$$V_n(z,p)=\mathscr{L}[\bar{C}_n(z,t)].$$

对方程(9-4)作关于 t 的拉普拉斯变换，结合定解问题(9-3)中的初始条件，得

$$\frac{\mathrm{d}^2V_n(z,p)}{\mathrm{d}z^2}-\frac{p}{K_{zn}}V_n(z,p)=-\frac{Q}{K_{zn}}\delta(z-H_s). \tag{9-5}$$

方程(9-5)是关于 z 的含参变量 p 的二阶线性常系数非齐次常微分方程，利用常数变易法，解得

$$V_n(z,p)=A_n\mathrm{e}^{\sqrt{\frac{p}{K_{zn}}}z}+B_n\mathrm{e}^{-\sqrt{\frac{p}{K_{zn}}}z}-\frac{Q}{\sqrt{K_{zn}p}}\cosh\left[\sqrt{\frac{p}{K_{zn}}}(z-H_s)\right]H(z-H_s), \tag{9-6}$$

其中 $H(z-H_s)$ 为赫维赛德(Heaviside)函数.

对式(9-6)等号两端取拉普拉斯逆变换，得

$$\bar{C}_n(z,t)=\sum_{i=1}^{k}\frac{a_ic_i}{t}\left\{A_{ni}\mathrm{e}^{\sqrt{\frac{c_i}{tK_{zni}}}z}+B_{ni}\mathrm{e}^{-\sqrt{\frac{c_i}{tK_{zni}}}z}-\frac{Q}{\sqrt{K_{zni}c_i/t}}\cosh\left[\sqrt{\frac{c_i}{tK_{zni}}}(z-H_s)\right]H(z-H_s)\right\},$$

其中 k 为积分点个数，a_i 和 c_i 为高斯积分中的参数.

类似地，也可利用拉普拉斯变换求解二维的对流扩散问题.

9.2 石油勘探中的弹性波方程

在油气田勘探及开发阶段中，声波测井是获取地质资料的重要手段之一. 随着勘探领

域的扩展及油田开发的需要，声波理论不断完善，声波测井方法解决问题的能力不断提高，新的声波测井方法和解释方法也在不断产生. 声波测井与地震资料相结合，在解决地下地质构造、判断岩性、识别压力异常层位、探测和评价裂缝、判断储集层中流体的性质等方面起着重要作用，声波测井成为测井与物探之间的纽带，有着良好的发展前景.

本节着重用波动理论来解释井中各组分波的特性，主要考虑声波在裸眼井中的传播. 将地层看作等效弹性地层(不考虑孔隙影响)是研究声波全波测井声传播的基础. 本节获得波动方程在井中的通解与边界条件，得到井中声波接收的积分表达式(可进行积分计算).

假设无限延伸的井半径为 a，井内流体和井外无限厚地层为理想的等效弹性介质，井中流体密度和声波速度为 ρ_b 和 v_b，地层密度、纵波速度和横波速度分别为 ρ, v_P 和 v_S，如图 9-1 所示. 取柱坐标(r,ρ,z)，z 轴与井轴重合，一点声源置于原点处，产生声场，在流体中以纵波向四周传播，通过井壁反射和折射在地层中产生纵波和横波.

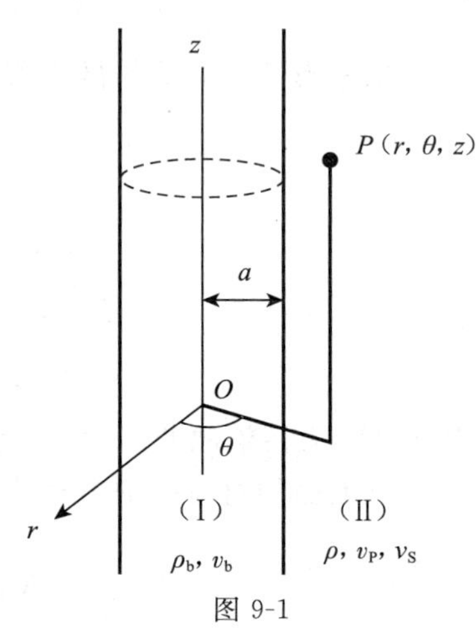

图 9-1

9.2.1 波动方程及一般解

设井中和地层中标量势为 Φ_b, Φ_P(分别表示纵波传播过程中的膨胀和压缩位移)，地层中矢量势为 $\boldsymbol{\Psi}_S$(表示在固体中横波传播过程中的旋转位移)，则井内位移 $\boldsymbol{u}_b$ 和地层中位移 $\boldsymbol{u}$ 可用势函数表示：

$$\begin{cases} \boldsymbol{u}_b = \nabla \Phi_b, & r < a, \\ \boldsymbol{u} = \nabla \Phi_P + \nabla \times \boldsymbol{\Psi}_S, & r \geqslant a. \end{cases} \tag{9-7}$$

在无源区(除点源外的全空间)，标量位移势和矢量位移势在上述模型中都满足波动方程. 由于轴对称，θ 方向位移为 0，函数势对 θ 求导为 0，故矢量势只有 θ 方向分量，记为 Ψ_S，则波动方程为

$$\begin{cases} \nabla^2 \Phi_b - \dfrac{1}{v_b^2}\dfrac{\partial^2 \Phi_b}{\partial t^2} = 0, & r < a, \\ \nabla^2 \Phi_P - \dfrac{1}{v_P^2}\dfrac{\partial^2 \Phi_P}{\partial t^2} = 0, & r \geqslant a, \\ \nabla^2 \Psi_S - \dfrac{1}{v_S^2}\dfrac{\partial^2 \Psi_S}{\partial t^2} = 0, & r \geqslant a. \end{cases}$$

当声源为单频时：

$$\Phi_j(r,z,t) = \Phi_j(r,z,t)\mathrm{e}^{\mathrm{i}\omega t} \quad (j = \mathrm{b}, \mathrm{P}),$$
$$\Psi_S(r,z,t) = \Psi_S(r,z,t)\mathrm{e}^{\mathrm{i}\omega t}.$$

在理想井中，由波动方程可得：

$$\begin{cases} \left(\dfrac{\partial^2}{\partial r^2} + \dfrac{1}{r}\dfrac{\partial}{\partial r} + \dfrac{\partial^2}{\partial z^2}\right)\Phi_j(r,t) + \dfrac{\omega^2}{v_i^2}\Phi_j(r,t) = 0 \quad (j = \mathrm{b}, \mathrm{P}), \\ \left(\dfrac{\partial^2}{\partial r^2} + \dfrac{1}{r}\dfrac{\partial}{\partial r} - \dfrac{1}{r^2} + \dfrac{\partial^2}{\partial z^2}\right)\Psi_S + \dfrac{\omega^2}{v_S^2}\Psi_S(r,t) = 0. \end{cases} \tag{9-8}$$

其中 ω 为声波的角频率，$\omega=2\pi f$.

用分离变量法求解波动方程. 令

$$\Phi_j(r,z)=R_j(r)Z(z)\quad(j=\mathrm{b},\mathrm{P})$$

$$\Psi_S(r,z)=R_S(r)Z(z)$$

记井中流体纵波、地层纵波和横波的波数分别为 $k_j(j=\mathrm{b},\mathrm{P},\mathrm{S})$，则

$$\begin{cases}\dfrac{\omega}{v_b}=k_b,\dfrac{\omega}{v_p}=k_P,\dfrac{\omega}{v_S}=k_S\\ \mu_b^2=k^2-k_b^2,\mu_P^2=k^2-k_P^2,\mu_S^2=k^2-k_S^2\\ \chi_b^2=k_b^2-k^2,\chi_P^2=k_P^2-k^2,\chi_S^2=k_S^2-k^2\end{cases}\tag{9-9}$$

其中波数 k_j 在 Z 方向上的分量为 $k=\omega/v$，在 r 方向上的分量为 χ_j，且 $\mu_j^2=-\chi_j^2$.

将式(9-9)代入式(9-8)，得

$$\begin{cases}\dfrac{R_j''(r)}{R_j(r)}+\dfrac{R_j'(r)}{rR_j(r)}+k_j^2=-\dfrac{Z''(z)}{Z(z)}=k^2,\quad j=\mathrm{b},\mathrm{P},\\ \dfrac{R_j''(r)}{R_j(r)}+\dfrac{R_j'(r)}{rR_j(r)}-\dfrac{1}{r^2}+k_S^2=-\dfrac{Z''(z)}{Z(z)}=k^2\end{cases}.\tag{9-10}$$

由式(9-10)，在 Z 方向上有 $Z''(z)+k^2Z(z)=0$，从而

$$Z(z)=\mathrm{e}^{-ikz};\tag{9-11}$$

在 r 方向上有

$$\begin{cases}\dfrac{\partial^2R_j(r)}{\partial r^2}+\dfrac{\partial R_j(r)}{r\partial r}-\mu_j^2R_j(r)=0,\quad j=\mathrm{b},\mathrm{P},\\ \dfrac{\partial^2R_S(r)}{\partial r^2}+\dfrac{\partial R_S(r)}{r\partial r}-\dfrac{R_S(r)}{r^2}-\mu_S^2R_S(r)=0.\end{cases}\tag{9-12}$$

令 $r_j'=\mu_jr$，消去式(9-12)中的 μ_j^2 项，得

$$\begin{cases}R_j''(r_j')+\dfrac{R_j'(r_j')}{r'}-R_j(r_j')=0,\quad j=\mathrm{b},\mathrm{P},\\ R_S''(r_j')+\dfrac{R_S'(r_j')}{r_j'}-\left(1+\dfrac{1}{r_j'^2}\right)R_S(r_j')=0.\end{cases}\tag{9-13}$$

式(9-13)分别为零阶、一阶虚宗量贝塞尔方程，其通解为

$$\begin{cases}R_B(r)=A\mathrm{K}_0(\mu_br)+A'\mathrm{I}_0(\mu_br),\\ R_P(r)=B\mathrm{K}_0(\mu_pr)+B'\mathrm{I}_0(\mu_pr),\\ R_S(r)=C\mathrm{K}_1(\mu_sr)+C'\mathrm{I}_1(\mu_sr),\end{cases}\tag{9-14}$$

其中 K_0，K_1 为第二类零阶及一阶虚宗量贝塞尔函数；I_0，I_1 为第一类零阶及一阶虚宗量贝塞尔函数；A 为与声源有关的系数；B,C,A',B',C'为由边界条件决定的系数.

考虑到井内流体中有入射波与反射波，地层中只有折射纵波和折射横波，且入射波在井轴处幅度最大，远离井轴幅度减小，反射波在井壁处幅度最大，向井内传播幅度减小，折射波在井壁处幅度最大，向地层传播幅度减小. 再考虑到不同 k 值范围有不同具体表达式，其表达是各组分波(井内流体、地层中纵波和横波)的叠加结果，故有

$$\begin{cases}\Phi_{\mathrm{b}}(r)=\int_{-\infty}^{+\infty}[A\mathrm{K}_0(\mu_{\mathrm{b}}r)+A'(k)\mathrm{I}_0(\mu_{\mathrm{b}}r)]\mathrm{e}^{\mathrm{i}(\omega t-kz)}\mathrm{d}k,\\ \Phi_{\mathrm{P}}(r)=\int_{-\infty}^{+\infty}B(k)\mathrm{K}_0(\mu_{p}r)\mathrm{e}^{\mathrm{i}(\omega t-kz)}\mathrm{d}k,\\ \Psi_{\mathrm{S}}(r)=\int_{-\infty}^{+\infty}C(k)\mathrm{K}_1(\mu_{\mathrm{S}}r)\mathrm{e}^{\mathrm{i}(\omega t-kz)}\mathrm{d}k.\end{cases}\tag{9-15}$$

其中 t 为时间.

9.2.2 边界条件

(1) 井壁上($r=a$)切向应力 T_{rz} 连续,且 $T_{rz1}=T_{rz2}=0$(下标 1 表示井内流体,下标 2 表示井外固体);

(2) 井壁上($r=a$)法向应力 T_{rr} 连续,且 $T_{rr1}=T_{rr2}$;

(3) 井壁上($r=a$)径向位移 u_r 连续,且 $u_{r1}=u_{r2}$.

为叙述方便,运算中略去公共项 $\mathrm{e}^{\mathrm{i}(\omega t-kz)}$,只考虑与波数 k 有关的分波. 在井中流体内,有

$$\begin{cases}u_{r1}=\dfrac{\partial\Phi_{\mathrm{b}}}{\partial r}=-[A\mu_{\mathrm{b}}\mathrm{K}_1(\mu_{\mathrm{b}}a)+A'(k)\mu_{\mathrm{b}}\mathrm{I}_1(\mu_{\mathrm{b}}a)],\\ T_{rr1}=\lambda_1\ \nabla\cdot\boldsymbol{u}_{\mathrm{b}}=\rho_{\mathrm{b}}v_{\mathrm{b}}^2\ \nabla^2\Phi_{\mathrm{b}}=-\rho_{\mathrm{b}}\omega^2[A\mathrm{K}_0(\mu_{\mathrm{b}}a)+A'(k)\mathrm{I}_0(\mu_{\mathrm{b}}a)],\\ T_{rz1}=0.\end{cases}\tag{9-16}$$

在地层中,有

$$\begin{cases}u_{r2}=\dfrac{\partial\Phi_{\mathrm{P}}}{\partial r}-\dfrac{\partial\Psi_{\mathrm{S}}}{\partial z}=-B(k)u_{\mathrm{P}}\mathrm{K}_1(\mu_{\mathrm{P}}a)+ikC(k)\mathrm{K}_1(\mu_{\mathrm{S}}a),\\ u_{z2}=\dfrac{\partial\Phi_{\mathrm{P}}}{\partial z}+\dfrac{1}{r}\dfrac{\partial(r\Psi_{\mathrm{S}})}{\partial r}=-\mathrm{i}kB(k)\mathrm{K}_0(\mu_{\mathrm{P}}a)-C(k)\mu_{\mathrm{S}}\mathrm{K}_0(\mu_{\mathrm{S}}a).\end{cases}\tag{9-17}$$

其中 λ_1 为流体的拉密弹性系数.

已知$\dfrac{\partial}{\partial r}[r\mathrm{K}_1(r)]=-r\mathrm{K}_0(r)$,则

$$\begin{aligned}T_{rr2}&=\lambda_2\ \nabla^2\Phi_{\mathrm{P}}+2\mu_2\ \frac{\partial u_{r2}}{\partial r}\\ &=(\lambda_2+2\mu_2)\nabla^2\Phi_{\mathrm{P}}+2\mu_2\left(-\frac{1}{r}\frac{\partial\Phi_{\mathrm{P}}}{\partial r}-\frac{\partial^2\Phi_{\mathrm{P}}}{\partial z^2}-\frac{\partial^2\Psi_{\mathrm{S}}}{\partial r\partial z}\right)\\ &=\{-\mu v^2\mathrm{K}_0(\mu_{\mathrm{P}}a)+2\rho v_{\mathrm{S}}^2[\frac{1}{a}\mu_{\mathrm{P}}\mathrm{K}_1(\mu_{\mathrm{P}}a)+k^2\mathrm{K}_0(\mu_{\mathrm{P}}a)]\}B(k)-\\ &\quad 2\mathrm{i}k\rho v_{\mathrm{S}}^2[\mu_{\mathrm{S}}\mathrm{K}_0(\mu_{\mathrm{S}}a)+\frac{1}{a}\mathrm{K}_1(\mu_{\mathrm{S}}a)]C(k),\end{aligned}\tag{9-18}$$

$$\begin{aligned}T_{rz2}&=\mu_2\left(\frac{\partial u_{r2}}{\partial z}+\frac{\partial u_{z2}}{\partial r}\right)\\ &=\mu_2[2\mathrm{i}k\mu_{\mathrm{P}}\mathrm{K}_1(\mu_{\mathrm{P}}a)B(k)+(2k^2-k_{\mathrm{S}}^2)\mathrm{K}_1(\mu_{\mathrm{S}}a)C(k)].\end{aligned}\tag{9-19}$$

其中 λ_2,μ_2 为介质的拉密弹性系数.

由边界条件(2)可得

$$C(k)=-\frac{2\mathrm{i}k\mu_{\mathrm{P}}\mathrm{K}_1(\mu_{\mathrm{P}}a)}{2k^2-k_{\mathrm{S}}^2}B(k).\tag{9-20}$$

根据式(9-20)，u_{r2}，T_{rr2} 可改写为

$$u_{r2}=\frac{k_S^2\mu_P K_1(\mu_P a)}{2k^2-k_S^2}B(k)=u_{r2m}B(k),$$

$$\begin{aligned}T_{rr2}&=\rho v^2 B(k)\left[\left(\frac{2k^2}{k_S^2}-1\right)K_0(\mu_P a)-\frac{2\mu_P K_1(\mu_P a)}{a(2k^2-k_S^2)}-\frac{4k^2\mu_P\mu_S K_1(\mu_P a)K_0(\mu_S a)}{k_S^2(2k^2-k_S^2)K_1(\mu_S a)}\right]\\&=T_{rr2m}B(k).\end{aligned}\tag{9-21}$$

其中 U_{r2m}，T_{rr2m} 表示系数.

将以上两式代入边界条件(1)和(2)，并令 $E=-\frac{T_{rr2m}}{u_{r2m}\rho_b\omega^2}$，则有

$$\begin{cases}A'(k)=\dfrac{\mu_b K_1(\mu_b a)E+K_0(\mu_b a)}{\mu_b I_1(\mu_b a)E-I_0(\mu_b a)},\\ B(k)=-A\dfrac{1-2\dfrac{k^2}{k_S^2}}{\mu_P K_1(\mu_P a)[\mu_b I_1(\mu_b a)E-I_0(\mu_b a)]a},\\ C(k)=A\dfrac{-2jk}{\mu_P K_1(\mu_P a)[\mu_b I_1(\mu_b a)E-I_0(\mu_b a)]a}.\end{cases}\tag{9-22}$$

式(9-22)的推导用到了 $\mu_b K_0(\mu_b a)I_0(\mu_b a)+\mu_b K_1(\mu_b a)I_1(\mu_b a)=\frac{1}{a}$，其中

$$\begin{aligned}E&=-\frac{T_{rr2m}}{u_{r2m}}\frac{1}{\rho_b\omega^2}\\&=2\frac{\rho}{\rho_b}\left[\frac{1}{ak_S^2}-\frac{1}{2}\left(\frac{2k^2}{k_S^2}-1\right)^2\frac{K_0(\mu_P a)}{u_P K_1(\mu_P a)}+\frac{2k^2\mu_S}{k_S^2}\frac{K_0(\mu_S a)}{u_P K_1(\mu_S a)}\right].\end{aligned}\tag{9-23}$$

根据声阻抗定义，地层中声阻抗 Z 为

$$Z=\frac{p_2}{v_2}=-\frac{T_{rr2}}{\dfrac{\partial u_{r2}}{\partial t}}=-\frac{T_{rr2}}{i\omega u_{r2}}=-i\rho_b\omega E,$$

其中 p_2 为声压，v_2 为振速.

9.2.3　井中声场积分式

考虑到声源是频率的函数，因此系数 A 可以写成频谱函数 $S(\omega)$. 这样井中声波压力场积分表示为

$$p(r,z,t)=\frac{1}{4\pi^2}\int_{-\infty}^{+\infty}S(\omega)e^{i\omega t}d\omega\int_{-\infty}^{+\infty}[K_0(\mu_b r)+A'(k)I_0(\mu_b r)]e^{-ikz}dk\tag{9-24}$$

考虑地层介质对声传播的吸收衰减，式(9-24)的离散数值计算中往往引入复速度. 例如，一个近似复速度表达式为：

$$v(\omega)=v(\omega_0)\left(1+\frac{1}{\pi Q_0}\ln\frac{\omega}{\omega_0}-\frac{i}{2Q_0}\right)\tag{9-25}$$

其中 ω，ω_0 分别为计算和参考角频率；Q_0 为品质因子.

图 9-2 所示为在井轴上离点源 2.1 m 处接收的波形. 由图 9-2 中可以看出，接收到的波形有滑行地层纵波(P)、横波(S)、低频和高频伪瑞利波(RL)及斯通利波(ST).

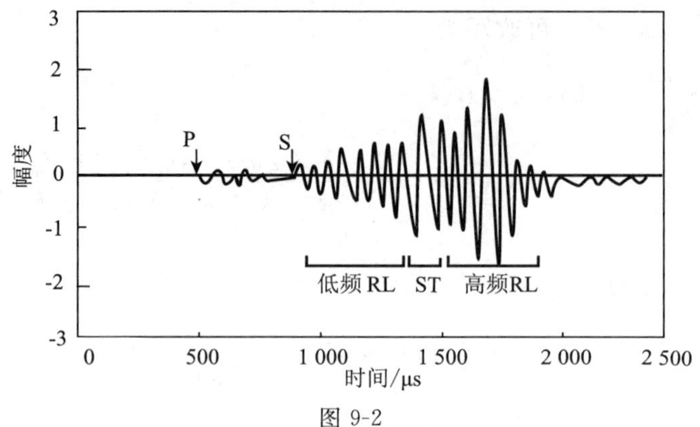

图 9-2

9.3 分数阶微分方程

9.3.1 分数阶导数的定义

与整数阶导数不同,分数阶导数有多种不同的定义方式,这些分数阶导数在不同物理问题的数学描述过程中都有广泛的应用.目前,常见分数阶导数的定义主要包括3种,即 Grünwald-Letnikov(G-L)分数阶导数、Riemann-Liouville(R-L)分数阶导数和 Caputo 分数阶导数.

在分数阶微积分领域,需要经常使用伽马函数,通常用 $\Gamma(z)$ 表示,即

$$\Gamma(z)=\int_0^{+\infty}\mathrm{e}^{-t}t^{z-1}\,\mathrm{d}t,\quad \operatorname{Re} z>0. \tag{9-26}$$

定义 1 [Grünwald-Letnikov(G-L)分数阶导数] 设 α 是一个正实数,存在正整数 n,满足 $n-1\leqslant\alpha<n$.对于定义在区间 $[a,b]$ 上的函数 $f(t)$,称

$$_aD_t^\alpha f(t)=\lim_{h\to 0}h^{-\alpha}\sum_{j=0}^{[(t-a)/h]}(-1)^j\binom{\alpha}{j}f(t-jh),\quad t\in[a,b] \tag{9-27}$$

为函数 $f(t)$ 的 α 阶 Grünwald-Letnikov(G-L)分数阶导数,其中 $[x]$ 表示不超过 x 的最大整数,$\binom{\alpha}{j}$ 表示二项式系数,

$$\binom{\alpha}{j}=\frac{\alpha(\alpha-1)\cdots(\alpha-j+1)}{j!}.$$

设 $f^{(k)}(t)(k=0,1,2,\cdots,n)$ 在闭区间 $[a,b]$ 上连续,n 为满足条件 $\alpha<n$ 的最小整数.可以证明

$$_aD_t^\alpha f(t)=\sum_{j=0}^{n-1}\frac{f^{(j)}(a)(t-a)^{j-\alpha}}{\Gamma(1+j-\alpha)}+\frac{1}{\Gamma(n-\alpha)}\int_a^t\frac{f^{(n)}(\tau)\mathrm{d}\tau}{(t-\tau)^{\alpha-n+1}}.$$

定义 2[Riemann-Liouville(R-L)分数阶导数] 设 α 是一个正实数,存在正整数 n,满足 $n-1\leqslant\alpha<n$.对于定义在区间 $[a,b]$ 上的函数 $f(t)$,称

$$_a\boldsymbol{D}_t^\alpha f(t)=\frac{\mathrm{d}^n}{\mathrm{d}t^n}\left[\frac{1}{\Gamma(n-\alpha)}\int_a^t\frac{f(\tau)\mathrm{d}\tau}{(t-\tau)^{\alpha-n+1}}\right],\quad t\in[a,b] \tag{9-28}$$

为函数 $f(t)$ 的 α 阶 Riemann-Liouville(R-L)分数阶导数.

由式(9-28)计算可得

$$ {}_a\boldsymbol{D}_t^{\alpha}(t-a)^p=\frac{\Gamma(1+p)}{\Gamma(1+p-\alpha)}(t-a)^{p-\alpha},\quad p>-1. $$

可以证明

$$ \frac{\mathrm{d}^m}{\mathrm{d}t^m}\left[{}_a\boldsymbol{D}_t^{\alpha}f(t)\right]={}_a\boldsymbol{D}_t^{m+\alpha}f(t),\quad \alpha>0,m\ \text{为正整数}. $$

R-L 分数阶导数与 G-L 分数阶导数之间有这样一个等价关系：正实数 α 满足 $n-1\leqslant\alpha<n$，如果定义在区间 $[a,b]$ 上的函数 $f(t)$ 有直到 $n-1$ 阶的连续导数，并且 $f^{(n)}(t)$ 在 $[a,b]$ 上可积，那么函数 $f(t)$ 的 α 阶 R-L 分数阶导数和 α 阶 G-L 分数阶导数是等价的.

定义 3(Caputo 分数阶导数)　设 α 是一个正实数，存在正整数 n，满足 $n-1\leqslant\alpha<n$. 对于定义在区间 $[a,b]$ 上的函数 $f(t)$，称

$$ {}_a^CD_t^{\alpha}f(t)=\frac{1}{\Gamma(n-\alpha)}\int_a^t\frac{f^{(n)}(\tau)\mathrm{d}\tau}{(t-\tau)^{\alpha-n+1}},\quad t\in[a,b] \tag{9-29} $$

为函数 $f(t)$ 的 α 阶 Caputo 分数阶导数.

由式(9-29)计算可得

$$ {}_a^CD_t^{\alpha}(t-a)^p=\frac{\Gamma(1+p)}{\Gamma(1+p-\alpha)}(t-a)^{p-\alpha},\quad p>n-1\geqslant0. $$

设函数 $f(t)$ 在 $[a,b]$ 上有 $n+1$ 阶连续导数，则

$$ \lim_{\alpha\to n-0}{}_a^CD_t^{\alpha}f(t)=\lim_{\alpha\to n-0}\left[\frac{f^{(n)}(a)(t-a)^{n-\alpha}}{\Gamma(n-\alpha+1)}+\frac{1}{\Gamma(n-\alpha+1)}\int_a^t(t-\tau)^{n-\alpha}f^{(n+1)}(\tau)\mathrm{d}\tau\right] $$

$$ =f^{(n)}(a)+\int_a^t f^{(n+1)}(\tau)\mathrm{d}\tau=f^{(n)}(t). $$

Caputo 分数阶导数与 R-L 分数阶导数之间也有一个等价关系：对于正实数 α，满足 $0\leqslant n-1<\alpha<n$，如果定义在区间 $[a,b]$ 上的函数 $f(t)$ 有直到 $n-1$ 阶的连续导数，并且 $f^{(n)}(t)$ 在 $[a,b]$ 上可积，那么

$$ {}_a\boldsymbol{D}_t^{\alpha}f(t)={}_a^CD_t^{\alpha}f(t)+\sum_{j=0}^{n-1}\frac{f^{(j)}(a)(t-a)^{j-\alpha}}{\Gamma(1+j-\alpha)},\quad a\leqslant t\leqslant b. $$

特别地，当 $\alpha\in(0,1)$ 时，

$$ {}_a\boldsymbol{D}_t^{\alpha}f(t)={}_a^CD_t^{\alpha}f(t)+\frac{f(a)(t-a)^{-\alpha}}{\Gamma(1-\alpha)}. $$

可以看出，当函数 $f(t)$ 满足条件

$$ f^{(j)}(a)=0,\quad j=0,1,\cdots,n-1 $$

时，函数 $f(t)$ 的 Caputo 分数阶导数和 R-L 分数阶导数是等价的.

下面分别考虑时间分数阶次扩散方程和空间分数阶扩散方程的数值方法.

9.3.2　时间分数阶次扩散方程的离散格式

时间分数阶次扩散方程通常用于描述磁流体等黏弹性材料的内部热量扩散过程，这种扩散过程以“重尾”耗散性为主要特征. 考虑如下定义在一维有界区域 $[0,L]$ 内的时间分数阶次扩散方程：

$$\begin{cases} {}_0^C D_t^\alpha u(x,t)=\dfrac{\partial^2}{\partial x^2}u(x,t)+f(x,t), & (x,t)\in(0,L)\times(0,T], \\ u(0,t)=\varphi_0(t),u(L,t)=\varphi_L(t), & t\in[0,T], \\ u(x,0)=u_0(x), & x\in[0,L]. \end{cases} \tag{9-30}$$

其中 $0<\alpha<1$, $f,\varphi_0,\varphi_L,u_0$ 为已知的函数. 方程(9-30)的初边值条件相容.

下面对时空区域进行剖分. 记 J 和 N 为两个正整数,定义空间步长 $h=L/J$ 和时间步长 $\tau=T/N$,用两族平行的直线 $x_j=jh,j=0,1,\cdots,J$ 和 $t_n=n\tau,n=0,1,\cdots,N$ 将时空区域分割成矩形网格,网格节点为(x_j,t_n). 在节点(x_j,t_n)处考虑微分方程(9-30),即

$${}_0^C D_t^\alpha u(x_j,t_n)=\frac{\partial^2 u}{\partial x^2}(x_j,t_n)+f_j^n, \quad 1\leqslant j\leqslant J-1,1\leqslant n\leqslant N. \tag{9-31}$$

由 Caputo 分数阶导数的定义,式(9-31)中的时间导数项可以改写为

$${}_0^C D_t^\alpha u(x_j,t_n)=\frac{1}{\Gamma(1-\alpha)}\int_0^{t_n}\frac{u'(x_j,s)}{(t_n-s)^\alpha}\mathrm{d}s=\frac{1}{\Gamma(1-\alpha)}\sum_{k=1}^{n}\int_{t_{k-1}}^{t_k}\frac{u'(x_j,s)}{(t_n-s)^\alpha}\mathrm{d}s. \tag{9-32}$$

在区间$[t_{k-1},t_k]$上对其中的 $u(x_j,s)$作线性插值,得到

$$u(x_j,s)\approx L_{1,k}(x_j,s)=\frac{t_k-s}{\tau}u(x_j,t_{k-1})+\frac{s-t_{k-1}}{\tau}u(x_j,t_k), \tag{9-33}$$

$$u(x_j,s)-L_{1,k}(x_j,s)=\frac{1}{2}u''(x_j,\xi_k)(s-t_{k-1})(s-t_k), \quad s\in[t_{k-1},t_k], \tag{9-34}$$

其中 $\xi_k\in(t_{k-1},t_k)$.

用 $L_{1,k}(x_j,s)$近似式(9-32)中的 $u(x_j,s)$,得到

$$\begin{aligned} {}_0^C D_t^\alpha u(x_j,t_n) &\approx \frac{1}{\Gamma(1-\alpha)}\sum_{k=1}^{n}\frac{u(x_j,t_k)-u(x_j,t_{k-1})}{\tau}\cdot\int_{t_{k-1}}^{t_k}\frac{1}{(t_n-s)^\alpha}\mathrm{d}s \\ &=\frac{1}{\Gamma(1-\alpha)}\sum_{k=1}^{n}\frac{u(x_j,t_k)-u(x_j,t_{k-1})}{\tau}\cdot\frac{1}{1-\alpha}[(t_n-t_{k-1})^{1-\alpha}-(t_n-t_k)^{1-\alpha}] \\ &=\frac{\tau^{-\alpha}}{\Gamma(2-\alpha)}\sum_{k=1}^{n}[u(x_j,t_k)-u(x_j,t_{k-1})]\cdot[(n-k+1)^{1-\alpha}-(n-k)^{1-\alpha}]. \end{aligned} \tag{9-35}$$

记 $a_l=(l+1)^{1-\alpha}-l^{1-\alpha},l\geqslant 0$,则有

$$\begin{aligned} {}_0^C D_t^\alpha u(x_j,t_n) &\approx \frac{\tau^{-\alpha}}{\Gamma(2-\alpha)}\sum_{k=1}^{n}a_{n-k}[u(x_j,t_k)-u(x_j,t_{k-1})] \\ &=\frac{\tau^{-\alpha}}{\Gamma(2-\alpha)}\left[a_0u(x_j,t_n)-\sum_{k=1}^{n-1}(a_{n-k-1}-a_{n-k})u(x_j,t_k)-a_{n-1}u(x_j,t_0)\right] \\ &=D_\tau^\alpha u(x_j,t_n). \end{aligned}$$

上式称为 L1 公式. 可以证明,L1 公式具有如下的近似效果:

$$\left|{}_0^C D_t^\alpha u(x_j,t_n)-D_\tau^\alpha u(x_j,t_n)\right|\leqslant\frac{1}{2\Gamma(1-\alpha)}\left[\frac{1}{4}+\frac{\alpha}{(1-\alpha)(2-\alpha)}\right]\max_{0\leqslant t\leqslant t_n}|u''(x_j,t_n)|\tau^{2-\alpha}.$$

在此基础上,方程(9-31)中的空间导数项应用二阶中心差商离散,可得如下离散格式:

$$\frac{\tau^{-\alpha}}{\Gamma(2-\alpha)}\left[a_0u_j^n-\sum_{k=1}^{n-1}(a_{n-k-1}-a_{n-k})u_j^k-a_{n-1}u_j^0\right]=\delta_x^2u_j^n+f_j^n, \quad 1\leqslant j\leqslant J-1,1\leqslant n\leqslant N. \tag{9-36}$$

此格式的截断误差为 $O(\tau^{2-\alpha}+h^2)$. 此外,方程(9-30)中初边值条件的离散格式为

$$u_j^0=u_0(x_j),\quad 0\leqslant j\leqslant J, \tag{9-37}$$

$$u_0^n=\varphi_0(t_n),\quad u_J^n=\varphi_L(t_n),\quad 0\leqslant n\leqslant N. \tag{9-38}$$

由数值格式(9-36)可以看出,在每个时间层,都要计算之前所有历史节点的线性组合. 因此,时间分数阶微分方程的数值计算需要很多额外的计算量,并且这种计算量在长时间区间上增长得更快.

9.3.3　空间分数阶扩散方程的离散格式

空间分数阶扩散方程通常用于描述非均匀介质中的扩散现象,如海底洋流中的污染物传播过程. 考虑定义在一维有界区间中的双侧空间分数阶热传导方程

$$\begin{cases}\dfrac{\partial u(x,t)}{\partial t}={}_0\boldsymbol{D}_x^\beta u(x,t)+{}_x\boldsymbol{D}_L^\beta u(x,t)+f(x,t), & x\in(0,L),t\in(0,T], \quad (9\text{-}39)\\ u(x,0)=\varphi(x), & x\in(0,L), \quad (9\text{-}40)\\ u(0,t)=0,u(L,t)=0, & t\in[0,T], \quad (9\text{-}41)\end{cases}$$

其中 $\beta\in(1,2)$, f, φ 为已知函数,且 $\varphi(0)=\varphi(L)=0$.

对时空区域做类似于上一部分的剖分. 在节点 (x_j,t_n) 处考虑微分方程(9-39),有

$$\frac{\partial u}{\partial t}(x_j,t_n)={}_0\boldsymbol{D}_x^\beta u(x_j,t_n)+{}_x\boldsymbol{D}_L^\beta u(x_j,t_n)+f_j^n, \tag{9-42}$$

其中 $1\leqslant j\leqslant J-1$, $1\leqslant n\leqslant N$.

考虑方程(9-42)等号右端的空间分数阶导数,利用 R-L 分数阶导数和 G-L 分数阶导数之间的等价关系,定义带位移的 G-L 公式为

$$A_{h,p}^\beta f(t)=h^{-\beta}\sum_{k=0}^{+\infty}g_k^{(\beta)}f[t-(k-p)h], \tag{9-43}$$

其中 p 为常数,称为位移量;系数 $g_k^{(\beta)}$ 定义为

$$g_k^{(\beta)}=(-1)^k\binom{\beta}{k},\quad \binom{\beta}{k}=\frac{\beta(\beta-1)\cdots(\beta-k+1)}{k!}. \tag{9-44}$$

在实际计算中,系数 $g_k^{(\beta)}$ 通常使用如下的递推关系生成:

$$g_0^{(\beta)}=1,\quad g_k^{(\beta)}=\left(1-\frac{\beta+1}{k}\right)g_{k-1}^{(\beta)},\quad k=1,2,\cdots. \tag{9-45}$$

可以证明,若取位移量 $p=1$,带位移的 G-L 公式(9-43)具有一阶近似精度,即

$${}_0D_x^\beta u(x_j,t_n)=h^{-\beta}\sum_{k=0}^{j+1}g_k^{(\beta)}U_{j-k+1}^n+O(h), \tag{9-46}$$

$${}_xD_L^\beta u(x_j,t_n)=h^{-\beta}\sum_{k=0}^{M-j+1}g_k^{(\beta)}U_{j+k-1}^n+O(h). \tag{9-47}$$

在此基础上,使用向后差分格式离散式 (9-42) 等号左端的时间偏导数,有

$$\frac{\partial u}{\partial t}(x_j,t_n)=\frac{u(x_j,t_n)-u(x_j,t_{n-1})}{\tau}+O(\tau). \tag{9-48}$$

将式(9-46)～式(9-48)代入式(9-42),并舍去小量项,得到

$$\frac{1}{\tau}(u_j^n-u_j^{n-1})=h^{-\beta}\sum_{k=0}^{j+1}g_k^{(\beta)}u_{j-k+1}^n+h^{-\beta}\sum_{k=0}^{J-j+1}g_k^{(\beta)}u_{j+k-1}^n+f_j^n. \tag{9-49}$$

在算法执行过程中,需要联合边界条件(9-41),将格式(9-49)写成矩阵形式,即

$$(\boldsymbol{I}-r\boldsymbol{A}-r\boldsymbol{B})\boldsymbol{u}^n=\boldsymbol{u}^{n-1}+\tau\boldsymbol{f}^n,$$

其中 $r=\tau h^{-\beta}$,$\boldsymbol{u}^n=(u_1^n,u_2^n,\cdots,u_{J-1}^n)^{\mathrm{T}}$,$\boldsymbol{f}^n=(f_1^n,f_2^n,\cdots,f_{J-1}^n)^{\mathrm{T}}$,

$$\boldsymbol{A}=\begin{pmatrix} g_1^{(\beta)} & g_0^{(\beta)} & & \\ & & & 0 \\ g_2^{(\beta)} & g_1^{(\beta)} & \ddots & \\ \vdots & \ddots & \ddots & g_0^{(\beta)} \\ g_{J-1}^{(\beta)} & \cdots & g_2^{(\beta)} & g_1^{(\beta)} \end{pmatrix},\ \boldsymbol{B}=\begin{pmatrix} g_1^{(\beta)} & g_2^{(\beta)} & \cdots & g_{J-1}^{(\beta)} \\ g_0^{(\beta)} & g_1^{(\beta)} & \ddots & \vdots \\ & \ddots & \ddots & g_2^{(\beta)} \\ & 0 & g_0^{(\beta)} & g_1^{(\beta)} \end{pmatrix},$$

即矩阵 $\boldsymbol{A}$ 和 $\boldsymbol{B}$ 均为 Toeplitz 矩阵.

9.3.4 算 例

例 1 求解如下时间分数阶次扩散方程:

$$\begin{cases} {}_0^C D_t^\alpha u=\dfrac{\partial^2 u}{\partial x^2}+\left[\dfrac{\Gamma(4)}{\Gamma(4-\alpha)}t^{3-\alpha}+\pi^2(1+t^3)\right]\sin \pi x, & 0<x<1,0<t<1, \\ u(0,t)=u(1,t)=0, & 0\leqslant t\leqslant 1, \\ u(x,0)=\sin \pi x, & 0\leqslant x\leqslant 1, \end{cases}$$

其中 $\alpha=0.4$,利用方程的精确解 $u(x,t)=(1+t^3)\sin \pi x$ 展示数值方法的误差.

解 将空间区域[0,1]等分为 $J=100$ 份,将时间区间[0,1]等分为 $N=100$ 份,用 L1 格式离散方程左端的分数阶导数,用中心差分格式离散方程右端的空间二阶导数项,得到的数值解及相应的误差如图 9-3 所示.

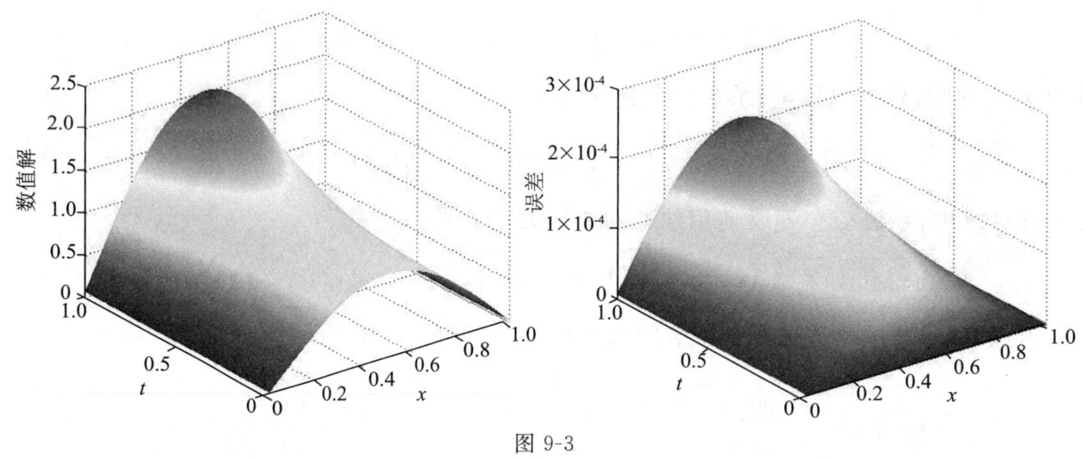

图 9-3

为测量该数值方法的精度,先取 $J=10\ 000$,将时间网格个数 N 的值从 16 逐次加密至 128,测量得到的时空最大误差和精度见表 9-1 左半部分. 同理,取 $N=1\ 000$,将空间网格个数 J 的值从 16 逐次加密至 128,测量得到的时空最大误差和精度见表 9-1 右半部分. 可以看出,数值结果与理论上的时间 $2-\alpha$ 阶和空间二阶完全匹配.

表 9-1

J	N	误　差	精　度	J	N	误　差	精　度
10 000	16	1.10×10^{-3}	—	16	1 000	5.80×10^{-3}	—
10 000	32	3.64×10^{-4}	1.59	32	1 000	1.40×10^{-3}	2.05
10 000	64	1.25×10^{-4}	1.55	64	1 000	3.62×10^{-4}	1.95
10 000	128	4.21×10^{-5}	1.56	128	1 000	9.16×10^{-5}	1.98

例 2　求解如下空间分数阶微分方程：

$$\begin{cases}\dfrac{\partial u(x,t)}{\partial t}=\Gamma(3-\alpha)x^{\alpha}\dfrac{\partial^{\alpha}u(x,t)}{\partial_{+}x^{\alpha}}+\Gamma(3-\alpha)(2-x)^{\alpha}\dfrac{\partial^{\alpha}u(x,t)}{\partial_{-}x^{\alpha}}+f(x,t), \\ \qquad\qquad\qquad\qquad\qquad\qquad 0<x<2,\quad 0<t<1, \\ u(0,t)=u(2,t)=0, \qquad\qquad\qquad 0\leqslant t\leqslant 1, \\ u(x,0)=4x^{2}(2-x)^{2}\sin\pi x, \qquad 0\leqslant x\leqslant 2,\end{cases}$$

其中 $\alpha=1.4$. 方程等号右端的函数定义为

$$f(x,t)=-32\mathrm{e}^{-t}\left\{x^{2}+(2-x^{2})+\frac{x^{2}(2-x)^{2}}{8}-\frac{3[x^{3}+(2-x)^{3}]}{3-\alpha}+\frac{3[x^{4}+(2-x)^{4}]}{(4-\alpha)(3-\alpha)}\right\}.$$

为了计算此方程数值解的误差，给出方程真解

$$u(x,t)=4\mathrm{e}^{-t}x^{2}(2-x)^{2}.$$

解　将空间区域$[0,2]$等分为 $J=200$ 份，将时间区间$[0,1]$等分为 $N=100$ 份，用向后差分公式离散方程等号左端的一阶导数，用带位移的 G-L 公式离散方程等号右端的两项空间分数阶导数项，得到的数值解及相应的误差如图 9-4 所示.

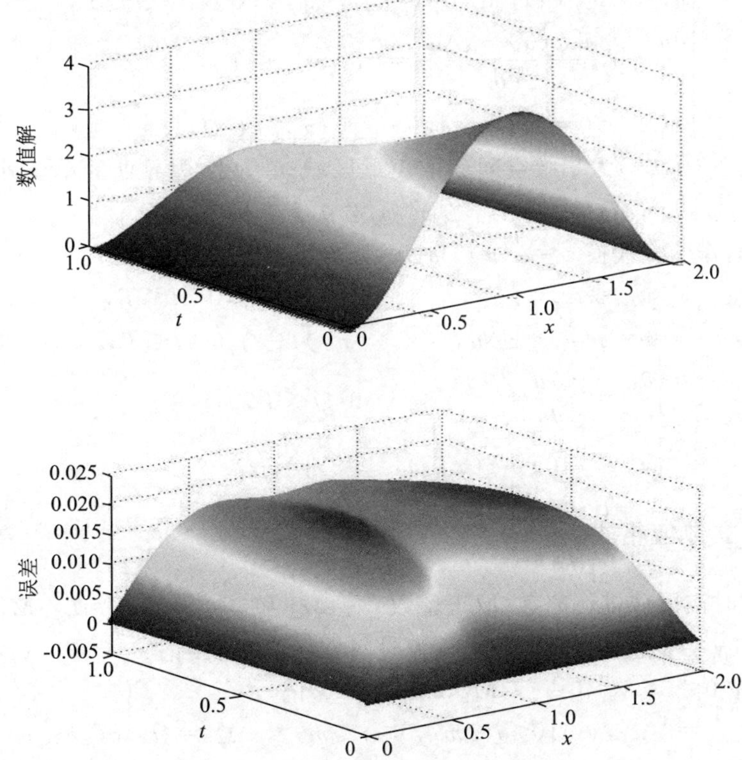

图 9-4

改变网格离散参数，取 $J=400$，时间网格个数 N 取不同值时得到的时空最大误差和精度见表 9-2 左半部分. 同理，取 $N=1\,000$，空间网格个数 J 取不同值时得到的时空最大误差和精度见表 9-2 右半部分. 可以看出，数值结果符合理论上的时空一阶精度.

表 9-2

J	N	误　差	精　度	J	N	误　差	精　度
400	16	1.22×10^{-1}	—	16	1 000	1.49×10^{-1}	—
400	32	6.14×10^{-2}	0.99	32	1 000	7.67×10^{-2}	0.96
400	64	3.04×10^{-2}	1.01	64	1 000	3.89×10^{-2}	0.98
400	128	1.53×10^{-2}	0.99	128	1 000	1.98×10^{-2}	0.97

9.4　Cahn-Hillard 方程

Cahn-Hilliard 方程是一个四阶的非线性反应扩散方程，最初是由 Cahn 和 Hilliard 于 1958 年在研究热力学中两相物质之间的相互扩散现象时提出来的，用来表示其中一种物质的浓度的变化规律. 现在，Cahn-Hilliard 方程也用于描述生物种群的竞争和排斥、河床迁移过程、固体表面上微滴的扩散等物理现象. Cahn-Hilliard 方程由于其多方面的应用而受到广泛的关注.

Cahn-Hillard 方程

二维有界区域内的 Cahn-Hilliard 方程初边值问题为

$$\begin{cases} u_t=\lambda\Delta[\varphi(u)-\alpha\Delta u], & (x,y)\in\Omega,0<t\leqslant T, \\ \dfrac{\partial u}{\partial \boldsymbol{n}}=0,\dfrac{\partial[\varphi(u)-\alpha\Delta u]}{\partial \boldsymbol{n}}=0, & 0<t\leqslant T, \\ u(x,y,0)=\varphi(x,y), & (x,y)\in\overline{\Omega}, \end{cases} \tag{9-50}$$

其中 $\Omega=(0,L_1)\times(0,L_2)$ 为二维空间中的矩形区域；$\boldsymbol{n}$ 为 Ω 边界处的单位外法向矢量；非线性函数 $\varphi(u)=\psi'(u),\psi(u)=\gamma(u^2-\beta^2)^2/4$；$\alpha,\beta,\gamma,\lambda$ 为正常数.

为简化方程，作变量代换 $v=\varphi(u)-\alpha\Delta u$，则方程(9-50)可改写为

$$\begin{cases} u_t=\lambda\Delta v, & (x,y)\in\Omega,0<t\leqslant T, \\ v=\varphi(u)-\alpha\Delta u, & (x,y)\in\Omega,0<t\leqslant T, \\ \dfrac{\partial u}{\partial \boldsymbol{n}}=0,\dfrac{\partial v}{\partial \boldsymbol{n}}=0, & 0<t\leqslant T, \\ u(x,y,0)=\varphi(x,y), & (x,y)\in\overline{\Omega}. \end{cases} \tag{9-51}$$

9.4.1　建立数值格式

首先考虑对时空区域进行离散. 取正整数 M_1,M_2 和 N，定义 $h_1=L_1/M_1,h_2=L_2/M_2$ 分别为空间 x 和 y 方向的步长，$\tau=T/N$ 为时间方向的步长. 记 $x_i=ih_1,y_j=jh_2,t_k=k\tau$ 为三族直线，其中 $0\leqslant i\leqslant M_1,0\leqslant j\leqslant M_2,0\leqslant k\leqslant N$. 记

$$\Omega_{h_1,h_2}=\{(x_i,y_j)\,|\,0\leqslant i\leqslant m_1,0\leqslant j\leqslant m_2\},\quad \Omega_\tau=\{t_k\,|\,0\leqslant k\leqslant n\}$$

分别为空间和时间网格节点的集合.

由于本节介绍的 Cahn-Hilliard 方程包含非线性项,因此通常使用多层格式对其进行离散,使得数值格式在时间方向具有较高的精度. 常见的多层格式通常需要多个启动层,如三层格式除根据初始条件得到初始时刻的近似值外,还需要单独给出第 2 个时间节点的近似值.

在点$(x_i,y_i,t_{1/2})$处对问题(9-51)中的两个方程进行离散,可得

$$\frac{1}{\tau}[u(x_i,y_j,t_1)-u(x_i,y_j,t_0)]=\frac{\lambda}{2}\Delta_h v(x_i,y_j,t_1)+\frac{\lambda}{2}\Delta_h v(x_i,y_j,t_0)+p_{ij}^0, \tag{9-52}$$

$$\frac{1}{2}v(x_i,y_j,t_1)+\frac{1}{2}v(x_i,y_j,t_0)=\varphi(\hat{u}_{ij})-\frac{\alpha}{2}\Delta_h u(x_i,y_j,t_1)-\frac{\alpha}{2}\Delta_h u(x_i,y_j,t_0)+q_{ij}^0, \tag{9-53}$$

其中 $0\leqslant i\leqslant M_1,0\leqslant j\leqslant M_2,\hat{u}_{ij}$ 的值定义为

$$\hat{u}_{ij}=u(x_i,y_j,0)+\frac{\tau}{2}u_t(x_i,y_j,0)=\varphi(x_i,y_j)+\frac{\lambda\tau}{2}\Delta_h\{\varphi[\varphi(x_i,y_j)]-\alpha\Delta_h\varphi(x_i,y_j)\}.$$

可以看出,$\varphi(\hat{u}_{ij})$是$\varphi(u_{ij}^{1/2})$在 t_0 处的泰勒展开式中的线性截断部分. 对式(9-52)和式(9-53)中的各项做泰勒展开可知,存在常数 C_1,使得式(9-52)和式(9-53)中的余项 p_{ij}^0 和 q_{ij}^0 满足

$$|p_{ij}^0|\leqslant c_1(\tau^2+h_1^2+h_2^2),\quad |q_{ij}^0|\leqslant C_1(\tau^2+h_1^2+h_2^2). \tag{9-54}$$

对任意的 $k=1,2,\cdots$,在点$(x_i,y_i,t_{k+1/2})$处对问题(9-51)中的方程进行离散,利用外推法处理其中的非线性项,可得

$$\frac{1}{\tau}[u(x_i,y_j,t_{k+1})-u(x_i,y_j,t_k)]=\lambda\Delta_h v(x_i,y_j,t_{k+1/2})+p_{ij}^k, \tag{9-55}$$

$$v(x_i,y_j,t_{k+1/2})=\frac{3}{2}\varphi[u(x_i,y_j,t_k)]-\frac{1}{2}\varphi[u(x_i,y_j,t_{k-1})]-\alpha\Delta_h u(x_i,y_j,t_{k+1/2})+q_{ij}^k. \tag{9-56}$$

同样,由泰勒展开式可知,存在常数 C_2,使得

$$|p_{ij}^k|\leqslant C_2(\tau^2+h_1^2+h_2^2),\quad |q_{ij}^k|\leqslant C_2(\tau^2+h_1^2+h_2^2),\quad |\Delta_t q_{ij}^k|\leqslant C_2(\tau^2+h_1^2+h_2^2), \tag{9-57}$$

其中 $\Delta_t q_{ij}^k=\frac{1}{2\tau}(q_{ij}^{k+1}-q_{ij}^{k-1})$.

略去式(9-52)和式(9-53)、式(9-55)和式(9-56)中的小量项,并结合初始条件,可得问题(9-51)的差分格式:

$$\begin{cases}\frac{1}{\tau}(u_{ij}^1-u_{ij}^0)=\frac{\lambda}{2}\Delta_h v_{ij}^1+\frac{\lambda}{2}\Delta_h v_{ij}^0,\\ \frac{1}{2}v_{ij}^1+\frac{1}{2}v_{ij}^0=\varphi(\hat{u}_{ij})-\frac{\alpha}{2}\Delta_h u_{ij}^1-\frac{\alpha}{2}\Delta_h u_{ij}^0,\\ \frac{1}{\tau}(u_{ij}^{k+1}-u_{ij}^k)=\lambda\Delta_h v_{ij}^{k+1/2},\quad k=1,2,\cdots\\ v_{ij}^{k+1/2}=\frac{3}{2}\varphi(u_{ij}^k)-\frac{1}{2}\varphi(u_{ij}^{k-1})-\frac{\alpha}{2}\Delta_h u_{ij}^{k+1}-\frac{\alpha}{2}\Delta_h u_{ij}^k,\\ u_{ij}^0=\varphi(x_i,y_i),v_{ij}^0=\varphi(\varphi_{ij}^0)-\alpha\Delta_h\varphi_{ij}^0.\end{cases} \tag{9-58}$$

消去其中的辅助变量 v_{ij}^k，可得

$$u_{ij}^1+\frac{\lambda\tau}{2}\alpha\Delta_h^2u_{ij}^1=u_{ij}^0+\lambda\tau\Delta_h[\varphi(\widehat{u_{ij}})]-\frac{\lambda\tau}{2}\alpha\Delta_h^2u_{ij}^0, \tag{9-59}$$

$$u_{ij}^{k+1}+\frac{\lambda\tau}{2}\alpha\Delta_h^2u_{ij}^{k+1}=u_{ij}^k+\tau\lambda\Delta_h\left[\frac{3}{2}\varphi(u_{ij}^k)-\frac{1}{2}\varphi(u_{ij}^{k-1})\right]-\frac{\lambda\tau}{2}\alpha\Delta_h^2u_{ij}^k, \tag{9-60}$$

其中 $0\leqslant i\leqslant M_1, 0\leqslant j\leqslant M_2, 1\leqslant k\leqslant N$. 可以看出，式(9-59)和式(9-60)是一个三层线性化差分格式. 可以验证，数值格式(9-59)和数值格式(9-60)的逼近精度为 $O(\tau^2+h_1^2+h_2^2)$.

9.4.2 数值格式的矩阵形式

数值格式(9-59)和数值格式(9-60)包含所有网格点的计算格式，其中 $\Delta_h^2u_{ij}^k$ 和 $\Delta_hu_{ij}^k$ 的运算需要用到网格节点(x_i,y_i)及附近节点的函数值. 当(x_i,y_i)靠近边界时，相应的运算需要使用边界条件，并进行相应处理.

对问题(9-51)中的第 2 个方程关于 x 求导，并利用问题(9-50)中的齐次诺伊曼边界条件，可得

$$u_{xxx}\big|_{x=0}=0,\quad u_{xxx}\big|_{x=L_1}=0. \tag{9-61}$$

以 Ω 的左边界为例，记 $w=u_{xx}$，则有$w_x\big|_{x=0}=0$. 对其进行中心差分离散，并结合虚拟点技术，可知

$$w_{1,j}^k\approx w_{-1,j}^k,\quad \delta_x^2w_{0,j}^k=\frac{1}{h_1^2}(w_{1,j}^k-2w_{0,j}^k+w_{-1,j}^k)\approx\frac{2}{h_1^2}(w_{1,j}^k-w_{0,j}^k).$$

结合边界条件$u_x\big|_{x=0}=0$，对上式中的 $w_{1,j}^k$ 和 $w_{0,j}^k$ 做二阶中心差商近似，可得

$$\delta_x^4u_{0,j}^k\approx\frac{1}{h_1^4}(6u_{0,j}^k-8u_{1,j}^k+2u_{2,j}^k),\quad \delta_x^4u_{1,j}^k\approx\frac{1}{h_1^4}(-4u_{0,j}^k+7u_{1,j}^k-4u_{2,j}^k+u_{3,j}^k). \tag{9-62}$$

在远离边界点处，有

$$\delta_x^4u_{i,j}^k=\frac{1}{h_1^4}(u_{i-2,j}^k-4u_{i-1,j}^k+6u_{i,j}^k-4u_{i+1,j}^k+u_{i+2,j}^k),\quad i=2,3,\cdots,M_1-2. \tag{9-63}$$

在 $x=L_1$ 边界处，有

$$\delta_x^4u_{M_1,j}^k\approx\frac{1}{h_1^4}(6u_{M_1,j}^k-8u_{M_1-1,j}^k+2u_{M_1-2,j}^k), \tag{9-64}$$

$$\delta_x^4u_{M_1-1,j}^k\approx\frac{1}{h_1^4}(-4u_{M_1,j}^k+7u_{M_1-1,j}^k-4u_{M_1-2,j}^k+u_{M_1-3,j}^k). \tag{9-65}$$

通过泰勒展开式可知，若方程的解足够光滑，则逼近格式(9-62)～逼近格式(9-65)具有空间二阶精度. 同理，可得 $\delta_x^4u_{i,j}^k$，$\delta_y^4u_{i,j}^k$ 和 $\delta_x^2\delta_y^2u_{i,j}^k$ 在各网格节点处的近似值.

对空间网格点采用先 y 后 x 的方式进行排序，将数值格式(9-59)和数值格式(9-60)的解在第 k 个时刻的值写成列向量的形式，记$\boldsymbol{u}^n=((u_{00},u_{01},\cdots,u_{0,M_2},u_{10},\cdots,u_{1,M_2},\cdots,u_{M_1,0},\cdots,u_{M_1,M_2})^n)^{\mathrm{T}}$. 数值格式(9-59)和数值格式(9-60) 中的运算 $\Delta_h^2u_{ij}^k$ 可以写为

$$\Delta_h^2 u_{ij}^k=\left(\frac{1}{h_1^2}\delta_x^2+\frac{1}{h_2^2}\delta_y^2\right)\left(\frac{1}{h_1^2}\delta_x^2 u_{i,j}^k+\frac{1}{h_2^2}\delta_y^2 u_{i,j}^k\right)=\frac{1}{h_1^4}\delta_x^4 u_{i,j}^k+\frac{1}{h_1^2h_2^2}\delta_x^2\delta_y^2 u_{i,j}^k+\frac{1}{h_2^4}\delta_y^4 u_{i,j}^k.$$

考虑第 1 个时间步的数值格式(9-59). 记$\boldsymbol{I}_M$ 为 M 维单位矩阵,$\boldsymbol{D}_M$ 为 M 维三对角矩阵,$\boldsymbol{E}_M$ 为 M 维五对角矩阵,分别表示为

$$\boldsymbol{D}_M=\begin{pmatrix}-2 & 2 & & & \\ 1 & -2 & 1 & & \\ & \ddots & \ddots & \ddots & \\ & & 1 & -2 & 1\\ & & & 2 & -2\end{pmatrix}_M,\quad \boldsymbol{E}_M=\begin{pmatrix}6 & -8 & 2 & & & & \\ -4 & 7 & -4 & 1 & & 0 & \\ 1 & -4 & 6 & -4 & 1 & & \\ & \ddots & \ddots & \ddots & \ddots & \ddots & \\ & & 1 & -4 & 6 & -4 & 1\\ & 0 & & 1 & -4 & 7 & -4\\ & & & & 2 & -8 & 6\end{pmatrix}_M.$$

数值格式(9-59)对应的矩阵形式为

$$\left(\boldsymbol{I}_{M_1M_2}+\frac{\lambda\tau}{2}\alpha\boldsymbol{A}\right)\boldsymbol{u}^1=\left(\boldsymbol{I}_{M_1M_2}-\frac{\lambda\tau}{2}\alpha\boldsymbol{A}\right)\boldsymbol{u}^0+\lambda\tau\boldsymbol{B}\varphi(\hat{\boldsymbol{u}}),\tag{9-66}$$

其中向量 $\varphi(\hat{\boldsymbol{u}})=\psi'(\hat{\boldsymbol{u}})=\gamma(\hat{\boldsymbol{u}}^3-\beta^2\hat{\boldsymbol{u}})$,矩阵 $\boldsymbol{A}$ 和 $\boldsymbol{B}$ 分别定义为

$$\boldsymbol{A}:=\frac{1}{h_1^4}(\boldsymbol{E}_{M_1}\otimes\boldsymbol{I}_{M_2})+\frac{2}{h_1^2h_2^2}(\boldsymbol{D}_{M_1}\otimes\boldsymbol{D}_{M_2})+\frac{1}{h_2^4}(\boldsymbol{I}_{M_1}\otimes\boldsymbol{E}_{M_2}),$$

$$\boldsymbol{B}:=\frac{1}{h_1^2}(\boldsymbol{D}_{M_1}\otimes\boldsymbol{I}_{M_2})+\frac{1}{h_2^2}(\boldsymbol{I}_{M_1}\otimes\boldsymbol{D}_{M_2}).$$

类似地,数值格式(9-60)对应的矩阵形式为

$$\left(\boldsymbol{I}+\frac{\lambda\tau}{2}\alpha\boldsymbol{A}\right)\boldsymbol{u}^{k+1}=\left(\boldsymbol{I}-\frac{\lambda\tau}{2}\alpha\boldsymbol{A}\right)\boldsymbol{u}^k+\lambda\tau\boldsymbol{B}\left[\frac{3}{2}\varphi(\boldsymbol{u}^k)-\frac{1}{2}\varphi(\boldsymbol{u}^{k-1})\right],\quad 1\leqslant k\leqslant n-1,\tag{9-67}$$

其中向量 $\varphi(\boldsymbol{u}^k)=\psi'(\boldsymbol{u}^k)=\gamma[(\boldsymbol{u}^k)^3-\beta^2\boldsymbol{u}^k]$.

9.4.3　算　例

考虑定义在有界矩形区域$[-1,1]\times[-1,1]$上的 Cahn-Hilliard 方程,形式如方程(9-50)所示,其中时间变量 $t\in[0,50]$,各参数选取为 $\alpha=0.001,\lambda=0.01,\beta=\gamma=1$,初始函数为

$$\varphi(x,y)=-0.9\tanh\left[\frac{(x-0.3)^2+y^2-0.04}{0.02}\right]\tanh\left[\frac{(x+0.3)^2+y^2-0.04}{0.02}\right]\cdot$$
$$\tanh\left[\frac{x^2+(y-0.3)^2-0.04}{0.02}\right]\tanh\left[\frac{x^2+(y+0.3)^2-0.04}{0.02}\right]$$

将空间区间剖分为 2 500 个小矩形,将时间区间剖分为 65 536 个步长. 用三层线性化格式求解此方程,得到的数值解如图 9-5 所示. 该图模拟了 4 个靠近的液滴相互融合的过程,与对应的物理过程是相符的.

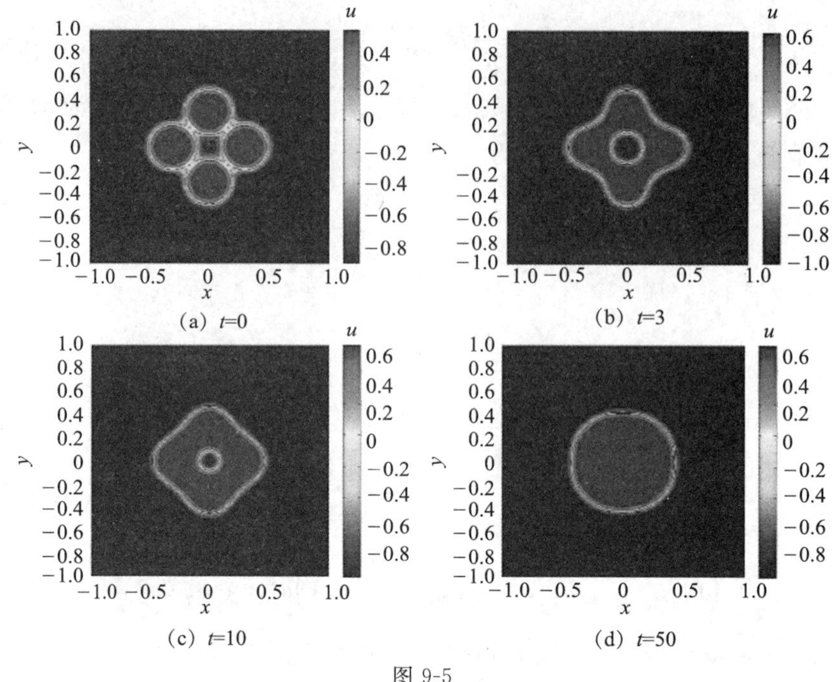

(a) t=0　(b) t=3

(c) t=10　(d) t=50

图 9-5

9.5 Schrödinger 方程

Schrödinger 方程

Schrödinger 方程奠定了近代量子力学的基础，揭示了微观世界中物质运动的基本规律. Schrödinger 方程在量子力学中的地位如同牛顿三大定律之于经典力学、麦克斯韦方程之于电磁学. Schrödinger 方程在等离子物理、非线性光子学、水波及双分子动力学等领域也有重要应用.

考虑 Schrödinger 方程初边值问题

$$\begin{cases} \mathrm{i}u_t+u_{xx}+q|u|^2u=0, & 0<x<L,0\leqslant t\leqslant T, \\ u(x,0)=\varphi(x), & 0\leqslant x\leqslant L, \\ u(0,t)=0,u(L,t)=0, & 0<t\leqslant T, \end{cases} \tag{9-68}$$

其中 q 为实常数；$\varphi(x)$ 为复值的初始函数，满足 $\varphi(0)=\varphi(L)=0$；$u(x,t)$ 为未知的复值函数. 可以证明，若定义能量函数

$$Q(t)=\int_0^L |u(x,t)|^2\mathrm{d}x,$$

$$E(t)=\int_0^L \left(|u_x(x,t)|^2-\frac{q}{2}|u(x,t)|^4\right)\mathrm{d}x,$$

则 Schrödinger 方程(9-68)满足守恒律 $Q(t)=Q(0)$，$E(t)=E(0)$，其中 $t\in[0,T]$.

由于非线性 Schrödinger 方程(9-68)中包含复数，因此其数值格式比较复杂.

9.5.1 建立数值格式

在构造数值格式之前，先将时空区域进行剖分. 取正整数 M 和 N，将空间区域$[0,L]$做

M 等分，并记 $h=L/M,x_j=jh,0\leqslant j\leqslant M,\Omega_h=\{x_j|0\leqslant j\leqslant m\}$；将时间区间$[0,T]$做 N 等分，并记 $\tau=T/N,t_k=k\tau,0\leqslant k\leqslant N,\Omega_\tau=\{x_j|0\leqslant k\leqslant n\}$.

在点$(x_j,t_{k+1/2})$处考虑方程(9-68)，即对于 $1\leqslant j\leqslant M-1,0\leqslant k\leqslant N-1$，有

$$\mathrm{i}u_t(x_j,t_{k+1/2})+u_{xx}(x_j,t_{k+1/2})+q|u(x_j,t_{k+1/2})|^2u(x_j,t_{k+1/2})=0.$$

对其中的导数项做差分近似，可得

$$\mathrm{i}\delta_t u(x_j,t_{k+1/2})+\delta_x^2 u(x_j,t_{k+1/2})+\frac{q}{2}(|u(x_j,t_k)|^2+|u(x_j,t_{k+1})|^2)u(x_j,t_{k+1/2})=R_j^k. \tag{9-69}$$

由泰勒展开式可知，$\frac{1}{2}(|u(x_j,t_k)|^2+|u(x_j,t_{k+1})|^2)$对$|u(x_j,t_{k+1/2})|^2$ 的近似具有二阶精度. 根据时间和空间导数的中心差分公式，存在正常数 C_1，使得

$$|R_j^k|\leqslant C_1(\tau^2+h^2),\quad 1\leqslant j\leqslant M-1,0\leqslant k\leqslant N-1. \tag{9-70}$$

略去方程(9-69)中的小项 R_j^k，得到近似方程，用 u_j^k 表示近似方程的解，结合方程(9-68)中的初边值条件，可得差分格式

$$\begin{cases}\mathrm{i}\delta_t u_j^{k+1/2}+\delta_x^2 u_j^{k+1/2}+\dfrac{q}{2}(|u_j^k|^2+|u_j^{k+1}|^2)u_j^{k+1/2}=0, & 1<j<M-1,0\leqslant k\leqslant N-1,\\ u_j^0=\varphi(x_j), & 1\leqslant j\leqslant M-1,\\ u_0^k=0,u_M^k=0, & 0\leqslant k\leqslant N.\end{cases} \tag{9-71}$$

由截断误差的估计式(9-70)可以看出，数值格式(9-71)的逼近精度为 $O(\tau^2+h^2)$.

定义离散形式的能量函数

$$Q^k=h\sum_{j=1}^{m-1}|u_j^k|^2,\quad E^k=h\sum_{j=1}^{m}|\delta_x u_{j-1/2}^k|^2-\frac{q}{2}h\sum_{j=1}^{m-1}|u_j^k|^4,$$

其中$\{u_j^k|0\leqslant j\leqslant M,0\leqslant k\leqslant N\}$是差分格式(9-71)的解. 可以证明，这两组函数关于指标 k 是守恒的，即

$$Q^k=Q^0,\quad E^k=E^0,\quad 1\leqslant k\leqslant N. \tag{9-72}$$

9.5.2 数值格式的矩阵形式

为简化差分格式(9-71)的求解过程，以其中的 $u_j^{k+1/2}$ 为未知量，将差分格式(9-71)改写为

$$\begin{cases}\mathrm{i}\dfrac{2}{\tau}(u_j^{k+1/2}-u_j^k)+\delta_x^2 u_j^{k+1/2}+\dfrac{q}{2}(|u_j^k|^2+|2u_j^{k+1/2}-u_j^k|^2)u_j^{k+1/2}=0,\\ u_j^0=\varphi(x_j),\\ u_0^{k+1/2}=0,u_M^{k+1/2}=0.\end{cases} \tag{9-73}$$

对每个固定的 $0\leqslant k\leqslant N$，差分格式(9-73)是关于未知量 $u_j^{k+1/2}$ 的非线性方程，可以使用如下的迭代法进行求解：

$$\begin{cases}\mathrm{i}\dfrac{2}{\tau}[\omega_j^{(l+1)}-u_j^k]+\delta_x^2\omega_j^{(l+1)}+\dfrac{q}{2}(|u_j^k|^2+|2\omega_j^{(l)}-u_j^k|^2)\omega_j^{(l+1)}=0,\\ \omega_0^{(l+1)}=0,\omega_M^{(l+1)}=0,\end{cases} \tag{9-74}$$

其中 l 为迭代指标. 迭代序列 $\omega_j^{(l)}$ 的初始迭代值取为 $\omega_j^{(0)}=u_j^k$，将相邻两个迭代值充分靠近作为迭代终止条件，得到的迭代值记为 $u_j^{k+1/2}$，取

$$u_j^{k+1}=2u_j^{k+1/2}-u_j^k,\quad 1\leqslant j\leqslant M-1,$$

即完成数值格式(9-71)时间方向的推进计算.

在数值格式(9-74)中，每一次迭代都需要求解一个关于 $\omega_j^{(l+1)}$ 的线性代数方程组，其矩阵形式为

$$\left(\mathrm{i}\,\frac{2}{\tau}\boldsymbol{I}_{M-1}+\boldsymbol{A}_1+\boldsymbol{A}_2\right)\boldsymbol{\omega}^{(l+1)}=\mathrm{i}\,\frac{2}{\tau}\boldsymbol{I}_{M-1}\boldsymbol{u}^k,$$

其中 $\boldsymbol{u}^k=(u_1^k,u_2^k,\cdots,u_{M-1}^k)^{\mathrm{T}}$ 为已知向量；$\boldsymbol{\omega}^{(l+1)}=(\omega_1^{(l+1)},\omega_2^{(l+1)},\cdots,\omega_{M-1}^{(l+1)})^{\mathrm{T}}$ 为差分格式(9-74)的解向量；$\boldsymbol{I}_{M-1}$ 为 $M-1$ 维单位矩阵；矩阵

$$\boldsymbol{A}_1=\frac{1}{h^2}\begin{pmatrix}-2 & 1 & & & \\ 1 & -2 & 1 & & 0 \\ & \ddots & \ddots & \ddots & \\ 0 & & 1 & -2 & 1 \\ & & & 1 & -2\end{pmatrix},$$

$$\boldsymbol{A}_2=\frac{q}{2}\begin{pmatrix}|u_1^k|^2+|2\omega_1^{(l)}-u_1^k|^2 & \cdots & 0 \\ \vdots & & \vdots \\ 0 & \cdots & |u_{M-1}^k|^2+|2\omega_{M-1}^{(l)}-u_{M-1}^k|^2\end{pmatrix}$$

分别为三对角矩阵和对角矩阵.

9.5.3 算 例

考虑定义在有界区域[0,80]上的 Schrödinger 方程，形如方程(9-68)所示，其中时间变量 $t\in[0,1]$，取参数 $q=2$，初始函数为 $\varphi(x)=\operatorname{sech}(x-40)\exp[2\mathrm{i}(x-40)]$. 可以验证，方程的真解为

$$u(x,t)=\operatorname{sech}(x-4t-40)\exp[2\mathrm{i}(x-40)-3\mathrm{i}t].$$

取时间网格参数 $N=1\ 600$，空间网格参数 M 取不同值，测量得到的终点时刻的 L2 误差 $\left(\Delta x\sum_{j=1}^{M}|u(x_j,t_N)-u_j^N|^2\right)^{\frac{1}{2}}$ 和空间精度见表 9-3 左半部分；取 $M=32\ 000$，时间网格数 N 取不同值，测量得到的终点时刻的 L2 误差和时间精度见表 9-3 右半部分. 可以看出，数值结果符合理论上的时空二阶精度.

表 9-3

M	N	误　差	精　度	M	N	误　差	精　度
400	1 600	2.06×10^{-1}	—	32 000	8	3.18×10^{-1}	—
800	1 600	5.05×10^{-2}	2.03	32 000	16	8-71$\times10^{-2}$	1.87
1 600	1 600	1.26×10^{-2}	2.00	32 000	32	2.17×10^{-2}	2.01
3 200	1 600	3.14×10^{-3}	2.00	32 000	64	5.44×10^{-3}	2.00
6 400	1 600	7.91×10^{-3}	1.99	32 000	128	1.38×10^{-3}	1.98
12 800	1 600	2.04×10^{-4}	1.96	32 000	256	3.67×10^{-4}	1.91

此外，当 $M=400, N=1\ 600$ 时，离散的能量函数 Q^k 和 E^k 关于离散时间点 t_k 的变化曲线如图 9-6 所示. 可以看出，能量函数 Q^k 和 E^k 随时间增长过程中基本保持不变，与 Schrödinger 方程理论上的能量守恒特征相符.

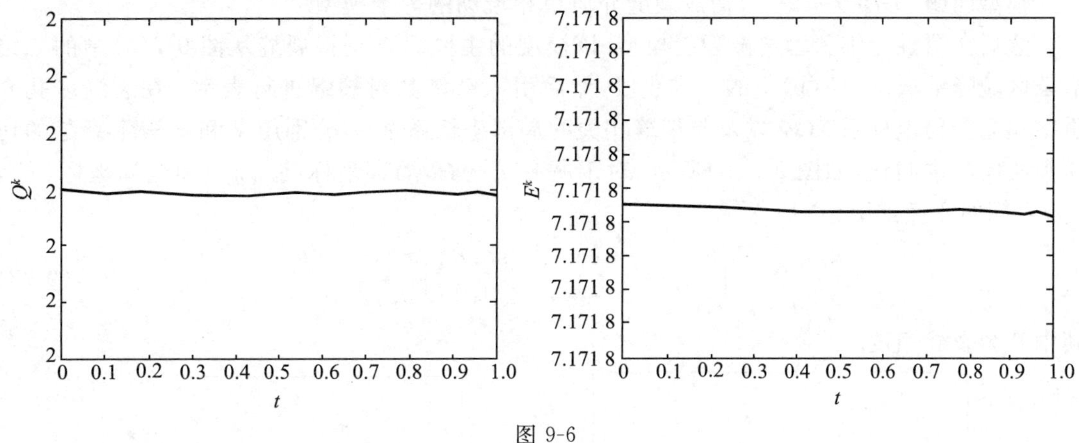

图 9-6

9.6 新型裂缝多孔介质渗流驱动方程

裂缝多孔介质流体流动的研究是许多重要领域的核心问题之一，在天然裂缝性油藏采油、裂缝性岩石内污染物运输以及地下放射性废物存储等方面应用广泛. 该问题一般描述为非线性耦合偏微分方程的定解问题，对数学模型和数值模拟方法提出了较高要求. 前面已经介绍了如何将物理过程描述为定解问题并求解，下面将以裂缝多孔介质中的流体流动为例，探究一些更加复杂的实际应用问题.

裂缝多孔介质由高导流窄裂缝和周围低渗透岩石基质组成，具有极端非均质性. 裂缝渗透率对流体流动具有重要影响，因此对裂缝的精确描述是解决问题的关键. 离散裂缝模型(DFM)是应用最广泛的裂缝模型之一，该模型将裂缝明确表示为 n 维基岩单元界面上的 $n-1$ 维条目，使用叠加原理将基岩和裂缝进行耦合，并将裂缝厚度作为尺度均匀因子. 但经典的 DFM 受限于协调网格剖分，即裂缝必须位于网格边界，因此本章将介绍一种适用于非协调网格的新型 DFM. 为使读者了解裂缝多孔介质流体流动的机理和模型，下面首先介绍等维模型，即裂缝和基岩均为多孔介质中的二维子区域.

对于稳态单相流动，非均质多孔介质 Ω 中压力 p 的分布满足泊松方程

$$-\nabla\cdot(\boldsymbol{K}\,\nabla p)=f,\quad x\in\Omega, \tag{9-75}$$

其中 $\boldsymbol{K}$ 为多孔介质的渗透率张量，f 为源项. 对于裂缝多孔介质，$\boldsymbol{K}$ 可以表示为

$$\boldsymbol{K}=\begin{cases}\boldsymbol{K}_{\mathrm{m}}, & x\in\Omega_{\mathrm{m}},\\ \boldsymbol{K}_{\mathrm{f}}, & x\in\Omega_{\mathrm{f}},\end{cases} \tag{9-76}$$

其中 Ω_{m} 和 Ω_{f} 分别为多孔基岩区域(m)和裂缝区域(f)，二者组成了整个区域 Ω，如图 9-7(a)所示，图中裂缝的厚度为了可视化被夸大了.

考虑混合边界条件

$$\begin{cases} p=p_{\mathrm{D}}, & x\in\Gamma_{\mathrm{D}}\subset\partial\Omega \\ (\boldsymbol{K}\,\nabla p)\cdot\boldsymbol{n}=q_{\mathrm{N}}, & x\in\Gamma_{\mathrm{N}}=\partial\Omega\backslash\Gamma_{D}, \end{cases} \tag{9-77}$$

其中 $\boldsymbol{n}$ 为边界$\partial\Omega$ 的单位外法向量，下标 D 表示狄利克雷边界，下标 N 表示诺依曼边界.

模型问题(9-75)～(9-77)构成裂缝介质单相流动的等维模型.

然后介绍混合维新型离散裂缝模型. 该模型的主要思想是将裂缝从图 9-7(a)中的二维窄条区域降维成图 9-7(b)中的一维线段，然后引入 δ 函数对裂缝进行表示. 在裂缝多孔介质中建立全局坐标系 xOy 以及与裂缝相关的局部坐标系 $\xi O\eta$，分别用 $\boldsymbol{v}$ 和 $\boldsymbol{\sigma}$ 表示裂缝的切向和法向单位向量，如图 9-7(b)所示. 对于所有 $P\in\Omega$，局部坐标(ξ_P,η_P)和全局坐标(x_P,y_P)之间的变换如下：

$$\begin{pmatrix}\xi_P\\ \eta_P\end{pmatrix}=\begin{pmatrix}\cos\theta & \sin\theta\\ -\sin\theta & \cos\theta\end{pmatrix}\begin{pmatrix}x_P\\ y_P\end{pmatrix}, \tag{9-78}$$

其中 θ 为裂缝角度.

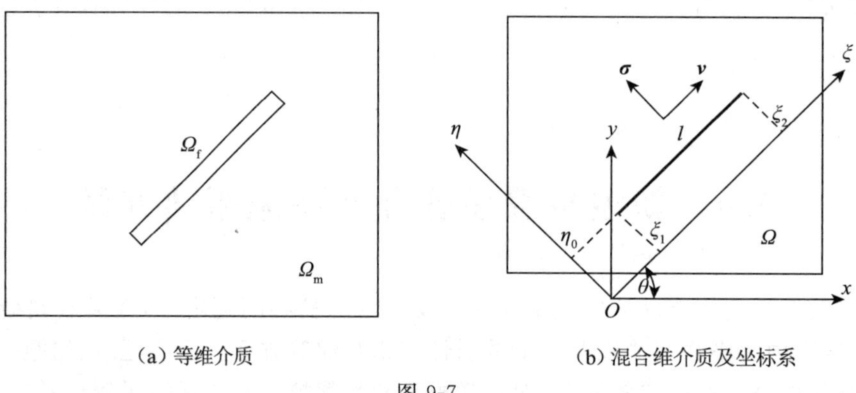

(a) 等维介质　　(b) 混合维介质及坐标系

图 9-7

假定图 9-7(a)中裂缝带的原始厚度为 $\grave{o}$，切向渗透率为 k_{f}. 根据叠加原理，整个区域的渗透率张量由基质和裂缝的渗透率张量组成，即 $\boldsymbol{K}=\boldsymbol{K}_{\mathrm{m}}+\boldsymbol{K}_{\mathrm{f}}$. 由于裂缝的几何形状，渗透率张量$\boldsymbol{K}_{\mathrm{f}}$ 必须是对称的，两个特征方向分别为裂缝的切向和法向，即 $\boldsymbol{v}$ 和 $\boldsymbol{\sigma}$. 因此，利用谱分解定理，$\boldsymbol{K}_{\mathrm{f}}=K_{\mathrm{f},\nu}\boldsymbol{v}\boldsymbol{v}^{\mathrm{T}}+K_{\mathrm{f},\sigma}\boldsymbol{\sigma}\boldsymbol{\sigma}^{\mathrm{T}}$. 另外，注意到压力梯度也可以分解为$\nabla p=\frac{\partial p}{\partial\nu}\boldsymbol{v}+\frac{\partial p}{\partial\sigma}\boldsymbol{\sigma}$.

首先，考虑压力梯度的切向分量$\frac{\partial p}{\partial\nu}\boldsymbol{v}$. 由达西定律可知，原始裂缝带中产生的流量为 $\grave{o}k_{\mathrm{f}}\frac{\partial p}{\partial\nu}$，由此可知 $\grave{o}k_{\mathrm{f}}$ 表示裂缝的导流率. 在该模型中，裂缝的导流率集中在裂缝线段上，因此利用线性 δ 函数表示渗透率. 此外，还需要考虑裂缝的位置. 因此，有

$$K_{\mathrm{f},\nu}=\grave{o}k_{\mathrm{f}}\delta(\eta-\eta_0)1(\xi_1\leqslant\xi\leqslant\xi_2), \tag{9-79}$$

其中 1(·)为指示函数，定义为 1(expr)，当 expr 为真时函数值等于 1，否则等于 0.

通过坐标变换(9-78)，$K_{\mathrm{f},\nu}$ 在全局坐标(x,y)下的表达式为

$$K_{\mathrm{f},\nu}=\grave{o}k_{\mathrm{f}}\delta[-\sin(\theta)x+\cos(\theta)y-\eta_0]1[\xi_1\leqslant\cos(\theta)x+\sin(\theta)y\leqslant\xi_2]. \tag{9-80}$$

其次，考虑压力梯度的法向分量$\frac{\partial p}{\partial\sigma}\boldsymbol{\sigma}$. 由于裂缝的厚度非常小，因此在该方向下裂缝对流动的影响可以忽略不计.

因此，可以得到裂缝多孔介质中渗透率张量的混合维表达式：

$$\boldsymbol{K}=\boldsymbol{K}_{\mathrm{m}}+\grave{o}k_{\mathrm{f}}\delta(\cdot)1(\cdot)\boldsymbol{v}\boldsymbol{v}^{\mathrm{T}},\tag{9-81}$$

其中 $\delta(\cdot)1(\cdot)$ 为简写形式，其在局部坐标系和全局坐标系下的完整表达式分别为式(9-79)和式(9-80). 注意，$\grave{o}k_{\mathrm{f}}$ 度量了裂缝的导流率，$\delta(\cdot)1(\cdot)$ 包含了裂缝的位置信息，$\boldsymbol{v}$ 指示了裂缝方向.

上述表达式仅适用于具有单条裂缝的裂缝介质，将其扩展到裂缝网络，可得

$$\boldsymbol{K}=\boldsymbol{K}_{\mathrm{m}}+\sum_{i=1}^{L}\grave{o}_i k_{\mathrm{f}i}\delta_i(\cdot)1_i(\cdot)\boldsymbol{v}_i\boldsymbol{v}_i{}^{\mathrm{T}},\tag{9-82}$$

其中 L 为裂缝的数量. 另外，裂缝形状也可以是曲线，在这种情况下，厚度 $\grave{o}$ 和渗透率 k_f 是沿着裂缝的标量函数.

由于式(9-81)中基岩部分 $\boldsymbol{K}_{\mathrm{m}}$ 是二维的，而裂缝部分 $\grave{o}k_{\mathrm{f}}\delta(\cdot)1(\cdot)\boldsymbol{v}\boldsymbol{v}^{\mathrm{T}}$ 是一维的，因此 $\boldsymbol{K}$ 的表达式(9-81)被称为渗透率张量的混合维表示，式(9-75)、式(9-77)和式(9-81)称为裂缝介质单相流动的混合维模型.

该模型也可以推广到三维的情况，只需要做一些小的修改：

$$\boldsymbol{K}=\boldsymbol{K}_{\mathrm{m}}+\sum_{i=1}^{L}\grave{o}_i k_{\mathrm{f}i}\delta_i(\cdot)1_i(\cdot)(\boldsymbol{I}-\boldsymbol{\sigma}_i\boldsymbol{\sigma}_i{}^{\mathrm{T}}),\tag{9-83}$$

其中 $\boldsymbol{I}$ 为单位张量，$\boldsymbol{\sigma}_i$ 为第 i 个裂缝面的单位法向量.

下面探讨基于有限元方法的新型离散裂缝模型的数值求解.

首先建立混合维模型的变分形式. 定义变分空间为

$$H_{\mathrm{D}}^{1}:=\{v\in H^{1}(\Omega):v|_{\Gamma_{\mathrm{D}}}=p_{\mathrm{D}}\}$$

及

$$H_{0}^{1}:=\{v\in H^{1}(\Omega):v|_{\Gamma_{\mathrm{D}}}=0\},$$

则方程(9-75)和条件(9-77)的变分形式为：找到一个 $p\in H_{\mathrm{D}}^{1}$，使得对所有 $\varphi\in H_{0}^{1}$，以下变分方程都成立：

$$\int_{\Omega}(\boldsymbol{K}\nabla p)\cdot\nabla\varphi\,\mathrm{d}x\,\mathrm{d}y=\int_{\Omega}f\varphi\,\mathrm{d}x\,\mathrm{d}y+\int_{\Gamma_N}q_{\mathrm{N}}\varphi\,\mathrm{d}s.\tag{9-84}$$

其中 $\mathrm{d}s$ 为线微元.

然后利用式(9-81)中所建立的 $\boldsymbol{K}$ 的混合维表达式

$$(\boldsymbol{K}\nabla p)\cdot\nabla\varphi=(\boldsymbol{K}_{\mathrm{m}}\nabla p)\cdot\nabla\varphi+\grave{o}k_{\mathrm{f}}\delta(\cdot)1(\cdot)(\boldsymbol{v}\boldsymbol{v}^{\mathrm{T}}\nabla p)\cdot\nabla\varphi.$$

上式等号右端第 2 项可以进一步简写为

$$\grave{o}k_{\mathrm{f}}\delta(\cdot)1(\cdot)(\boldsymbol{v}\boldsymbol{v}^{\mathrm{T}}\nabla p)\cdot\nabla\varphi=\grave{o}k_{\mathrm{f}}\delta(\cdot)1(\cdot)\frac{\partial p}{\partial\nu}\boldsymbol{v}\cdot\nabla\varphi=\grave{o}k_{\mathrm{f}}\delta(\cdot)1(\cdot)\frac{\partial p}{\partial\nu}\frac{\partial\varphi}{\partial\nu}.$$

因此，可以得到如下的等价变分形式：

$$\int_{\Omega}(\boldsymbol{K}_{\mathrm{m}}\nabla p)\cdot\nabla\varphi\,\mathrm{d}x\,\mathrm{d}y+\int_{\Omega}\grave{o}k_{\mathrm{f}}\delta(\cdot)1(\cdot)\frac{\partial p}{\partial\nu}\frac{\partial\varphi}{\partial\nu}\mathrm{d}x\,\mathrm{d}y=\int_{\Omega}f\varphi\,\mathrm{d}x\,\mathrm{d}y+\int_{\Gamma_{\mathrm{N}}}q_{\mathrm{N}}\varphi\,\mathrm{d}s.\tag{9-85}$$

下面借助以下引理将裂缝项的积分重写为裂缝上的线积分.

引理　记 $\delta(\cdot)1(\cdot)$ 为式(9-80)中完整表达式的简写，对 Ω 内任意的连续函数 g，有

$$\int_{\Omega}\delta(\cdot)1(\cdot)g(x,y)\,\mathrm{d}x\,\mathrm{d}y=\int_{l}g(x,y)\,\mathrm{d}s,\tag{9-86}$$

其中 l 为 $\delta(\cdot)1(\cdot)$ 成立的线段,如图 9-7(b)所示.

证 $\int_{\Omega}\delta(\cdot)1(\cdot)g(x,y)\mathrm{d}x\mathrm{d}y$

$$=\int_{\Omega}\delta[-\sin(\theta)x+\cos(\theta)y-\eta_0]1[\xi_1\leqslant\cos(\theta)x+\sin(\theta)y\leqslant\xi_2]g(x,y)\mathrm{d}x\mathrm{d}y$$

$$=\int_{x}\left\{\int_{y}\delta[-\sin(\theta)x+\cos(\theta)y-\eta_0]1[\xi_1\leqslant\cos(\theta)x+\sin(\theta)y\leqslant\xi_2]g(x,y)\mathrm{d}y\right\}\mathrm{d}x.$$

令 $t=\cos(\theta)y$,上式变为

$$\int_{\Omega}\delta(\cdot)1(\cdot)g(x,y)\mathrm{d}x\mathrm{d}y=$$

$$\int_{x}\left\{\sec(\theta)\int_{t}\delta[t-\sin(\theta)x-\eta_0]1[\xi_1\leqslant\cos(\theta)x+\tan(\theta)t\leqslant\xi_2]g[x,\sec(\theta)t]\mathrm{d}t\right\}\mathrm{d}x.$$

利用 δ 函数的性质可得

$$\int_{\Omega}\delta(\cdot)1(\cdot)g(x,y)\mathrm{d}x\mathrm{d}y$$

$$=\int_{x}\sec(\theta)1\{\xi_1\leqslant\cos(\theta)x+\tan(\theta)[\sin(\theta)x+\eta_0]\leqslant\xi_2\}g[x,\tan(\theta)x+\sec(\theta)\eta_0]\mathrm{d}x$$

$$=\int_{x}\sec(\theta)1[\cos(\theta)\xi_1-\sin(\theta)\eta_0\leqslant x\leqslant\cos(\theta)\xi_2-\sin(\theta)\eta_0]g[x,\tan(\theta)x+\sec(\theta)\eta_0]\mathrm{d}x$$

$$=\int_{\cos(\theta)\xi_1-\sin(\theta)\eta_0}^{\cos(\theta)\xi_2-\sin(\theta)\eta_0}\sec(\theta)g[x,\tan(\theta)x+\sec(\theta)\eta_0]\mathrm{d}x.$$

令 $\xi=\sec(\theta)[x+\sin(\theta)\eta_0]$,则有

$$\int_{\Omega}\delta(\cdot)1(\cdot)g(x,y)\mathrm{d}x\mathrm{d}y=\int_{\xi_1}^{\xi_2}g[\cos(\theta)\xi-\sin(\theta)\eta_0,\sin(\theta)\xi+\cos(\theta)\eta_0]\mathrm{d}\xi.$$

由式(9-78)以及第一类线积分的定义可得

$$\int_{\Omega}\delta(\cdot)1(\cdot)g(x,y)\mathrm{d}x\mathrm{d}y=\int_{l}g(x,y)\mathrm{d}s.$$

上面的证明过程中假设 $\theta\in\left(-\frac{\pi}{2},\frac{\pi}{2}\right)$,而 $\theta=\frac{\pi}{2}$ 的情况可以由极限过程证明.

基于上述引理,可以得到裂缝多孔介质混合维模型(9-75),(9-77)和(9-81)的最终等价变分形式为

$$\int_{\Omega}(\boldsymbol{K}_{\mathrm{m}}\nabla p)\cdot\nabla\varphi\mathrm{d}x\mathrm{d}y+\int_{l}\grave{o}k_{\mathrm{f}}\frac{\partial p}{\partial\nu}\frac{\partial\varphi}{\partial\nu}\mathrm{d}s=\int_{\Omega}f\varphi\mathrm{d}x\mathrm{d}y+\int_{\Gamma_{\mathrm{N}}}q_{\mathrm{N}}\varphi\mathrm{d}s.\tag{9-87}$$

对于裂缝网络的情况,只需将所有裂缝项加在一起,即

$$\int_{\Omega}(\boldsymbol{K}_{\mathrm{m}}\nabla p)\cdot\nabla\varphi\mathrm{d}x\mathrm{d}y+\sum_{i=1}^{L}\int_{l_i}\grave{o}_i k_{\mathrm{f}i}\frac{\partial p}{\partial\nu_i}\frac{\partial\varphi}{\partial\nu_i}\mathrm{d}s=\int_{\Omega}f\varphi\mathrm{d}x\mathrm{d}y+\int_{\Gamma_{\mathrm{N}}}q_{\mathrm{N}}\varphi\mathrm{d}s,$$

并不会增加计算复杂度.

新型 DFM 的最大优势是可以应用于非协调网格.下面使用线性拉格朗日基函数作为变分形式的有限元空间来构造非协调网格上的数值格式,并分析其与传统有限元 DFM 的关系.

使用非结构化三角网格来离散变分形式(9-87),该方法可以毫无困难地扩展到矩形网格.

采用线性有限元空间

$$V_h=\text{span}\{\Psi_1,\Psi_2,\cdots,\Psi_M,\Psi_{M+1},\cdots,\Psi_N\},$$

其中 Ψ_i 为拉格朗日线性基，具有拉格朗日性质，即 $\Psi_i(x_j)=\begin{cases}1, & i=j,\\ 0, & i\neq j\end{cases}$；$M$ 为非狄利克雷顶点的数量（自由度）；N 为三角剖分的顶点总数.

新型离散裂缝模型的数值求解过程为：找到 $\boldsymbol{p}=(p_j)$，使得下面的线性系统成立

$$\sum_{j=1}^{N}\left[\int_{\Omega}(\boldsymbol{K}_{\mathrm{m}}\nabla\Psi_i)\cdot\nabla\Psi_j\mathrm{d}x\mathrm{d}y+\int_l \grave{o}k_{\mathrm{f}}\frac{\partial\Psi_i}{\partial\nu}\frac{\partial\Psi_j}{\partial\nu}\mathrm{d}s\right]p_j$$
$$=\int_{\Omega}f\Psi_i\mathrm{d}x\mathrm{d}y+\int_{\Gamma_{\mathrm{N}}}q_{\mathrm{N}}\Psi_i\mathrm{d}s,\quad i=1,2,\cdots,M. \tag{9-88}$$

注意到狄利克雷边界条件为 $p_j=p(x_j)$，$x_j\in\Gamma_{\mathrm{D}}$，$j=M+1,\cdots,N$. 其中 x_j 为三角剖分的顶点.

定义

$$a_{ij}=\int_{\Omega}(\boldsymbol{K}_{\mathrm{m}}\nabla\Psi_i)\cdot\nabla\Psi_j\mathrm{d}x\mathrm{d}y+\int_l \grave{o}k_{\mathrm{f}}\frac{\partial\Psi_i}{\partial\nu}\frac{\partial\Psi_{\mathrm{j}}}{\partial\nu}\mathrm{d}s,\quad \boldsymbol{A}=(a_{ij}),$$

及

$$b_i=\int_{\Omega}f\Psi_i\mathrm{d}x\mathrm{d}y+\int_{\Gamma_{\mathrm{N}}}q_{\mathrm{N}}\Psi_i\mathrm{d}s,\quad \boldsymbol{b}=(b_i),$$

那么线性系统(9-88)可写为 $\boldsymbol{A}\boldsymbol{p}=\boldsymbol{b}$. 全局刚度矩阵 $\boldsymbol{A}$ 通过每个小单元的局部刚度矩阵组装而成.

考虑对裂缝介质三角剖分的两种可能情况：① 裂缝与局部网格单元一致，如图 9-8(a)所示；② 非协调网格单元，如图 9-8(b)所示. 对于这两种情况，该区域的全局刚度矩阵 $\boldsymbol{A}$ 均由 3 个局部刚度矩阵组成，即单元部分 T_1，T_2 以及裂缝部分 l.

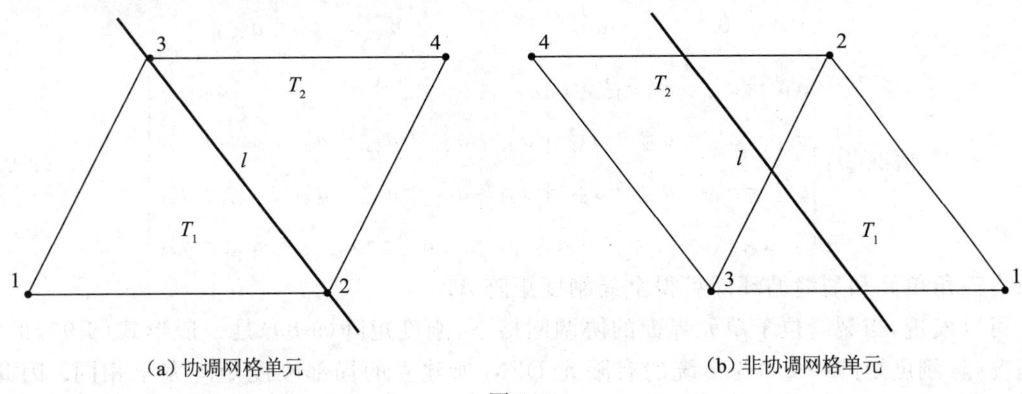

图 9-8

由三角单元 T_1 和 T_2 贡献的局部刚度矩阵如下所示：

$$T_1:\begin{pmatrix} a_{11}^{T_1} & a_{12}^{T_1} & a_{13}^{T_1} & 0\\ a_{21}^{T_1} & a_{22}^{T_1} & a_{23}^{T_1} & 0\\ a_{31}^{T_1} & a_{32}^{T_1} & a_{33}^{T_1} & 0\\ 0 & 0 & 0 & 0\end{pmatrix},\quad T_2:\begin{pmatrix} 0 & 0 & 0 & 0\\ 0 & a_{22}^{T_2} & a_{23}^{T_2} & a_{24}^{T_2}\\ 0 & a_{32}^{T_2} & a_{33}^{T_2} & a_{34}^{T_2}\\ 0 & a_{42}^{T_2} & a_{43}^{T_2} & a_{44}^{T_2}\end{pmatrix},$$

其中

$$a_{ij}^{T_n}=\int_{T_n}(\boldsymbol{K}_{\mathrm{m}}\nabla\Psi_i)\cdot\nabla\Psi_j\,\mathrm{d}x\,\mathrm{d}y,\quad n=1,2;i,j=1,2,3,4.$$

对于情况①和情况②，由裂缝 l 贡献的局部刚度矩阵如下所示：

情况① $$l:\begin{pmatrix}0&0&0&0\\0&a_{22}^{l}&a_{23}^{l}&0\\0&a_{32}^{l}&a_{33}^{l}&0\\0&0&0&0\end{pmatrix},$$

情况② $$l:\begin{pmatrix}a_{11}^{l}&a_{12}^{l}&a_{13}^{l}&a_{14}^{l}\\a_{21}^{l}&a_{22}^{l}&a_{23}^{l}&a_{24}^{l}\\a_{31}^{l}&a_{32}^{l}&a_{33}^{l}&a_{34}^{l}\\a_{41}^{l}&a_{42}^{l}&a_{43}^{l}&a_{44}^{l}\end{pmatrix},$$

其中

$$a_{ij}^{l}=\int_{l}\grave{o}k_{\mathrm{f}}\frac{\partial\Psi_i}{\partial\nu}\frac{\partial\Psi_j}{\partial\nu}\mathrm{d}s,\quad i,j=1,2,3,4.$$

注意，对于情况①，当网格与裂缝一致时，裂缝局部刚度矩阵的非零项只有 a_{22}^{l}，a_{23}^{l}，a_{32}^{l}，a_{33}^{l}，这是因为沿着 l 有 $\Psi_1=\Psi_4=0$；情况②中由裂缝 l 产生的局部刚度矩阵具有完整的形式. 由 T_1，T_2 及裂缝 l 构成的局部区域的矩阵 $\boldsymbol{A}$ 通过以下方式组装：

$$\text{情况①}:\begin{pmatrix}a_{11}^{T_1}&a_{12}^{T_1}&a_{13}^{T_1}&0\\a_{21}^{T_1}&a_{22}^{T_1}+a_{22}^{T_2}+a_{22}^{l}&a_{23}^{T_1}+a_{23}^{T_2}+a_{23}^{l}&a_{24}^{T_2}\\a_{31}^{T_1}&a_{32}^{T_1}+a_{32}^{T_2}+a_{32}^{l}&a_{33}^{T_1}+a_{33}^{T_2}+a_{33}^{l}&a_{34}^{T_2}\\0&a_{42}^{T_2}&a_{43}^{T_2}&a_{44}^{T_2}\end{pmatrix},\tag{9-89}$$

$$\text{情况②}:\begin{pmatrix}a_{11}^{T_1}+a_{11}^{l}&a_{12}^{T_1}+a_{12}^{l}&a_{13}^{T_1}+a_{13}^{l}&a_{14}^{l}\\a_{21}^{T_1}+a_{21}^{l}&a_{22}^{T_1}+a_{22}^{T_2}+a_{22}^{l}&a_{23}^{T_1}+a_{23}^{T_2}+a_{23}^{l}&a_{24}^{T_2}+a_{24}^{l}\\a_{31}^{T_1}+a_{31}^{l}&a_{32}^{T_1}+a_{32}^{T_2}+a_{32}^{l}&a_{33}^{T_1}+a_{33}^{T_2}+a_{33}^{l}&a_{34}^{T_2}+a_{34}^{l}\\a_{41}^{l}&a_{42}^{T_2}+a_{42}^{l}&a_{43}^{T_2}+a_{43}^{l}&a_{44}^{T_2}+a_{44}^{l}\end{pmatrix},\tag{9-90}$$

对所有三角单元和裂缝循环即可得全局刚度矩阵 $\boldsymbol{A}$.

可以发现，当裂缝位于单元界面的协调网格下，刚度矩阵(9-89)是一般形式(9-90)的特殊情况，且刚度矩阵(9-89)与传统的有限元 DFM 所建立的局部刚度矩阵完全相同. 因此，可以得出结论：新型离散裂缝模型在协调网格下与经典的有限元 DFM 一致.

附录 A 傅里叶变换和拉普拉斯变换简表

表 A-1 傅里叶变换简表

序　号	像原函数 $f(t)$	像函数 $F(\omega)$
1	$\sin \alpha t$	$\mathrm{i}\pi[\delta(\omega+\alpha)-\delta(\omega-\alpha)]$
2	$\cos \alpha t$	$\pi[\delta(\omega+\alpha)+\delta(\omega-\alpha)]$
3	$\delta(t)$	1
4	1	$2\pi\delta(\omega)$
5	单位阶跃函数 $u(t)$	$\frac{1}{\mathrm{i}\omega}+\pi\delta(\omega)$
6	$u(t)\mathrm{e}^{-\alpha t}, \alpha>0$	$\frac{1}{\alpha+\mathrm{i}\omega}$
7	$u(t)t$	$\frac{1}{(\mathrm{i}\omega)^2}$
8	$u(t)\sin \alpha t$	$\frac{\alpha}{\alpha^2-\omega^2}$
9	$u(t)\cos \alpha t$	$\frac{\mathrm{i}\omega}{\alpha^2-\omega^2}$
10	$\mathrm{e}^{-\alpha\|t\|}, \alpha>0$	$\frac{2\alpha}{\alpha^2+\omega^2}$
11	$\frac{1}{\sqrt{2\pi}\sigma}\mathrm{e}^{-\frac{t^2}{2\sigma^2}}$	$\mathrm{e}^{-\frac{\omega^2\sigma^2}{2}}$
12	$\frac{1}{\alpha^2+t^2}, \mathrm{Re}\,\alpha<0$	$-\frac{\pi}{\alpha}\mathrm{e}^{\alpha\|\omega\|}$
13	$\frac{1}{(\alpha^2+t^2)^2}, \mathrm{Re}\,\alpha<0$	$\frac{\mathrm{i}\omega\pi}{2\alpha}\mathrm{e}^{\alpha\|\omega\|}$
14	$\mathrm{sgn}\, t$	$\frac{2}{\mathrm{i}\omega}$
15	$f(t)=\begin{cases}h, & -\tau<t<\tau,\\ 0, & \text{其他}\end{cases}$	$2h\,\frac{\sin \omega\tau}{\omega}$

表 A-2 拉普拉斯变换简表

序　号	像原函数 $f(t)$	像函数 $F(p)$
1	$u(t)$	$\frac{1}{p}$
2	e^{at}	$\frac{1}{p-a}$
3	$\delta(t)$	1
4	$t^n\ (n>-1)$	$\frac{\Gamma(n+1)}{p^{n+1}}$
5	$\sin at$	$\frac{a}{p^2+a^2}$

续表

序　号	像原函数 $f(t)$	像函数 $F(p)$
6	$\cos at$	$\dfrac{p}{p^2+a^2}$
7	$\sinh at$	$\dfrac{a}{p^2-a^2}$
8	$\cosh at$	$\dfrac{p}{p^2-a^2}$
9	$\sqrt{t}$	$\dfrac{\sqrt{\pi}}{2\sqrt{p^3}}$
10	$\dfrac{1}{\sqrt{t}}$	$\sqrt{\dfrac{\pi}{p}}$
11	$J_0(2\sqrt{t})$	$\dfrac{2}{p}e^{-\frac{1}{p}}$
12	$J_0(at)$	$\dfrac{1}{\sqrt{p^2+a^2}}$
13	$\dfrac{1}{\sqrt{\pi t}}\cos 2\sqrt{kt}$	$\dfrac{1}{\sqrt{p}}e^{-\frac{k}{p}}$
14	$\dfrac{1}{\sqrt{\pi t}}\sin 2\sqrt{kt}$	$\dfrac{1}{p^{3/2}}e^{-\frac{k}{p}}$
15	$\dfrac{1}{\sqrt{\pi t}}e^{-2a\sqrt{t}}$	$\dfrac{1}{\sqrt{p}}e^{\frac{a^2}{p}}\operatorname{erfc}\left(\dfrac{a}{\sqrt{p}}\right)$
16	$\operatorname{erfc}\left(\dfrac{k}{2\sqrt{t}}\right)$	$\dfrac{1}{p}e^{-k\sqrt{p}}\ (k\geqslant 0)$
17	$\dfrac{1}{\sqrt{\pi t}}e^{-\frac{k^2}{4t}}$	$\dfrac{1}{\sqrt{p}}e^{-k\sqrt{p}}$
18	$\operatorname{erf}(\sqrt{at})$	$\dfrac{\sqrt{a}}{p\sqrt{p+a}}$
19	$e^t\operatorname{erfc}(\sqrt{t})$	$\dfrac{1}{p+\sqrt{p}}$
20	$J_n(at)\ (\mathrm{Re}\,a>-1)$	$\dfrac{a^n}{\sqrt{a^2+p^2}}\left(\dfrac{1}{p+\sqrt{a^2+p^2}}\right)^n$

注：误差函数 $\operatorname{erf}(y)=\dfrac{2}{\sqrt{\pi}}\int_0^y e^{-t^2}\,dt$，$\operatorname{erf}(+\infty)=1$，$\operatorname{erf}(y)=\dfrac{2}{\sqrt{\pi}}\left(y-\dfrac{y^3}{1!3}+\dfrac{y^5}{2!5}-\dfrac{y^7}{3!7}+\cdots\right)$；

余误差函数 $\operatorname{erfc}(y)=1-\operatorname{erf}(y)=\dfrac{2}{\sqrt{\pi}}\int_y^{+\infty}e^{-t^2}\,dt$.

附录B　Γ函数的基本性质

B.1　Γ函数与B函数

Γ(α)函数

称以 p,q 为参量的反常积分

$$\int_0^1 x^{p-1}(1-x)^{q-1}\mathrm{d}x$$

为**第一类欧拉积分**，这个积分在 $p>0,q>0$ 时是收敛的，由它所确定的函数称为 p,q 的B函数，记作

$$\mathrm{B}(p,q)=\int_0^1 x^{p-1}(1-x)^{q-1}\mathrm{d}x. \tag{B-1}$$

令 $x=\sin^2\theta$，则 $\mathrm{B}(p,q)$ 可写为另一种形式：

$$\mathrm{B}(p,q)=2\int_0^{\frac{\pi}{2}}\sin^{2p-1}\theta\cos^{2q-1}\theta\mathrm{d}\theta. \tag{B-2}$$

称以 p 为参量的反常积分

$$\int_0^{+\infty}\mathrm{e}^{-x}x^{p-1}\mathrm{d}x$$

为**第二类欧拉积分**. 该积分在 $p>0$ 时收敛，由它所确定的函数称为 p 的**Γ函数**，记作

$$\Gamma(p)=\int_0^{+\infty}\mathrm{e}^{-x}x^{p-1}\mathrm{d}x. \tag{B-3}$$

令 $x=t^2$，则Γ函数可写为另一种形式：

$$\Gamma(p)=2\int_0^{+\infty}\mathrm{e}^{-t^2}t^{2p-1}\mathrm{d}t. \tag{B-4}$$

下面来建立Γ函数与B函数之间的关系. 为此，先计算乘积 $\Gamma(p)\Gamma(q)$，由式(B-4)可得

$$\Gamma(p)\Gamma(q)=4\int_0^{+\infty}\int_0^{+\infty}\mathrm{e}^{-(\xi^2+\eta^2)}\xi^{2p-1}\eta^{2q-1}\mathrm{d}\xi\mathrm{d}\eta. \tag{B-5}$$

利用极坐标系 (ρ,θ) 化简等号右端的积分，即令 $\xi=\rho\cos\theta,\eta=\rho\sin\theta$，则

$$\begin{aligned}\Gamma(p)\Gamma(q)&=4\int_0^{+\infty}\int_0^{\frac{\pi}{2}}\mathrm{e}^{-\rho^2}\rho^{2(p+q)-1}\sin^{2p-1}\theta\cos^{2q-1}\theta\mathrm{d}\theta\mathrm{d}\rho\\&=2\int_0^{+\infty}\mathrm{e}^{-\rho^2}\rho^{2(p+q)-1}\mathrm{d}\rho\cdot 2\int_0^{\frac{\pi}{2}}\sin^{2p-1}\theta\cos^{2q-1}\theta\mathrm{d}\theta.\end{aligned}$$

将上式等号右端的两个积分分别与式(B-2)和式(B-4)比较，可得

$$\Gamma(p)\Gamma(q)=\Gamma(p+q)\mathrm{B}(p,q)$$

或

$$\mathrm{B}(p,q)=\frac{\Gamma(p)\Gamma(q)}{\Gamma(p+q)}. \tag{B-6}$$

式(B-6)即所要建立的Γ函数与B函数之间的关系式，有些书上将这个关系式称为**欧拉定理**. 欧拉定理告诉我们，只要把这两类函数中任何一类函数的性质弄清楚了，另一类函数的性质也就可以借助这个关系式获得.

B.2 Γ函数的基本性质

(1) 递推公式.

$$\Gamma(p+1)=p\Gamma(p). \tag{B-7}$$

证 由定义,有

$$\begin{aligned}\Gamma(p+1)&=\int_0^{+\infty}\mathrm{e}^{-x}x^p\,\mathrm{d}x\\&=-\int_0^{+\infty}x^p\,\mathrm{d}(\mathrm{e}^{-x})\\&=-x^p\mathrm{e}^{-x}\Big|_0^{+\infty}+p\int_0^{+\infty}\mathrm{e}^{-x}x^{p-1}\,\mathrm{d}x.\end{aligned}$$

由于当 $p>0$ 时,$x^p\mathrm{e}^{-x}\big|_0^{+\infty}=0$,所以

$$\Gamma(p+1)=p\int_0^{+\infty}\mathrm{e}^{-x}x^{p-1}\,\mathrm{d}x=p\Gamma(p).$$

重复利用这个公式,可得

$$\begin{aligned}\Gamma(p)&=(p-1)\Gamma(p-1)=(p-1)(p-2)\Gamma(p-2)\\&=(p-1)(p-2)\cdots(p-m)\Gamma(p-m).\end{aligned} \tag{B-8}$$

此式说明,自变量大于1时Γ函数的计算可化为自变量小于1而大于0时Γ函数的计算.如果 p 是正整数,则由式(B-8)可得

$$\Gamma(p+1)=p(p-1)\cdots2\cdot1\cdot\Gamma(1),$$

因

$$\Gamma(1)=\int_0^{+\infty}\mathrm{e}^{-x}\,\mathrm{d}x=-\mathrm{e}^{-x}\Big|_0^{+\infty}=1,$$

故

$$\Gamma(p+1)=p!. \tag{B-9}$$

(2) Γ函数定义域的扩充.

利用Γ函数递推公式(B-7),可将 $\Gamma(p)$ 的定义域扩充到不含负整数的负数域上去.例如,对于 $-1<p<0$,定义

$$\Gamma(p)=\frac{\Gamma(p+1)}{p}, \tag{B-10}$$

这里 $p+1>0$,所以式中等号右端具有确定的值.

Γ函数在 $-1<p<0$ 内的值既已确定,就可再用式(B-10)定义出Γ函数在 $-2<p<-1$ 内的值.逐步进行下去,就可将Γ函数的定义域扩充到不包含负整数的负数域上.

在负整数处,Γ函数将会怎样?由式(B-10)可知

$$\lim_{p\to0}\Gamma(p)=\lim_{p\to0}\frac{\Gamma(p+1)}{p}=+\infty,$$

即当 $p\to0$ 时,$\Gamma(p)\to+\infty$.利用这个结果,可以推得当 $p\to-1,p\to-2,\cdots,p\to-n$($n$ 为正整数),$\Gamma(p)\to+\infty$.从而规定,当 $n=0,-1,-2,-3,\cdots$ 时,$\frac{1}{\Gamma(n)}=0$,Γ函数的图形如图B-1所示.

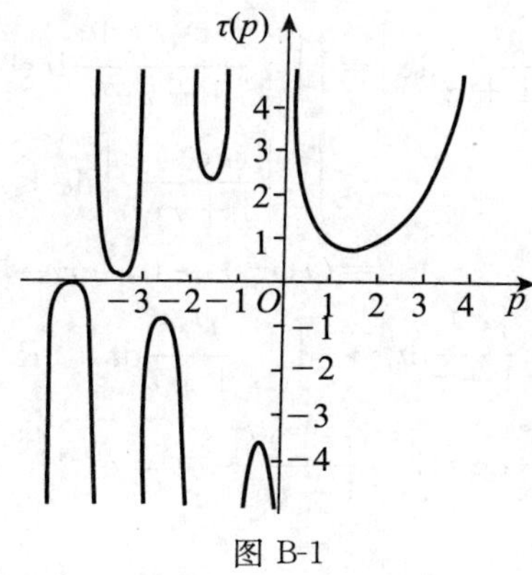

图 B-1

(3) 当 $0<p<1$ 时，

$$\Gamma(p)\Gamma(1-p)=\frac{\pi}{\sin p\pi}. \tag{B-11}$$

证　由式(B-6)得

$$\begin{aligned}\Gamma(p)\Gamma(1-p)&=\Gamma(1)\,\mathrm{B}(1-p,p)\\&=\mathrm{B}(1-p,p)\\&=\int_0^1 x^{-p}(1-x)^{p-1}\mathrm{d}x\,.\end{aligned}$$

令 $t=\dfrac{1-x}{x}$,则

$$\Gamma(p)\Gamma(1-p)=\int_0^{+\infty}\frac{t^{p-1}}{1+t}\mathrm{d}t,\quad 0<p<1.$$

下面用留数定理计算上式等号右端的积分.

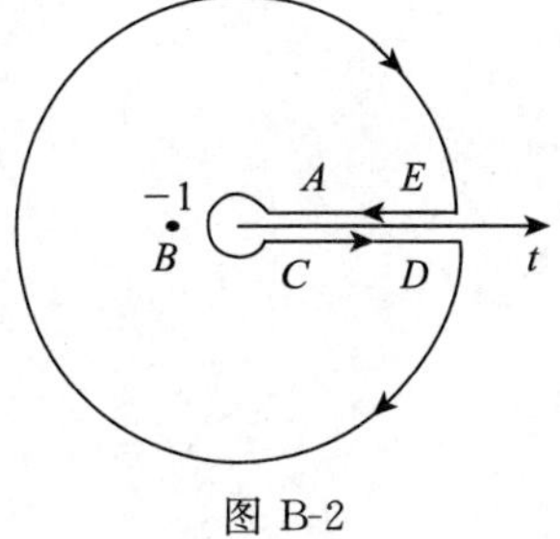

图 B-2

取积分路径如图 B-2 所示,该路径由以支点 $z=0$ 为中心的小圆与大圆以及沿实轴两条方向相反的线段 EA 与 CD（在 EA 上假设 z 的辐角为 0,而沿 CD 上 z 的辐角为 2π)所组成.由于沿正实轴作了割线,所以函数 $\dfrac{z^{p-1}}{1+z}$ 是单值的,利用留数定理得

$$\oint_{C_R+C_r+EA+CD}\frac{z^{p-1}}{1+z}\mathrm{d}z=-2\pi\mathrm{i}\ \mathrm{Res}\left[\frac{z^{p-1}}{1+z}\right].$$

而

$$\begin{aligned}\left|\oint_{C_R}\frac{z^{n-1}}{1+z}\mathrm{d}z\right|&\leqslant\int_0^{2\pi}\left|\frac{R^{p-1}\mathrm{e}^{1(p-1)\varphi}}{1+R\mathrm{e}^{\mathrm{i}\varphi}}\mathrm{i}R\mathrm{e}^{\mathrm{i}\varphi}\right|\mathrm{d}\varphi\\&\leqslant\int_0^{2\pi}\frac{R^p}{R-1}\mathrm{d}\varphi=2\pi\frac{R^p}{R-1}\\&=2\pi\frac{R^{p-1}}{1-\dfrac{1}{R}}=O(R^{-(1-p)})\to 0,\quad R\to+\infty.\end{aligned}$$

$$\left|\oint_{C_r}\frac{z^{p-1}}{1+z}\mathrm{d}z\right|=\left|\int_0^{2\pi}\frac{r^{p-1}\mathrm{e}^{\mathrm{i}(p-1)\varphi}}{1+r\mathrm{e}^{\mathrm{i}\varphi}}\mathrm{i}r\mathrm{e}^{\mathrm{i}\varphi}\mathrm{d}\varphi\right|$$

$$\leqslant\int_0^{2\pi}\left|\frac{(r\mathrm{e}^{\mathrm{i}\varphi})^p}{1+r\mathrm{e}^{\mathrm{i}\varphi}}\right|\mathrm{d}\varphi\leqslant\int_0^{2\pi}\frac{r^p}{1-r}\mathrm{d}\varphi=\frac{2\pi r^p}{1-r}$$

$$=O(r^p)\to 0,\quad r\to 0.$$

$$\int_{EA}\frac{z^{p-1}}{1+z}\mathrm{d}z=\int_R^r\frac{t^{p-1}}{1+t}\mathrm{d}t\to-\int_0^{+\infty}\frac{t^{p-1}}{1+t}\mathrm{d}t,\quad R\to+\infty,r\to 0,$$

$$\int_{CD}\frac{z^{p-1}}{1+z}\mathrm{d}z=\int_r^R\frac{(t\mathrm{e}^{\mathrm{i}2\pi})^{p-1}}{1+t\mathrm{e}^{\mathrm{i}2\pi}}\mathrm{d}t=\mathrm{e}^{\mathrm{i}p2\pi}\int_r^R\frac{t^{p-1}}{1+t}\mathrm{d}t$$

$$\to\mathrm{e}^{\mathrm{i}p2\pi}\int_0^{+\infty}\frac{t^{p-1}}{1+t}\mathrm{d}t,\quad R\to+\infty,r\to 0.$$

且

$$\operatorname*{Res}_{z=-1}\left[\frac{z^{p-1}}{1+z}\right]=\mathrm{e}^{\mathrm{i}(p-1)\pi},$$

故

$$(\mathrm{e}^{2\pi p\mathrm{i}}-1)\int_0^{+\infty}\frac{t^{p-1}}{1+t}\mathrm{d}t=-2\pi i\,\mathrm{e}^{(p-1)\pi\mathrm{i}},$$

即

$$\int_0^{+\infty}\frac{t^{p-1}}{1+t}\mathrm{d}t=-2\pi i\,\frac{\mathrm{e}^{(p-1)\pi\mathrm{i}}}{\mathrm{e}^{2\pi p\mathrm{i}}-1}=-2\pi\mathrm{i}\mathrm{e}^{-\pi\mathrm{i}}\,\frac{1}{\mathrm{e}^{p\pi\mathrm{i}}-\mathrm{e}^{-p\pi\mathrm{i}}}=\frac{\pi}{\sin p\pi}.$$

特别地，当 $p=\frac{1}{2}$ 时，由第 3 条性质得

$$\Gamma^2\left(\frac{1}{2}\right)=\pi,$$

故

$$\Gamma\left(\frac{1}{2}\right)=\sqrt{\pi}.$$

附录C 数学物理方程的MATLAB解法与可视化

数学物理方程主要是偏微分方程,它无论在理论上还是工程应用上都是十分重要的,因为许多自然现象、工程问题通过数学建模后往往得到一组偏微分方程的定解问题.求解偏微分方程是一个非常重要任务,而且偏微分方程的求解十分困难. 首先,大部分偏微分方程很难求得解析解;其次,即使利用公式推导得到的解析解,其结果往往是一个复杂的积分或级数,其中还免不了使用特殊函数. 随着计算机技术的飞速发展,现在可以借助计算机这一工具求解偏微分方程,从而得到其数值解并实现解的可视化.

MATLAB软件是目前科学界应用和影响最为广泛的科学计算软件之一,它集数值计算、符号计算和图形可视化三大基本功能于一体,具有计算功能强、编程效率高、使用简单等特点. 此外,MATLAB还具有功能强大的应用工具箱(如信号处理工具箱、偏微分方程工具箱等). 本附录主要讲述如何利用MATLAB软件实现对偏微分方程的数值求解与可视化. 将数学物理方程的解以图形、图像等可视化形式呈现,从而将抽象的数学结果转化为直观的视觉信息. 例如,通过可视化波动方程的解,可以直观地看到波的传播、反射、干涉等现象;通过可视化热传导方程的解,可以清楚地观察到温度在物体中的分布和随时间的变化趋势,帮助人们更好地理解物理过程. 此外,在数学物理方程中,特殊函数扮演着重要角色,如贝塞尔函数、勒让德函数、伽马函数等,它们能够描述众多复杂的物理现象和数学问题,但它们的计算通常较为复杂. MATLAB提供了丰富的特殊函数库,能够准确、高效地计算这些函数的值.

在MATLAB中求解偏微分方程问题主要有两种方法:一种是使用偏微分方程工具箱(PDE Toolbox),另一种是编写命令行程序. 为更直观地表达MATLAB的解法和可视化,本附录采取二维码的形式介绍MATLAB的使用,其内容包括MATLAB的偏微分方程工具箱、特殊函数的可视化、拉普拉斯方程与泊松方程的可视化、热传导方程的可视化、波动方程的可视化以及解偏微分方程的有限差分法的MATLAB实现及可视化.

MATLAB
可视化

参考文献

[1] 柯朗,希尔伯特. 数学物理方法Ⅰ[M]. 钱敏,郭敦仁,译. 北京:科学出版社,2011.

[2] 柯朗,希尔伯特. 数学物理方法Ⅱ[M]. 钱敏,郭敦仁,译. 北京:科学出版社,2012.

[3] 梁昆淼. 数学物理方法[M]. 5 版. 北京:高等教育出版社,2020.

[4] 王元明. 数学物理方程与特殊函数[M]. 5 版. 北京:高等教育出版社,2019.

[5] 徐定华. 数学物理方程[M]. 2 版. 北京:高等教育出版社,2022.

[6] 吴崇试,高春媛. 数学物理方法[M]. 3 版. 北京:北京大学出版社,2019.

[7] 顾樵. 数学物理方法[M]. 北京:科学出版社,2012.

[8] 李刚,刘文军. 数学物理方程:模型、方法与应用[M]. 北京:科学出版社,2018.

[9] 刘文军,王曰朋. 数学物理方程:模型、方法与应用[M]. 2 版. 北京:科学出版社,2021.

[10] 张高民. 复变函数与积分变换[M]. 3 版. 青岛:中国石油大学出版社,2022.

[11] 李荣华,刘播. 微分方法数值解法[M]. 4 版. 北京:高等教育出版社,2009.

[12] 余德浩,汤华中. 微分方程数值解法[M]. 2 版. 北京:科学出版社,2018.

[13] LI J C, CHEN Y T. Computational partial differential equations using MATLAB[M]. New York: Crc Press, 2009.

[14] XU Z, YANG Y. The hybrid dimensional representation of permeability tensor: A reinterpretation of the discrete fracture model and its extension on nonconforming meshes[J]. Journal of Computational Physics, 2020, 415: 109523.

[15] 张海澜,王秀明,张碧星. 惊恐的声场和波[M]. 北京:科学出版社,2003.

[16] 章成广,江万哲,潘和平. 声波测井原理与应用[M]. 北京:石油工业出版社,2009.

[17] 彭芳麟. 数学物理方程的 MATLAB 解法与可视化[M]. 北京:清华大学出版社,2004.

[18] 杨华军,江萍. 数学物理方法与仿真[M]. 3 版. 北京:电子工业出版社,2020.

[19] 于涛,杨延冰. 数学物理方程与特殊函数[M]. 北京:高等教育出版社,2019.

[20] 张文生. 微分方程数值解:有限差分理论方法与数值计算[M]. 北京:科学出版社,2015.

[21] 周明儒. 数学物理方法[M]. 2 版. 北京:高等教育出版社,2020.

[22] JEFFREYS H, JEFFREYS B S. Methods of theoretical physics[M]. 3rd ed. Cambridge: The Cambridge University Press, 1972.

[23] 李元杰. 数学物理方程与特殊函数[M]. 北京:高等教育出版社,2009.

[24] 李明奇,田太心. 数学物理方程[M]. 2 版. 成都:电子科技大学出版社,2014.

[25] 朱郁森,刘金枝. 数学物理方程[M]. 长沙:湖南大学出版社,2005.

[26] COPSON E T. Partial differential equations[M]. Cambridge: Cambridge University Press,1975.